全国职业培训推荐教材
人力资源和社会保障部教材办公室评审通过
适合于职业技能短期培训使用

Excel 2007 入门与应用

尚晓新　主编

中国劳动社会保障出版社

图书在版编目(CIP)数据

Excel 2007 入门与应用/尚晓新主编. —北京：中国劳动社会保障出版社，2011

职业技能短期培训教材

ISBN 978-7-5045-9377-1

Ⅰ.①E… Ⅱ.①尚… Ⅲ.①表处理软件，Excel 2007 Ⅳ.①TP391.13

中国版本图书馆 CIP 数据核字(2011)第 235924 号

中国劳动社会保障出版社出版发行

(北京市惠新东街1号　邮政编码：100029)

出版人：张梦欣

*

北京谊兴印刷有限公司印刷装订　新华书店经销

850毫米×1168毫米　32开本　9.75印张　241千字

2011年11月第1版　2011年11月第1次印刷

定价：17.00元

读者服务部电话：010-64929211/64921644/84643933

发行部电话：010-64961894

出版社网址：http：//www.class.com.cn

版权专有　　侵权必究

举报电话：010-64954652

如有印装差错，请与本社联系调换：010-80497374

前言

职业技能培训是提高劳动者知识与技能水平、增强劳动者就业能力的有效措施。职业技能短期培训，能够在短期内使受培训者掌握一门技能，达到上岗要求，顺利实现就业。

为了适应开展职业技能短期培训的需要，促进短期培训向规范化发展，提高培训质量，中国劳动社会保障出版社组织编写了职业技能短期培训系列教材，涉及二产和三产百余种职业（工种）。在组织编写教材的过程中，以相应职业（工种）的国家职业标准和岗位要求为依据，并力求使教材具有以下特点：

短。教材适合15～30天的短期培训，在较短的时间内，让受培训者掌握一种技能，从而实现就业。

薄。教材厚度薄，字数一般在10万字左右。教材中只讲述必要的知识和技能，不详细介绍有关的理论，避免多而全，强调有用和实用，从而将最有效的技能传授给受培训者。

易。内容通俗，图文并茂，容易学习和掌握。教材以技能操作和技能培养为主线，用图文相结合的方式，通过实例，一步步地介绍各项操作技能，便于学习、理解和对照操作。

这套教材适合于各级各类职业学校、职业培训机构在开展职业技能短期培训时使用。欢迎职业学校、培训机构和读者对教材中存在的不足之处提出宝贵意见和建议。

人力资源和社会保障部教材办公室

简介

本书是职业技能短期培训教材，为初学者编写，主要内容包括：Excel 2007 基础知识、数据的输入与编辑、工作表与单元格常用操作、美化工作表、统计表中公式与函数的使用、管理工作表中的数据、使用数据透视表和图标、打印工作表。每个单元都配置了相应的模块和实例进行具体讲解。

本书在编写过程中，力求做到文字简练、图文并茂、语言通俗易懂，便于读者学习和掌握 Excel 2007 的知识和操作要领。

本书由尚晓新、闫路青、王晴、蒋峥、李航、杜振华、秦琳花、胡红燕、尚继超、丁一、何磊、刘美想、张晓蕾、白龙、侯立恒、姜帅编写，尚晓新主编，闫路青副主编；赵惠民主审。本书编写工作还得到了北京市职业技能培训指导中心的大力支持，在此表示感谢。

本书所有实例的素材文件，可以在中国劳动社会保障出版社网站（www.class.com.cn）上的本书相关页面中，通过资源链接下载。

目录

第一单元　Excel 2007 基础知识…………………………（ 1 ）
　　模块一　Excel 2007 的功能……………………………（ 1 ）
　　模块二　工作簿基本操作………………………………（ 9 ）
　　综合实例　创建考勤文件………………………………（17）

第二单元　数据的输入与编辑……………………………（20）
　　模块一　输入数据………………………………………（20）
　　模块二　编辑数据………………………………………（56）
　　综合实例　制作客户资料表……………………………（70）

第三单元　工作表与单元格常用操作……………………（77）
　　模块一　工作表的操作…………………………………（77）
　　模块二　单元格的操作…………………………………（95）
　　综合实例　制作成绩表模板……………………………（109）

第四单元　美化工作表……………………………………（113）
　　模块一　设置单元格格式………………………………（113）
　　模块二　条件格式应用…………………………………（123）
　　模块三　图片、艺术字及图形操作……………………（137）
　　综合实例　美化成绩表模板……………………………（165）

第五单元　统计表中公式与函数的使用…………………（167）
　　模块一　平均分的计算…………………………………（167）
　　模块二　比例计算………………………………………（177）
　　模块三　审核得分计算…………………………………（183）

模块四　出现次数最多的分数计算…………………………(194)
　　模块五　其他计算及其应用……………………………………(198)
　　综合实例　制作月考成绩表……………………………………(200)

第六单元　管理工作表中的数据……………………………………(208)
　　模块一　排序与筛选操作………………………………………(208)
　　模块二　汇总与合并操作………………………………………(227)
　　综合实例　家电销售表数据管理………………………………(242)

第七单元　使用数据透视表和图表…………………………………(246)
　　模块一　创建和编辑数据透视表………………………………(246)
　　模块二　创建和编辑图表………………………………………(255)
　　综合实例1　对数据进行透视分析 ……………………………(266)
　　综合实例2　创建饼图 …………………………………………(268)

第八单元　打印工作表………………………………………………(273)
　　模块一　页面设置………………………………………………(273)
　　模块二　设置打印区域和可打印项……………………………(284)
　　模块三　分页预览与设置分页符………………………………(287)
　　模块四　打印预览与打印………………………………………(293)
　　综合实例　对实习安排表设置页面并打印……………………(300)

第一单元　Excel 2007 基础知识

模块一　Excel 2007 的功能

学习目标：
1. 了解 Excel 2007 的功能特点。
2. 了解 Excel 2007 的工作界面。
3. 掌握工作簿、工作表与单元格概念。

一、Excel 2007 的功能

Excel 2007 是美国微软公司推出的办公自动化组合套件 Office 中的一个组件，是目前最受欢迎的电子表格制作软件，可以帮助使用者制作各种报表，并可快捷地完成复杂的数据运算、数据分析和趋势预测等工作。本单元将介绍 Excel 2007 的一些基础知识与基本操作。

1. Excel 2007 功能简介

众所周知，Excel 2007 是一款出色的电子表格制作软件，主要能帮助使用者进行制作表格、数据计算、数据管理以及制作统计图表等工作。

（1）制作表格。利用 Excel 2007 可以方便地建立各种表格，输入、修改和编辑表格数据，以及格式化和美化表格等。

（2）数据计算。Excel 2007 不仅可以进行四则运算、逻辑运算，还提供了丰富的函数，从而快速解决日常工作中遇到的各种数据计算问题。

(3) 数据管理。Excel 2007 在数据分析和处理方面具有强大的功能。例如，可以轻松地对工作表中的数据进行排序、筛选、分类汇总、合并计算和假设求解等操作。

(4) 制作统计图表。Excel 2007 可以根据表格中的数据生成各种形式的图表，从而直观、形象地反映数据的意义和变化，使数据易于阅读、评价、比较和分析。

2. 启动 Excel 2007

安装好 Office 2007 软件后，单击"开始"按钮，依次选择"所有程序→Microsoft Office→Microsoft Office Excel 2007"选项，如图 1—1 所示，即可进入 Excel 2007 的工作界面。

图 1—1　启动 Excel 2007

3. 创建桌面快捷方式图标

可以为 Excel 2007 创建一个桌面快捷方式图标,以后直接双击该图标即可快速启动 Excel 2007。

单击"开始"按钮,将鼠标指针依次移动到"所有程序→Microsoft Office→Microsoft Office Excel 2007"选项上,右击,在弹出的快捷菜单中选择"发送到→桌面快捷方式"选项,如图1—2 所示。即可在桌面上创建一个 Excel 2007 快捷方式图标,如图 1—3 所示。

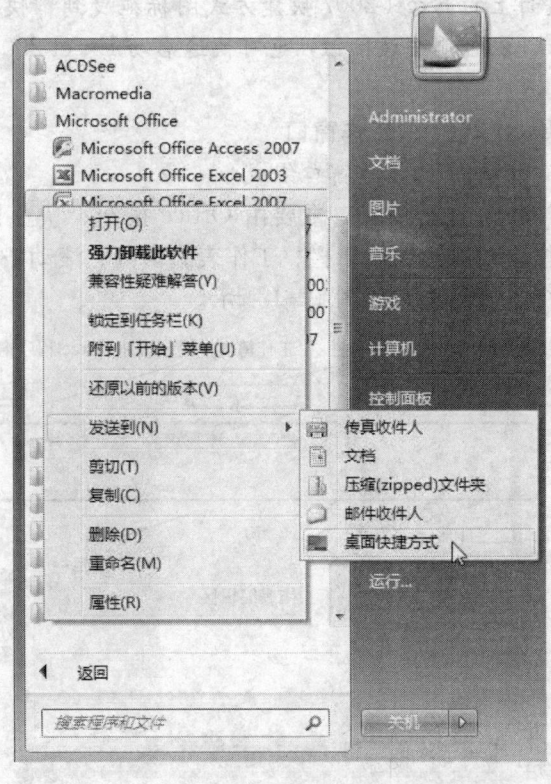

图 1—2　为 Excel 2007 创建一个桌面快捷方式

图 1—3　Excel 2007 快捷方式图标

提示

将桌面上的 Excel 2007 快捷方式图标拖曳到"快速启动"工具栏中，以后单击该按钮，也可快速启动 Excel 2007。

二、Excel 2007 的工作窗口

1. Excel 2007 的工作窗口组成

Excel 2007 的工作窗口主要由 Office 按钮、快速访问工具栏、标题栏、功能区、编辑栏、工作表编辑区、滚动条、状态栏和工作表标签等组成，如图 1—4 所示。

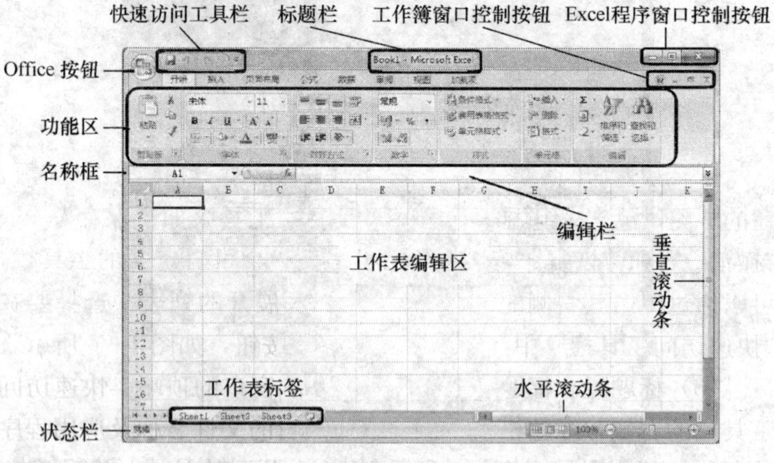

图 1—4　Excel 2007 的工作窗口组成

2. 工作窗口主要组成元素的功能

(1) Office 按钮。Office 按钮位于 Excel 2007 窗口的左上角。单击该按钮，在弹出的下拉列表中选择相应的选项，可执行文件的新建、打开、保存、打印和关闭等操作，如图 1—5 所示。

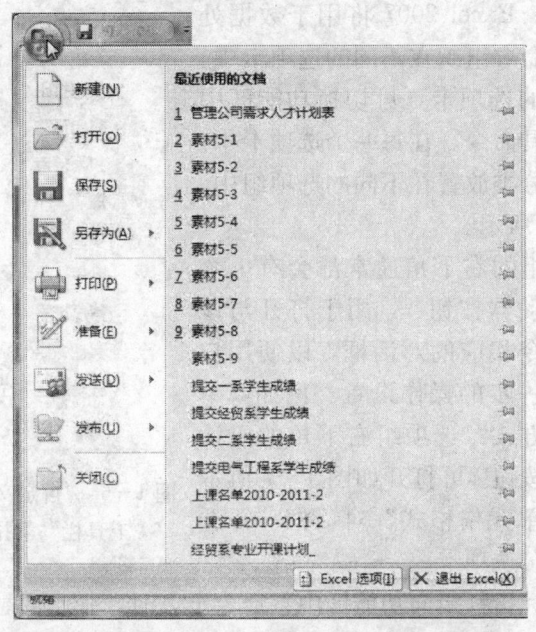

图 1—5　Office 按钮下拉列表

(2) 快速访问工具栏。默认情况下，该工具栏位于 Office 按钮的右侧，包含一组用户使用频率较高的工具，如"保存"、"撤消"和"恢复"等。同时，也是一个可自定义的工具栏，可以通过单击其右侧的倒三角按钮，在展开的列表中选择要在"快速访问工具栏"中显示或隐藏的工具按钮，如图 1—6 所示。

(3) 标题栏。标题栏位于 Excel 2007 窗口的顶端、快速访问工具栏的右侧，标题栏上显示了当前编辑的文件名称及应用程序的名称，其右侧是 3 个窗口控制按钮，用于对 Excel 2007 窗口执行最小化、最大化/还原和关闭操作，如图1—4所示。

（4）功能区。功能区位于标题栏的下方，是一个由8个选项卡组成的带形区域。Excel 2007将用于数据处理的所有命令组织在不同的选项卡中。单击不同的选项卡，可切换功能区中显示的工具命令。在每一个选项卡中，命令又被分类放置在不同的选项组中，如图1—4所示。

选项组的右下角通常都会有一个对话框启动器按钮，用于打开与该选项组命令相应的对话框，以便用户进行更进一步的操作设置。例如，单击"对齐方式"选项组右下角的对话框启动器按钮可打开如图1—7所示的"设置单元格格式"对话框，并选择"对齐"选项卡。

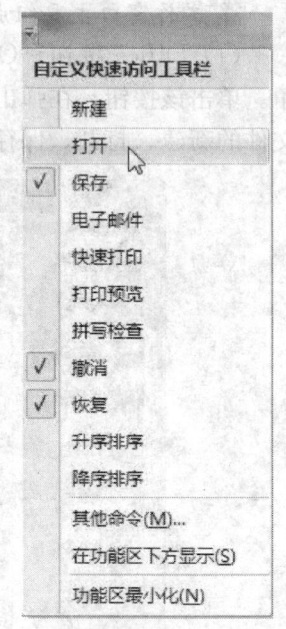

图1—6 "自定义快速访问工具栏"下拉列表

当鼠标指针指向功能区中某命令上方时，弹出的悬浮窗口中不仅显示该命令的名称，而且将提示此命令详细的功能或使用描述，如图1—8所示。

在功能区中，双击当前选项卡，功能区中的所有命令将被折叠，只显示选项卡标签。而单击功能区中的任意选项卡，可展开功能区；若要完全显示功能区，可右击选项卡，在弹出的快捷菜单中选择"功能区最小化"选项即可。

（5）编辑栏。编辑栏主要用于输入和修改活动单元格中的数据。当在工作表的某个单元格中输入数据时，编辑栏会同步显示输入的内容。

若输入的数据过长，不能在编辑栏中完全显示，此时可将鼠

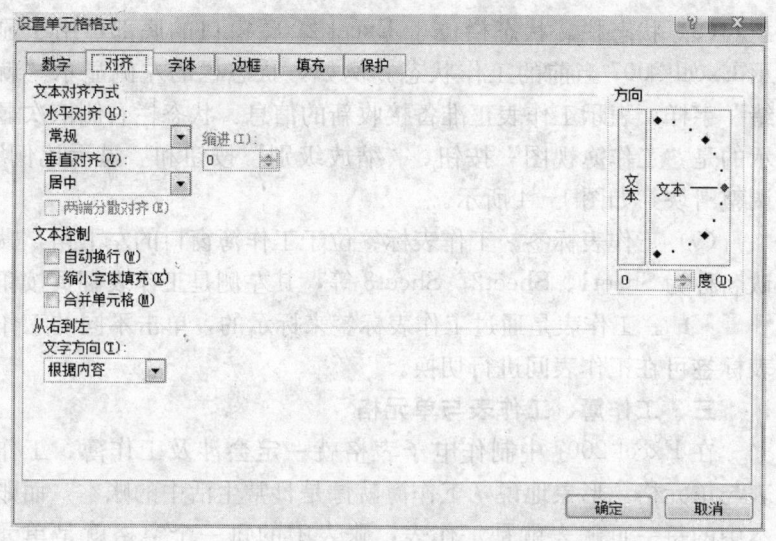

图1—7 "设置单元格格式"对话框

标指针移至编辑栏与列标之间的分界线上,当鼠标指针变成上下箭头形状时,按住左键向下拖曳,展开编辑栏;或直接单击编辑栏右侧的"展开编辑栏"按钮展开编辑栏,可将数据完全显示。

(6) 工作表编辑区。工作表编辑区由行线和列线组成,用于显示或编辑工作表中的数据。

(7) 滚动条。滚动条分为水平和垂直两种,分别位于工作表编辑区的右下方和右侧,

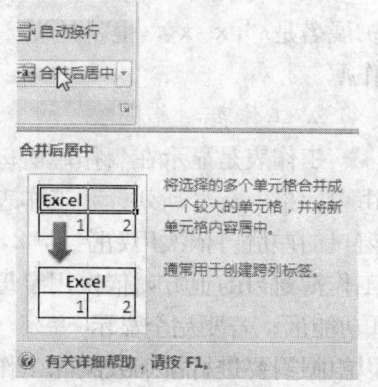

图1—8 提示信息

通过拖曳滚动条或单击滚动条两端的按钮,可以查看工作表编辑区中没有在当前窗口中显示的其他数据。

(8)状态栏。状态栏位于 Excel 2007 窗口的底部,用于显示 Excel 2007 当前的工作状态。例如,状态栏的左侧显示"就绪"字样,表示工作表正准备接收新的信息。状态栏右侧依次显示的是"工作簿视图"按钮、"缩放级别"按钮和"显示比例"调整滑块,如图1—4所示。

(9)工作表标签。工作表标签位于工作簿窗口的左下角,默认名称为Sheet1、Sheet2、Sheet3等,其左侧是工作表翻页按钮。工作表是通过工作表标签来标示的,单击不同的工作表标签可在工作表间进行切换。

三、工作簿、工作表与单元格

在 Excel 2007 中制作电子表格就一定会涉及工作簿、工作表与单元格。形象地说,工作簿就像是日常生活中的账本,而账本中的每一页账表就是工作表,账表中的每一个空格就是单元格,工作表中包含了数以百万计的单元格。

1. 工作簿

在 Excel 2007 中生成的文件称为工作簿,Excel 2007 的文件扩展名是".xlsx"。也就是说,一个 Excel 2007 文件就是一个工作簿。

2. 工作表

工作表是显示在工作簿窗口中由行和列构成的表格。其主要由单元格、行号、列标和工作表标签等组成。行号显示在工作簿窗口的左侧,依次用数字1,2,…,1048576表示,列标显示在工作簿窗口的上方,依次用字母A,B,…,XFD等表示,如图1—9所示。默认情况下,一个工作簿包含3个工作表,用户可以根据需要进行添加或删除工作表。

提示

默认情况下工作簿窗口处于最大化状态与 Excel 2007 窗口重合。

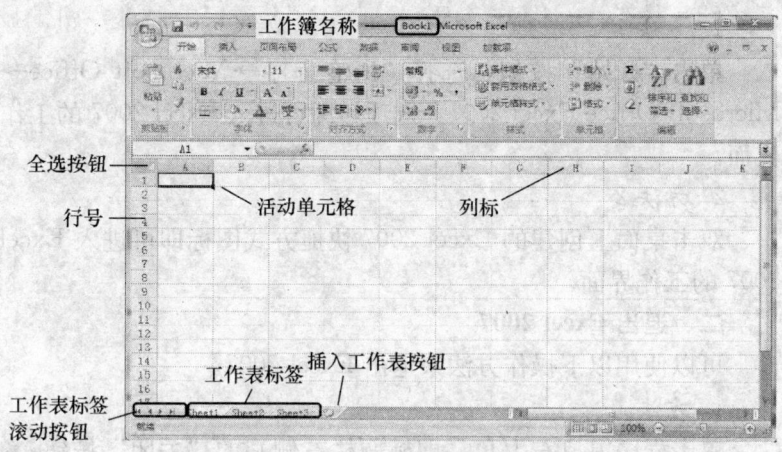

图1—9 工作表及其组成元素

3. 单元格

单元格是 Excel 2007 工作簿的最小组成单位,所有的数据都存储在单元格中。工作表编辑区中每一个长方形的小格子就是一个单元格,每一个单元格都用其所在的单元格地址来标示,例如,A1 单元格表示位于第 A 列第 1 行的单元格。工作表中,被鼠标选中,被黑色方框包围的单元格称为当前单元格或活动单元格,用户只能对活动单元格进行操作。

模块二 工作簿基本操作

学习目标:
1. 掌握启动、退出 Excel 2007 的操作方法。
2. 掌握新建、保存、关闭及打开工作簿的操作方法。

一、启动 Excel 2007

可以使用以下操作方法来启动 Excel 2007。

1. 方法1

单击"开始"按钮,选择"所有程序→Microsoft Office→Microsoft Office Excel 2007"选项,即可进入 Excel 2007 的工作界面。

2. 方法2

双击桌面上创建的 Excel 2007 快捷方式图标即可进入 Excel 2007 的工作界面。

二、退出 Excel 2007

可以使用以下操作方法来退出 Excel 2007。

1. 方法1

单击程序窗口右上角(即标题栏右侧)的"关闭"按钮即可退出 Excel 2007。

2. 方法2

单击"Office 按钮",在弹出的 Office 按钮下拉列表(见图1—5)中单击"退出 Excel"按钮,即可退出 Excel 2007。

3. 方法3

双击"Office 按钮"也可退出 Excel 2007。

4. 方法4

按"Alt+F4"组合键同样可退出 Excel 2007。

注意

在退出 Excel 2007 时,打开的工作簿文件将一同被关闭。若文件尚未保存,会弹出提示用户保存的对话框,要求用户选择。

三、新建工作簿

1. 新建空白工作簿

通常情况下,启动 Excel 2007 时,系统会自动新建一个名为"Book1"的工作簿。若要再新建工作簿,通常可用以下几种方法。

(1) 方法1

1) 单击"Office 按钮",在弹出的 Office 下拉列表中选择

"新建"选项,弹出"新建工作簿"对话框。

2)在对话框左侧的"模板"选区中选择"空白文档和最近使用的文档"选项,在中间区域单击"空工作簿"选项,单击"创建"按钮,如图1—10所示,即可新建一个空白工作簿。

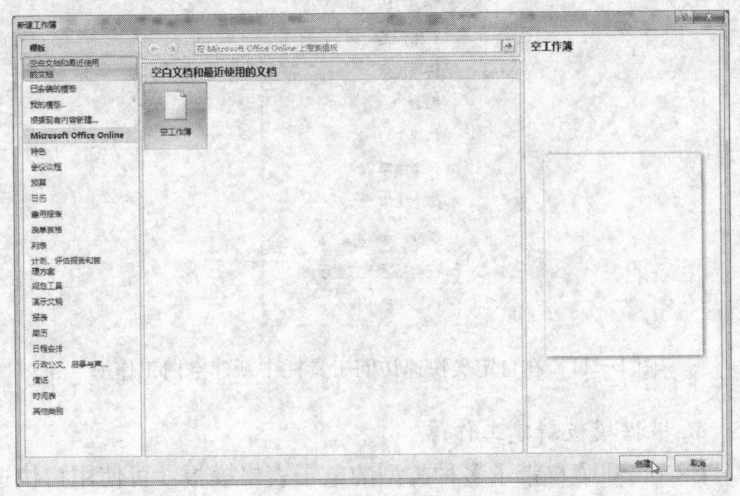

图1—10 "新建工作簿"对话框

(2) 方法2

1)单击"自定义快速访问工具栏"右侧的倒三角按钮,在弹出的"自定义快速访问工具栏"下拉列表中选择"新建"选项,这时可以在"自定义快速访问工具栏"中勾选"新建"复选按钮,如图1—11所示。

2)"新建"按钮将添加到"自定义快速访问工具栏"中,之后单击"自定义快速访问工具栏"中的"新建"选项时,即可新建一个空白工作簿。

(3) 方法3。按"Ctrl+N"组合键同样可以新建一个空白工作簿。

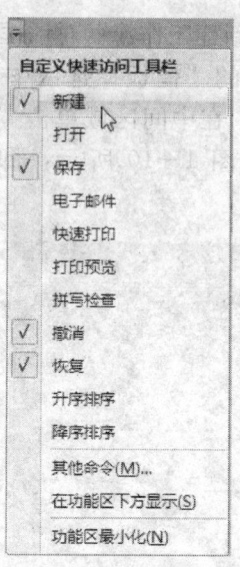

图 1—11　在自定义快速访问工具栏中新建空白工作簿

2. 根据模板新建工作簿

Excel 2007 自带了多种类型的电子表格模板，可使用户快速完成一些专业电子表格的制作。下面以创建账单为例，介绍根据模板创建工作簿的方法。

（1）在"新建工作簿"对话框（见图 1—10）左侧的"模板"列表中选择"已安装的模板"选项，在中间的"已安装的模板"列表中选择模板类型，如"账单"选项，如图 1—12 所示。

（2）单击"创建"按钮，即可得到根据"账单"模板创建的工作簿，如图 1—13 所示，只需在其中输入相应内容即可快速完成"账单"表格的制作。

四、保存工作簿

当对工作簿进行了编辑操作后，为防止数据丢失以及今后对数据表格进一步的编辑和浏览，需要对工作簿进行保存。

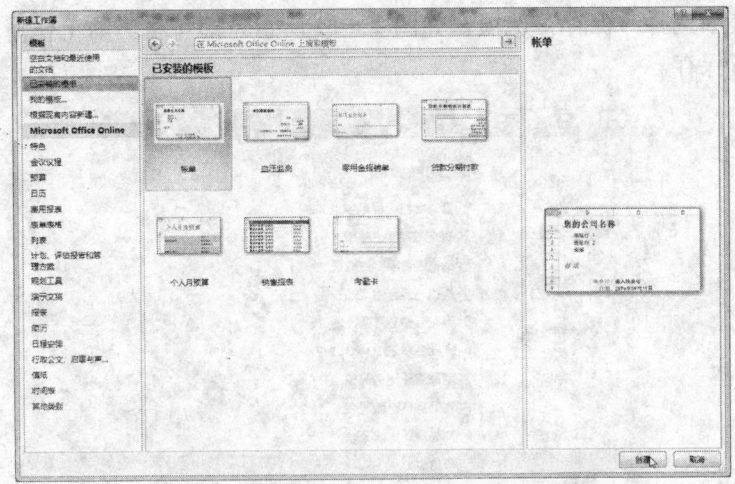

图1—12 "新建工作簿"-"已安装的模板"对话框

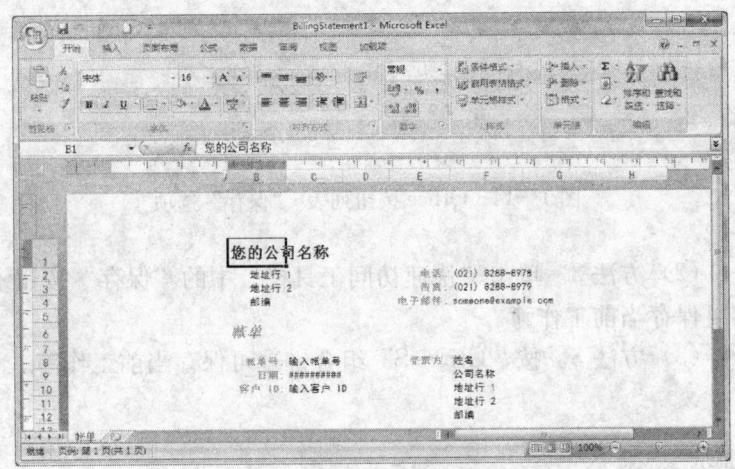

图1—13 用模板创建"账单"工作簿

1. 保存新工作簿

(1) 方法1。单击"Office 按钮",在弹出的 Office 下拉列表中选择"保存"选项,如图1—14所示,即可将当前工作簿进行保存。

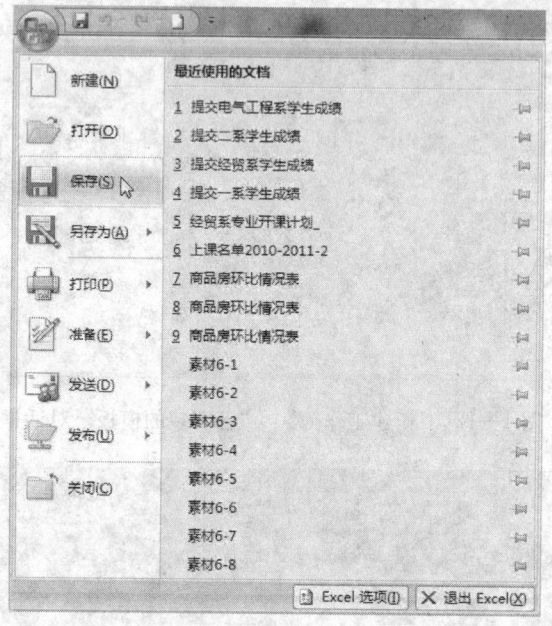

图1—14 Office按钮列表-"保存"选项

(2)方法2。单击"快速访问工具栏"中的"保存"按钮■,即可保存当前工作簿。

(3)方法3。按"Ctrl+S"组合键也可保存当前工作簿。

提示

1. 若当前工作簿是第一次进行保存操作,将弹出"另存为"对话框(见图1—15),在此选择保存工作簿的位置,输入文件名并选择保存类型,然后单击"保存"按钮即可保存当前工作簿。

2. 可以在"另存为"对话框中选择工作簿要保存到的磁盘、文件夹。

图1—15 "另存为"对话框

注意

1. 处理数据表格的过程中要养成经常保存文件的习惯，防止因意外丢失正在编辑的数据信息的情况发生。

2. 在"保存类型"下拉列表中选择"Excel97-2003工作簿"选项，可让低版本Excel（如Excel 2003）顺利打开Excel 2007制作的文件。

2. 保存备份

对工作簿执行第二次保存操作时，不会再打开"另存为"对话框。若要保存工作簿的备份，可单击"Office按钮"，在弹出的Office按钮下拉列表中选择"另存为"选项，在打开的"另存为"对话框（见图1—15）中进行相应的设置，然后单击"保存"按钮即可。

五、关闭和打开工作簿

1. 关闭工作簿

(1) 方法 1。可单击工作簿窗口右上角的"关闭窗口"按钮。

(2) 方法 2。单击"Office 按钮",在弹出的 Office 下拉列表中选择"关闭"选项。

注意

当工作簿尚未保存而进行了关闭操作,则会弹出一个提示对话框提示用户是否保存对文件的更改。单击"是"按钮,表示保存对工作簿所做的修改。单击"否"按钮,表示不保存对工作簿所做的修改。单击"取消"按钮,表示放弃当前操作,返回工作簿编辑窗口。

2. 打开工作簿

要对工作簿进行编辑操作,可用以下几种方法先打开工作簿。

(1) 用"Office 按钮"打开。单击"Office 按钮",在弹出的 Office 列表中选择"打开"选项,弹出"打开"对话框(见图 1—16),在该对话框中选择磁盘、从打开的名称列表中选择要打开的文件,最后单击"打开"按钮,即可打开所选工作簿。

(2) 用组合键打开。在启动 Excel 2007 的环境下,按"Ctrl+O"组合键也可以弹出"打开"对话框。

(3) 打开多个工作簿。按住 Ctrl 键依次单击选择文件列表区中需要打开的工作簿,可选中多个工作簿,将它们同时打开,如果工作簿保存在某个文件夹中,可双击该文件夹,然后再选择要打开的工作簿。

(4) 用"快速访问工具栏"打开。在启动 Excel 2007 的环境下,首先勾选"自定义快速访问工具栏"(见图 1—11)中的"打开"复选按钮,然后单击"快速访问工具栏"上的"打开"按钮,也可弹出"打开"对话框。

图1—16 "打开"对话框

(5) 打开"最近使用的文档"。在启动 Excel 2007 的环境下,单击"Office 按钮",在弹出的 Office 按钮下拉列表的"最近使用的文档"选区中,单击要打开的文件(见图1—5),即可将选择的文件打开。

提示
默认情况下,"最近使用的文档"处只能列出最近使用过的 17 个工作簿。

综合实例 创建考勤文件

学习目标:

理解并掌握用模板创建表格文件的操作方法。

通过创建考勤卡文件，练习一下工作簿的新建、保存和关闭等操作。实例的最终样例文件可参考本书配套"素材"文件夹中的"考勤卡.xlsx"。

一、制作思路

先单击"快速启动工具栏"中的 Excel 2007 快捷方式图标，启动 Excel 2007，然后利用模板创建一个考勤卡文件，将其保存后退出 Excel 2007。

二、制作步骤

（1）先单击"快速启动工具栏"中的 Excel 2007 快捷方式图标，启动 Excel 2007。

（2）单击"Office 按钮"，在弹出的 Office 下拉列表中选择"新建"选项，再在弹出的"新建工作簿"对话框中选择左侧"已安装的模板"选项，在中间区域选择要使用的模板"考勤卡"选项，然后单击"创建"按钮，如图 1—17 所示。

（3）创建的"考勤卡"工作簿如图 1—18 所示。

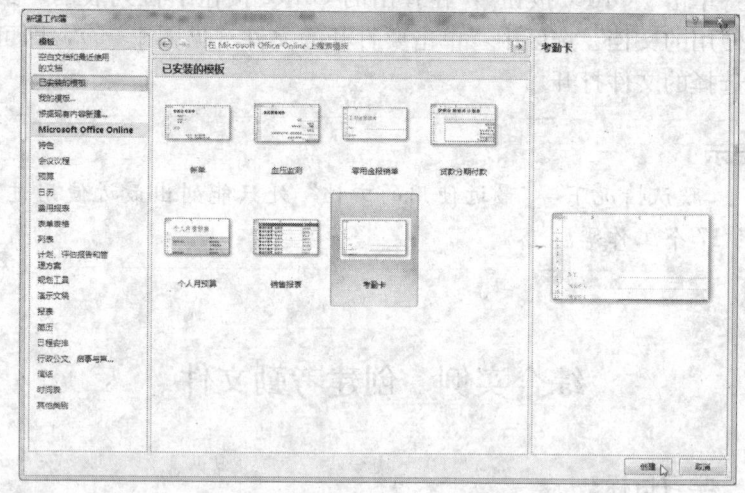

图 1—17 "新建工作簿"-"考勤卡"模板

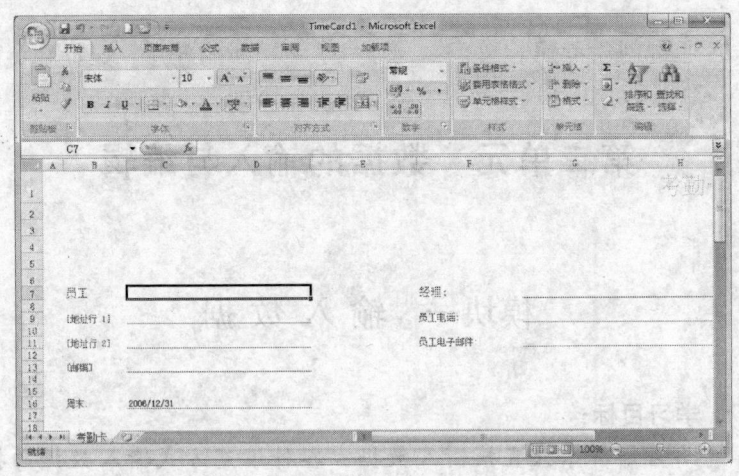

图1—18 创建的"考勤卡"工作簿

(4) 单击"快速访问工具栏"中的"保存"按钮,打开"另存为"对话框,在其中设置文件保存的位置和文件名,选择存放在"素材"文件夹,文件名为"素材1-1.xlsx",然后单击"保存"按钮。

(5) 单击标题栏右侧的"关闭"按钮,退出 Excel 2007。

第二单元 数据的输入与编辑

模块一 输入数据

学习目标:

1. 理解并掌握直接输入数据、各种填充方式输入数据的操作方法。

2. 理解技巧性输入数据的操作方法。

Excel 2007 中的数据包括文本、数值、日期和时间等类型,可以利用直接输入或自动填充等方式输入这些数据。

在 Excel 2007 中经常会遇到直接往工作表中输入数据的工作,在此以实例进行说明。

一、直接输入数据

1. 数据输入基本方法

在 Excel 2007 中,用户可以向某单元格中输入各种类型的数据,如文本、数值、日期和时间等,每种数据都有其特定的格式和输入方法。

2. 输入文本型数据

文本是指汉字、英文,或由汉字、英文、数字组成的字符串,例如,"姓名""参加工作日期""JA004"及"¥2,000.00"等都属于文本。

(1) 一般文本。下面以制作"久安集团员工花名册"为例说明输入文本型数据的方法。

1)新建一工作簿,按一般习惯应命名为"久安集团员工花名册",在此为了统一讲述将其保存在"素材"文件夹内,将文件命名为"素材 2-1.xlsx"。

2)单击"Sheet1"工作表的 A1 单元格,输入表头文本"久安集团员工花名册",如图 2—1 所示,可以看到输入的内容会同时显示在编辑栏中。

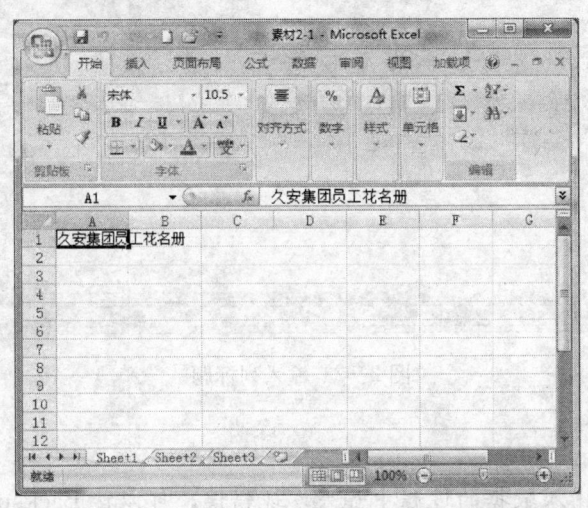

图 2—1 输入表头文本

提示

如果输入的数据长度超出单元格长度,并且当前单元格右侧的单元格为空,则文本会扩展显示到其右侧的单元格中,如图 2—1 所示;若后面单元格中有内容,则超出部分被截断不显示;但单击该单元格,在编辑栏中可看到内容依然存在,只是暂时在单元格中隐藏起来。

3)输入完毕,按 Enter 键确认,此时光标自动移到当前单元格的下一个单元格。用户也可单击编辑栏中的"输入"按钮☑确认输入或直接单击下一个要输入内容的单元格。

4）依次在 A2～J2 单元格中输入列标题，如图 2—2 所示。可以看到，在默认情况下，输入的文本会沿单元格左侧对齐。

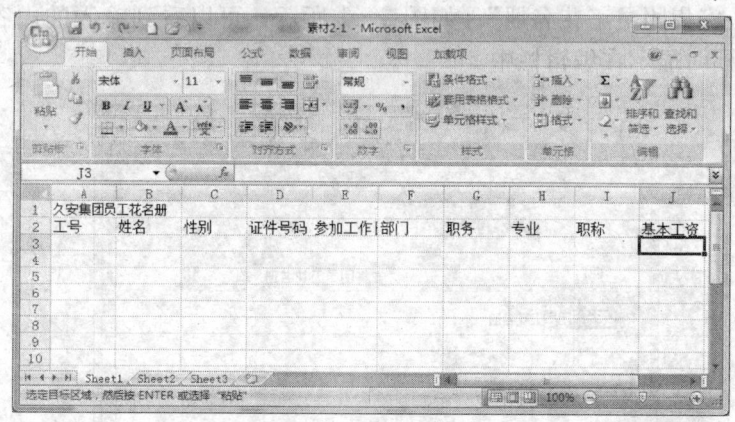

图 2—2　输入列标题

提示

　　在输入数据的过程中如果发现错误，可以按 Backspace 键将输错的文本删除，或将光标定位在编辑栏中，在编辑栏中进行修改；单击编辑栏中的"取消"按钮☒或按"Esc"键，可以取消本次输入。

5）用同样的方法在 B、C 列和单元格 A29 中输入数据，操作结果如图 2—3 所示。

（2）输入超长数字文本。当一些数字文本过长，如身份证号、证件号等，就应该进行相应的设置才可得到适合的显示形式。

1）在打开的"素材"文件夹"素材 2-1.xlsx"电子表格文

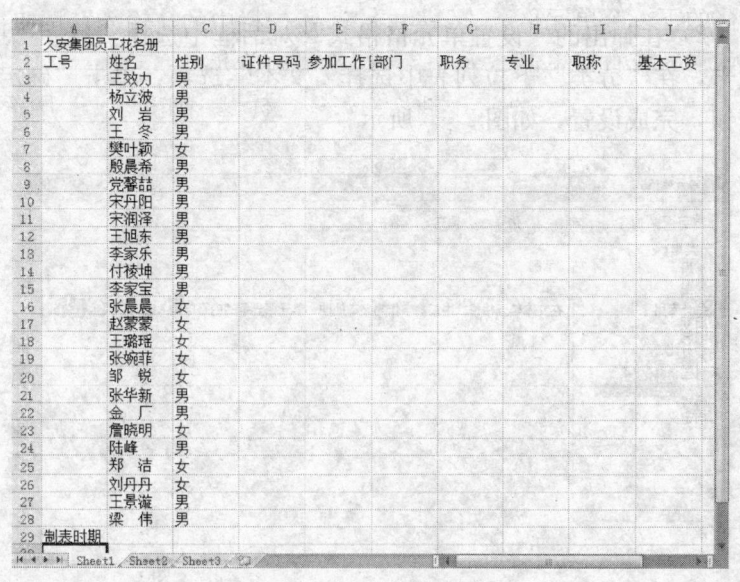

图 2—3 输入 B、C 列和单元格 A29 数据

件"Sheet1"工作表中,选定 D 列单元格区域并右击,在弹出的快捷菜单中选择"设置单元格格式"选项,如图 2—4 所示。

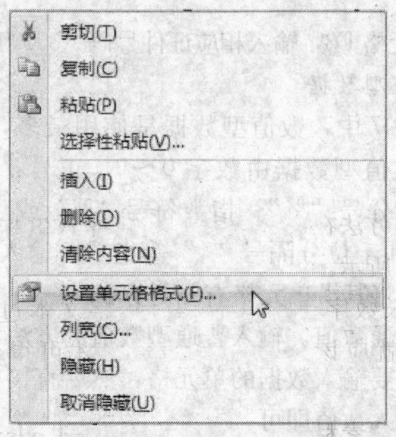

图 2—4 单元格快捷菜单

2) 在弹出的"设置单元格格式"对话框中选择"数字"选项卡,在"分类"下拉列表中选择"文本"选项,单击"确定"按钮,完成设置,如图2—5所示。

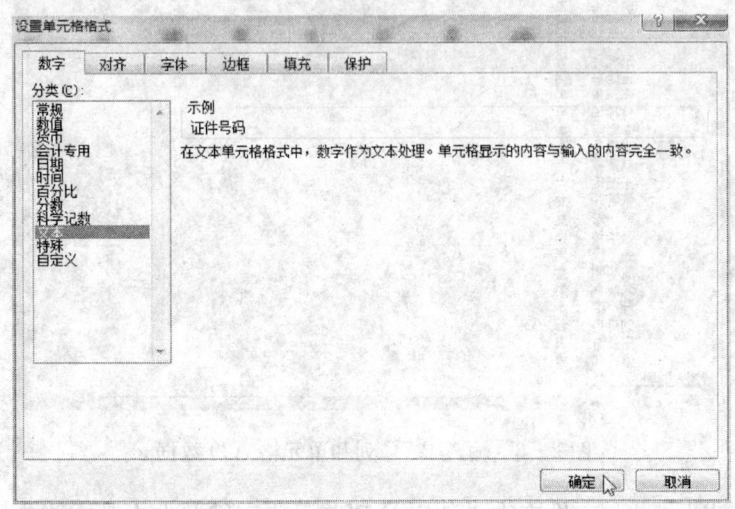

图2—5 "设置单元格格式"-"数字"选项卡

3) 选定单元格D3,输入相应证件号码"300002023698745601"。

3. 输入数值型数据

在Excel 2007中,数值型数据是使用最多,也是最为复杂的数据类型。数值型数据由数字0~9、正号、负号、小数点、分数号"/"、百分号"%"、指数符号"E"或"e"、货币符号"¥"或"$"和千位分隔号","等组成。输入数值型数据时,Excel 2007自动将其沿单元格右侧对齐。

(1) 输入普通数值。输入普通型数值的方法与输入文本的方法相同,即单击要输入数据的单元格,然后直接在单元格中输入或利用编辑栏输入数值即可。

提示

　　由于 Excel 2007 的单元格默认显示 11 位有效数字,如果输入的数值长度超过 11 位,系统将自动以科学计数法显示该数字。如在单元格 D3 中输入"300002023698745601",这时证件号码超过了 11 位,则系统将自动以科学计数法显示该数字,如图 2—6 所示。显然这样显示数据是不正确的,应该按照"输入超长数字文本"的方法进行输入。

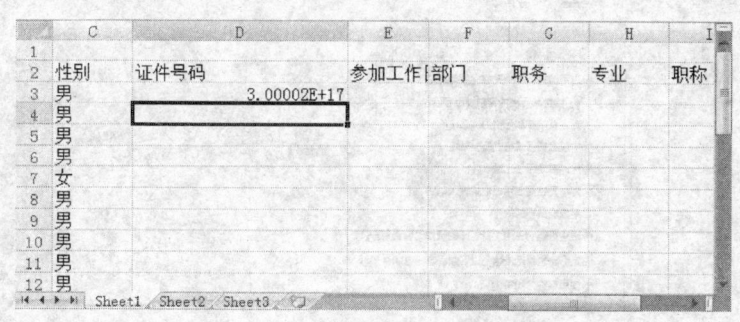

图 2—6　输入超过 11 位数值数据

　　(2)输入百分比数据。可以直接在数值后输入百分号"%"。例如,要输入 12%,应先输入"12",然后输入"%"。

　　(3)输入负数。必须在数字前加一个负号"—",或给数字加上圆括号。例如,输入"—10"或"(10)",都可在单元格中得到—10。

　　(4)输入小数。一般直接在指定的位置输入小数点即可。

　　当输入的数据量较大,且都具有相同的小数位数时,可以利用"自动插入小数点"功能。

　　单击"Office"按钮,在弹出的"Office 按钮"下拉列表中选择"Excel 选项"按钮,弹出"Excel 选项"对话框,单击左侧的"高级"选项,勾选"自动插入小数点"复选按钮,在

"位数"编辑框中输入或通过调节按钮指定相应的小数位数(如2),正数表示小数点左移,负数表示小数点右移,如图2—7所示。设置小数位数后,只要在单元格中输入数值,系统会自动为其添加所设置的小数点位数。

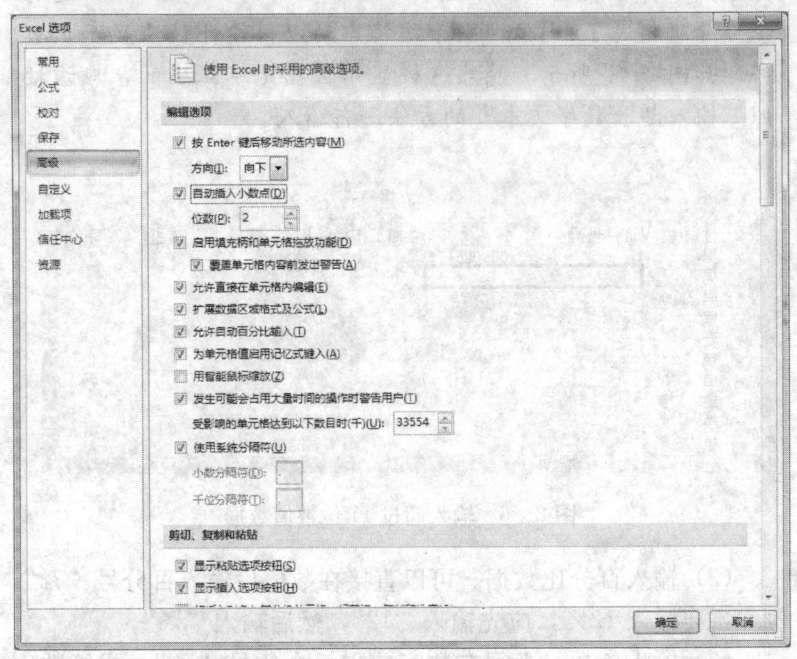

图2—7 "Excel 选项"-高级

注意

在完成输入带有小数位数的数字后,应清除对"自动插入小数点"复选按钮的勾选,以免影响后面的输入。

(5)输入分数。分数的格式通常为"分子/分母"。如果要在单元格中输入分数,如7/6,应先输入"0"和一个空格,然后输入"7/6",单击编辑栏中的"输入"按钮后单元格中显示"7/6",如图2—8上图所示;如果不输入"0",Excel 2007会把该数据当做日期格式处理，存储为"7月6日"，如图2—8下图所示。

注意

用这种方法输入的分母最大应不超过99。

（6）输入货币数值。在工作表输入的数据中也常会遇到输入货币数值如基本工资等，为此也要进行相应的设置。在此仍以"素材2-1.xlsx"为例说明。

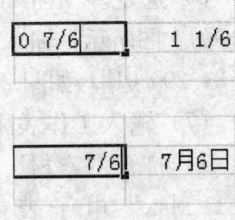

图2—8 输入分数

1）打开"素材"文件夹"素材2-1.xlsx"工作簿，选择"Sheet1"工作表的单元格区域J列并右击，在弹出的快捷菜单中选择"设置单元格格式"选项。

2）在弹出的"设置单元格格式"对话框中选择"数字"选项卡，在"分类"下拉列表中选择"货币"选项，在"小数位数"编辑框中输入"2"，在"货币符号（国家/地区）"下拉列表中选择"￥"。单击"确定"按钮，完成设置，如图2—9所示。

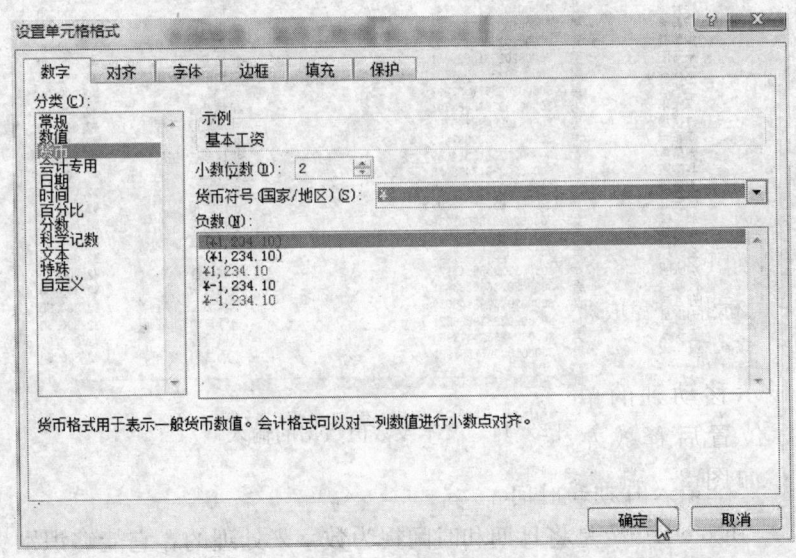

图2—9 设置货币符号

3) 选定单元格 J3,输入相应基本工资"3200.01",如图 2—10 上图所示,输入确认后,该单元格中的数据自动修改成了 "¥3,200.01",如图 2—10 下图所示。

(7) 输入工作表中的数据

1) 打开"素材"文件夹"素材 2-1.xlsx"电子表格文件,输入 "Sheet1"工作表的 B、C、H 列的单元格区域文本型数据。

2) 选择 D 列输入证件号码超长数字文本型数据。

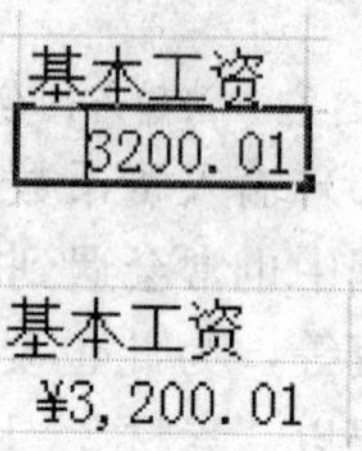

图 2—10 输入基本工资

3) 选择 J 列输入基本工资货币型数据。输入完这些数据后,结果如图 2—11 所示。

图 2—11 文本及数值数据的输入

4. 输入日期和时间

Excel 2007 是将日期和时间视为数字来处理的,它能够识别出大部分用普通表示方法输入的日期和时间格式。

（1）输入日期。用户可以用"/"或者"－"来分隔日期中的年、月、日部分。首先输入年份，然后输入1～12的数字作为月，再输入1～31的数字作为日。比如要输入"2011年8月1日"，可以在单元格中输入"2011/8/1"或者"2011－8－1"，如图2—12所示。如果省略年份，则以当前的年份作为默认值，显示在编辑栏中。

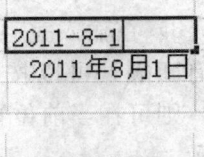

图2—12 输入日期

> 提示
> 　　若要在单元格中插入系统当前日期，可以按"Ctrl＋;"组合键。

（2）输入时间。在Excel 2007中输入时间时，可用冒号":"分开时间的时、分、秒。系统默认输入的时间是按24小时制的方式输入的。若要基于12小时制输入时间，需要在输入的时间后再输入一个空格，然后输入AM或PM（也可只输入A或P），用来表示上午或下午。

> 提示
> 　　如果要在单元格中插入系统当前时间，可以按"Ctrl＋Shift＋;"组合键。

在此对"素材2－1.xlsx"电子表格文件中的工作表指定单元格内输入系统日期及时间。

1）打开"素材"文件夹"素材2－1.xlsx"电子表格文件，选择"Sheet1"工作表的单元格B29。

2)此时可输入系统当前日期,按"Ctrl+;"组合键,在单元格 B29 中自动输入当前的系统日期。

3)在输入完系统当前日期后,为了让系统当前日期与时间有间隔,可以按两次空格键,再按"Ctrl+Shift+;"组合键,则可在当前位置处自动输入当前的系统时间,如图 2—13 所示。

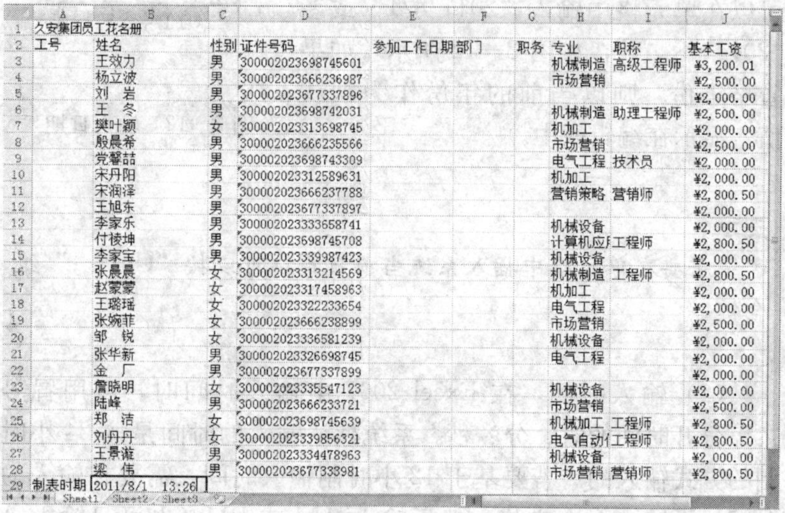

	A	B	C	D	E	F	G	H	I	J
1	久安集团员工花名册									
2	工号	姓名	性别	证件号码	参加工作日期	部门	职务	专业	职称	基本工资
3		王效力	男	300002023698745601				机械制造	高级工程师	¥3,200.01
4		杨立波	男	300002023666236987				市场营销		¥2,500.00
5		刘岩	男	300002023677337896						¥2,000.00
6		王冬	男	300002023698742031				机械制造	助理工程师	¥2,500.00
7		樊叶颖	女	300002023313698745				机加工		¥2,000.00
8		殷晨希	男	300002023666235566				市场营销		¥2,500.00
9		党馨喆	女	300002023698743309				电气工程	技术员	¥2,000.00
10		宋丹阳	男	300002023312589631				机加工		¥2,000.00
11		宋润泽	男	300002023666237788				营销策略	营销师	¥2,800.50
12		王旭东	男	300002023677337897						¥2,000.00
13		李家乐	男	300002023333658741						¥2,000.00
14		付按坤	男	300002023698745708				计算机应	工程师	¥2,800.50
15		李家宝	男	300002023339987423				机械设备		¥2,000.00
16		张晨晨	女	300002023313214569				机械制造	工程师	¥2,800.50
17		赵蒙蒙	女	300002023317458963				机加工		¥2,000.00
18		王璐瑶	女	300002023322233654				电气工程		¥2,000.00
19		张婉菲	女	300002023666238899				市场营销		¥2,500.00
20		邹锐	女	300002023336581239				机械设备		¥2,000.00
21		张华新	男	300002023326698745				电气工程		¥2,000.00
22		金厂	男	300002023677337899						¥2,000.00
23		詹晓明	男	300002023335547123				机械设备		¥2,000.00
24		陆峰	男	300002023666233721				市场营销		¥2,500.00
25		郑洁	女	300002023698745639				机械加工	工程师	¥2,800.50
26		刘丹丹	女	300002023339856321				电气自动化		¥2,000.00
27		王景濑	男	300002023334478963				机械设备		¥2,000.00
28		梁伟	男	300002023677333981				市场营销	营销师	¥2,800.50
29	制表时间	2011/8/1 13:26								

图 2—13 为单元格 B29 输入当前日期及时间

(3)输入参加工作日期

1)打开"素材"文件夹"素材 2-1.xlsx"电子表格文件,选择"Sheet1"工作表。

2)在单元格区域 E3:E28 中分别输入员工相应的参加工作日期,如图 2—14 所示。

5. 输入特殊符号

(1)输入常用特殊符号。如果要在工作表中输入一些键盘上无法输入的特殊符号,则可以利用"插入"选项卡来输入。在此

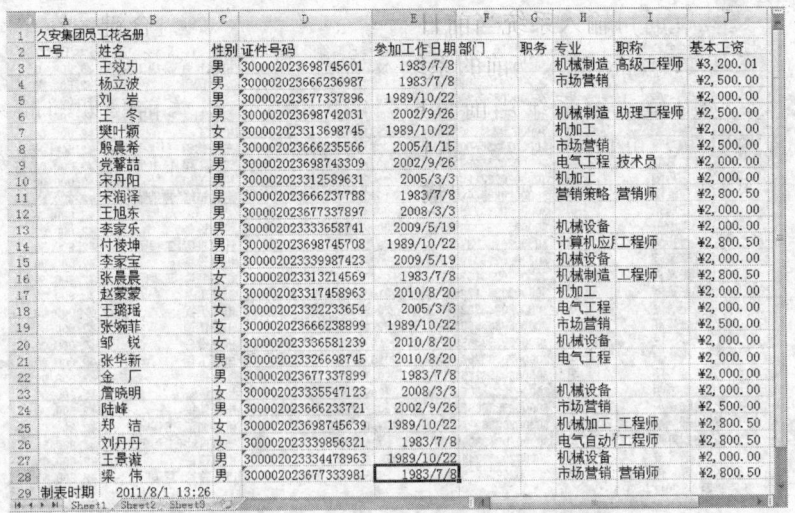

图 2—14 输入员工相应的参加工作日期

以"素材 2-1.xlsx"工作簿中的工作表为例进行说明。

1)打开"素材"文件夹"素材 2-1.xlsx"电子表格文件,选择"Sheet1"工作表的单元格 A3。

2)单击"插入"选项卡"特殊符号"选项组中的"符号"按钮,弹出的"符号"下拉列表如图 2—15 所示。

3)在弹出的下拉列表中单击特殊符号"※",然后再输入"JA001",如图 2—16 所示。

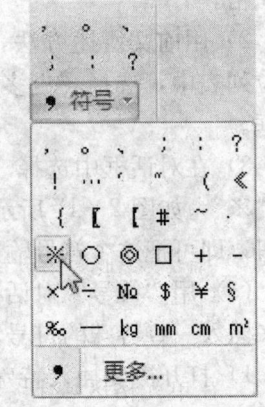

图 2—15 "符号"下拉列表

(2)用"插入特殊符号"对话框输入。当插入的特殊符号不是很常见时,就要在"插入特殊符号"对话框中查找。

1)打开需要插入特殊符号的工作簿,选择好工作表,选定

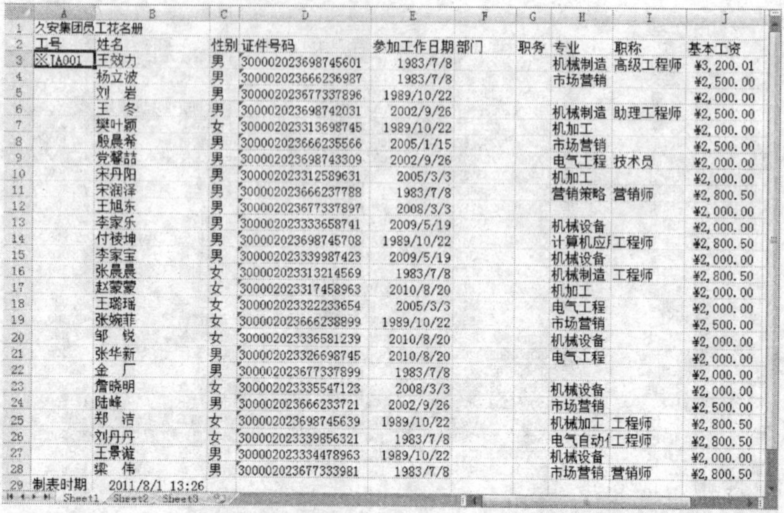

	A	B	C	D	E	F	G	H	I	J
1	久安集团员工花名册									
2	工号	姓名	性别	证件号码	参加工作日期	部门	职务	专业	职称	基本工资
3	※TA001	王效力	男	300002023698745601	1983/7/8			机械制造	高级工程师	¥3,200.01
4		杨立波	男	300002023666236987	1983/7/8			市场营销		¥2,500.00
5		刘岩	男	300002023677337896	1989/10/22					¥2,000.00
6		王冬	男	300002023698742031	2002/9/26			机械制造	助理工程师	¥2,500.00
7		樊叶颖	女	300002023313698745	1989/10/22			机加工		¥2,000.00
8		殷晨希	女	300002023666235566	2005/1/15			市场营销		¥2,500.00
9		党馨喆	女	300002023698743309	2002/9/26			电气工程	技术员	¥2,000.00
10		宋丹阳	男	300002023312589631	2005/3/3			机加工		¥2,000.00
11		宋润泽	男	300002023666237788	1983/7/8			营销策略	营销师	¥2,800.50
12		王旭东	男	300002023677337897	2008/3/3					¥2,000.00
13		李家乐	男	300002023333658741	2009/5/19			机械设备		¥2,000.00
14		付棱坤	男	300002023698745708	1989/10/22			计算机应用	工程师	¥2,800.50
15		李家宝	男	300002023339987423	2009/5/19			机械设备		¥2,000.00
16		张晨晨	女	300002023313214569	1983/7/8			机械制造	工程师	¥2,800.50
17		赵蒙蒙	女	300002023317458963	2010/8/20					¥2,000.00
18		王璐瑶	女	300002023322233654	2005/3/3			电气工程		¥2,000.00
19		张婉菲	女	300002023666238899	1989/10/22			市场营销		¥2,500.00
20		邹锐	男	300002023336581239	2010/8/20			机械设备		¥2,000.00
21		张华新	男	300002023326698745	2010/8/20			电气工程		¥2,000.00
22		金厂	男	300002023677337899	1983/7/8					¥2,000.00
23		詹晓明	女	300002023335547123	2008/3/3			机械设备		¥2,000.00
24		陆峰	男	300002023666233721	2002/9/26			市场营销		¥2,500.00
25		郑洁	女	300002023698745639	1983/7/8			机加工	工程师	¥2,800.50
26		刘丹丹	女	300002023339856321	1983/7/8			电气自动	工程师	¥2,800.50
27		王景镁	女	300002023334478651	1989/10/22			机械设备		¥2,000.00
28		梁伟	男	300002023677333981	1983/7/8			市场营销	营销师	¥2,800.50
29	制表时间	2011/8/1 13:26								

图2—16 输入特殊符号-工号

单元格。

2)用前文所述方法,在弹出的如图2—15所示的"符号"下拉列表中,选择"更多..."选项,弹出"插入特殊符号"对话框。

3)在对话框中选择"特殊符号"选项卡,从中找到特殊符号"※",如图2—17所示。选中这个特殊符号后,单击"确定"按钮,即可把这个符号输入到相应的单元格中。

(3)用"符号"对话框输入。还可以用弹出的"符号"对话框来插入一些特殊的符号和文字。

1)打开需要插入特殊符号的工作簿,选择好工作表,选定单元格。

2)选择"插入"选项卡,在"文本"选项组中单击"符号"按钮,弹出如图2—18所示的"符号"对话框。通过对选项卡的选择、"字体"下拉列表以及"子集"下拉列表的设置可以找到很多用键盘无法输入的符号。

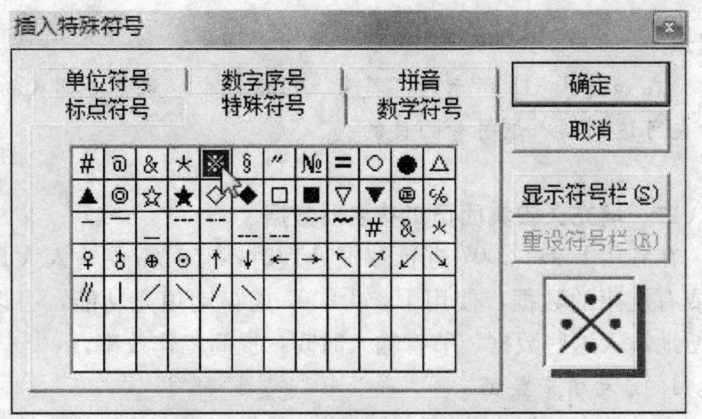

图 2—17 "插入特殊符号"对话框

图 2—18 "符号"对话框

3)当找到需要的符号后,选中该符号,单击"插入"按钮,即可将该符号插入选定的单元格中。

> **提示**
>
> 在如图2—18所示的"符号"对话框中,双击要插入的符号也可达到插入该符号的目的。

二、填充久安集团员工花名册数据

在利用 Excel 2007 进行数据处理时,有时需要输入大量重复或有规律的数据,使用 Excel 2007 的自动填充功能,可以很方便地输入这些数据,节省输入时间,提高工作效率。

1. 自动填充数据

自动填充数据也称记忆式输入,是指用户在单元格中输入文本或文本与数字的混合项数据时,系统会自动根据用户已经输入过的数据提出建议,并可自动填写相应的字符,以省去重复录入的操作。在此仍以"素材2-1.xlsx"电子表格文件的操作为例进行说明。

(1) 打开"素材"文件夹"素材2-1.xlsx"电子表格文件,选择"Sheet1"工作表。

(2) 分别在单元格区域F3:F5中输入文本"研发部""销售部""供应处"。

(3) 准备在F6单元格中再次输入"研发部",当刚输入完"研"字时,后面已提示性地自动填充了"发部"两字,如图2—19所示。

> **提示**
>
> 如果不想采用自动提供的文本,可以继续键入;如果要删除自动提供的文本,可以按Backspace键。

(4) 结合自动填充数据的方法,将F列和G列数据输入完成,如图2—20所示。

	A	B	C	D	E	F	G	H	I	J
1	久安集团员工花名册									
2	工号	姓名	性别	证件号码	参加工作日期	部门	职务	专业	职称	基本工资
3	※JA001	王效力	男	30000202369874560	1983/7/8	研发部		机械制造	高级工程师	¥3,200.01
4		杨立波	男	30000202366623698	1983/7/8	销售部		市场营销		¥2,500.00
5		刘 岩	男	30000202367733789	1989/10/22	供应处				¥2,000.00
6		王 冬	男	30000202369874203	2002/9/26	研发部		机械制造	助理工程师	¥2,500.00
7		樊叶颖	女	30000202331369874	1989/10/22			机加工		¥2,000.00
8		殷晨希	男	30000202366623556	2005/1/15			市场营销		¥2,500.00
9		党馨喆	女	30000202369874330	2002/9/26			电气工程	技术员	¥2,000.00
10		宋丹阳	男	30000202331258963	2005/3/3			机加工		¥2,000.00
11		宋润泽	男	30000202366623778	1983/7/8			营销策略	营销师	¥2,800.50
12		王旭东	男	30000202367733789	2008/3/3					¥2,000.00
13		李家乐	男	30000202333365874	2005/5/19			机械设备		¥2,000.00
14		付棱坤	男	30000202369874570	1989/10/22			计算机应用	工程师	¥2,000.00
15		李家宝	男	30000202333998742	2009/5/19			机械设备		¥2,000.00
16		张晨晨	女	30000202331321456	1983/7/8			机械制造	工程师	¥2,800.50
17		赵蒙蒙	女	30000202331745896	2010/8/20			机加工		¥2,000.00
18		王璐瑶	女	30000202332223365	2005/3/3			电气工程		¥2,000.00
19		张婉菲	女	30000202366623889	1989/10/22			市场营销		¥2,500.00
20		邹 锐	男	30000202333658123	2010/8/20			机械设备		¥2,000.00
21		张华新	男	30000202332669874	2010/8/20			电气工程		¥2,000.00
22		金 厂	男	30000202367733789	1983/7/8					¥2,000.00
23		詹晓明	男	30000202333554712	2009/2/8			机械设备		¥2,000.00
24		陆峰	男	30000202366623372	2002/9/26			市场营销		¥2,500.00
25		郑 洁	女	30000202369874563	1989/10/22			机械制造	工程师	¥2,800.50
26		刘丹丹	女	30000202333985632	1983/7/8			电气自动	工程师	¥2,800.50
27		王晨谁	男	30000202333447896	1989/10/22			机械设备		¥2,000.00
28		梁 伟	男	30000202367733398	1983/7/8			市场营销	营销师	¥2,800.50
29	制表时期	2011/8/1 13:26								

图 2—19 自动填充数据

	A	B	C	D	E	F	G	H	I	J
1	久安集团员工花名册									
2	工号	姓名	性别	证件号码	参加工作日期	部门	职务	专业	职称	基本工资
3	※JA001	王效力	男	30000202369874560	1983/7/8	研发部	部长	机械制造	高级工程师	¥3,200.01
4		杨立波	男	30000202366623698	1983/7/8	销售部	员工	市场营销		¥2,500.00
5		刘 岩	男	30000202367733789	1989/10/22	供应处	员工			¥2,000.00
6		王 冬	男	30000202369874203	2002/9/26	研发部	员工	机械制造	助理工程师	¥2,500.00
7		樊叶颖	女	30000202331369874	1989/10/22	生产一车	员工	机加工		¥2,000.00
8		殷晨希	男	30000202366623556	2005/1/15	研发部	员工	市场营销		¥2,500.00
9		党馨喆	女	30000202369874330	2002/9/26	研发部	员工	电气工程	技术员	¥2,000.00
10		宋丹阳	男	30000202331258963	2005/3/3	生产一车	员工	机加工		¥2,000.00
11		宋润泽	男	30000202366623778	1983/7/8	销售部	经理	营销策略	营销师	¥2,800.50
12		王旭东	男	30000202367733789	2008/3/3	供应处	员工			¥2,000.00
13		李家乐	男	30000202333365874	2005/5/19	生产三车	员工	机械设备		¥2,000.00
14		付棱坤	男	30000202369874570	1989/10/22	研发部	员工	计算机应用	工程师	¥2,000.00
15		李家宝	男	30000202333998742	2009/5/19	生产三车	员工	机械设备		¥2,000.00
16		张晨晨	女	30000202331321456	1983/7/8	生产一车	主任	机械制造	工程师	¥2,800.50
17		赵蒙蒙	女	30000202331745896	2010/8/20	生产一车	员工	机加工		¥2,000.00
18		王璐瑶	女	30000202332223365	2005/3/3	生产三车	员工	电气工程		¥2,000.00
19		张婉菲	女	30000202366623889	1989/10/22	销售部	员工	市场营销		¥2,500.00
20		邹 锐	男	30000202333658123	2010/8/20	生产三车	员工	机械设备		¥2,000.00
21		张华新	男	30000202332669874	2010/8/20	生产二车	员工	电气工程		¥2,000.00
22		金 厂	男	30000202367733789	1983/7/8	供应处	员工			¥2,000.00
23		詹晓明	男	30000202333554712	2009/2/8	生产三车	员工	机械设备		¥2,000.00
24		陆峰	男	30000202366623372	2002/9/26	销售部	员工	市场营销		¥2,500.00
25		郑 洁	女	30000202369874563	1989/10/22	生产三车	员工	机械制造	工程师	¥2,800.50
26		刘丹丹	女	30000202333985632	1983/7/8	生产三车	主任	电气自动	工程师	¥2,800.50
27		王晨谁	男	30000202333447896	1989/10/22	生产三车	员工	机械设备		¥2,000.00
28		梁 伟	男	30000202367733398	1983/7/8	供应处	处长	市场营销	营销师	¥2,800.50
29	制表时期	2011/8/1 13:26								

图 2—20 利用自动填充数据输入其他数据

2. 利用填充柄填充数据

快速输入数据是 Excel 2007 的优点之一。例如,在输入基本数据后,只需简单地拖曳单元格的填充柄,即可在其相邻单元格中自动填充数据。

填充柄是位于选定单元格或单元格区域右下角的小黑方块。将鼠标指针指向填充柄上时,鼠标指针由白色的空心十字形指针更改为黑色的实心十字形指针,如图 2—21 所示。

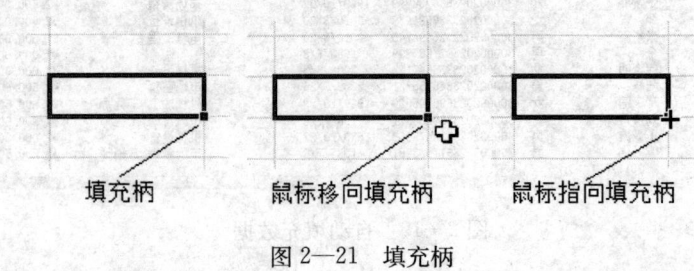

图 2—21 填充柄

(1) 填充单个序列。如果希望在一行或一列相邻的单元格中输入相同的或有规律的数据,可首先在第 1 个单元格中输入示例数据,然后上下或左右拖曳填充柄即可。在此以"素材 2 - 1.xlsx"电子表格文件为实例进行说明。

打开"素材"文件夹"素材 2 - 1.xlsx"电子表格文件,选择"Sheet1"工作表,并选定单元格 A3,此单元格中输入的是员工的工号,工号这列序号可以利用填充柄进行填充。

1) 鼠标指针移到 A3 单元格右下角的填充柄上,此时鼠标指针变为黑色的实心十字形指针,按住左键拖曳 A3 单元格右下角的填充柄到单元格 A28,如图 2—22 所示,释放左键,填充结果如图 2—23 所示。

2) 执行完填充操作后,会在填充区域的右下角出现一个自动填充选项图标 ,单击此图标将打开一个填充选项列表,从

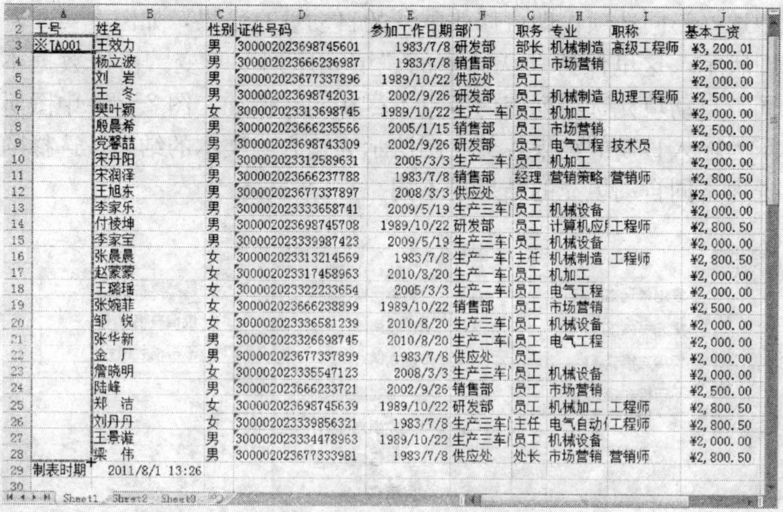

	A	B	C	D	E	F	G	H	I	J
2	工号	姓名	性别	证件号码	参加工作日期	部门	职务	专业	职称	基本工资
3	※JA001	王效力	男	300002023698745601	1983/7/8	研发部	部长	机械制造	高级工程师	¥3,200.01
4		杨立波	男	300002023666236987	1983/7/8	销售部	员工	市场营销		¥2,500.00
5		刘　岩	男	300002023677337896	1989/10/22	供应处	员工			¥2,000.00
6		王　冬	男	300002023698742031	2002/9/26	研发部	员工	机械制造	助理工程师	¥2,500.00
7		樊叶颖	女	300002023313698745	1989/10/22	生产一车	员工	机加工		¥2,000.00
8		殷晨希	男	300002023666235566	2005/1/15	销售部	员工	市场营销		¥2,500.00
9		党馨喆	男	300002023698743309	2002/9/26	研发部	员工	电气工程	技术员	¥2,000.00
10		宋丹阳	男	300002023312589631	2005/3/3	生产一车	员工	机加工		¥2,000.00
11		宋润泽	男	300002023666237788	1983/7/8	销售部	经理	营销策略	营销师	¥2,800.50
12		王旭东	男	300002023677337897	2008/3/3	供应处	员工			¥2,000.00
13		李家乐	男	300002023333658741	2009/5/19	生产三车	员工	机械设备		¥2,000.00
14		付被坤	男	300002023698745708	1989/10/22	研发部	员工	计算机应	工程师	¥2,800.50
15		李家宝	男	300002023339987423	2009/5/19	生产三车	员工	机械设备		¥2,000.00
16		张晨晨	女	300002023313214569	1983/7/8	生产一车	主任	机械制造	工程师	¥2,800.50
17		赵蒙蒙	女	300002023317458963	2010/8/20	生产一车	员工	机加工		¥2,000.00
18		王璐瑶	女	300002023322233654	2005/3/3	生产二车	员工	电气工程		¥2,000.00
19		张婉菲	女	300002023666238899	1989/10/22	销售部	员工	市场营销		¥2,500.00
20		郜　锐	女	300002023336581239	2010/8/20	生产三车	员工	机械设备		¥2,000.00
21		张华新	男	300002023326698745	2010/8/20	生产二车	员工	电气工程		¥2,000.00
22		金　厂	男	300002023677337899	1983/7/8	供应处	员工			¥2,000.00
23		詹晓明	女	300002023335547123	2008/3/3	生产三车	员工	机械设备		¥2,000.00
24		陆峰	男	300002023666233721	2002/9/26	销售部	员工	市场营销		¥2,500.00
25		郑　洁	女	300002023698745639	1989/10/22	研发部	员工	机械加工	工程师	¥2,800.50
26		刘丹丹	女	300002023339856321	1983/7/8	生产三车	主任	电气自动	工程师	¥2,800.50
27		王景漩	男	300002023334478963	1989/10/22	生产三车	员工	机械设备		¥2,000.00
28		梁　伟	男	300002023677333981	1983/7/8	供应处	处长	市场营销	营销师	¥2,800.50
29	制表时期	2011/8/1 13:26								
30										

图 2—22　拖曳填充柄

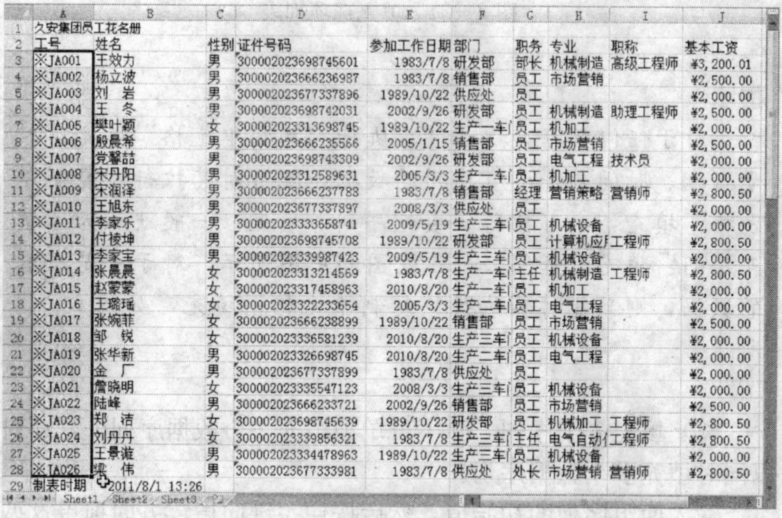

	A	B	C	D	E	F	G	H	I	J
1	久安集团员工花名册									
2	工号	姓名	性别	证件号码	参加工作日期	部门	职务	专业	职称	基本工资
3	※JA001	王效力	男	300002023698745601	1983/7/8	研发部	部长	机械制造	高级工程师	¥3,200.01
4	※JA002	杨立波	男	300002023666236987	1983/7/8	销售部	员工	市场营销		¥2,500.00
5	※JA003	刘　岩	男	300002023677337896	1989/10/22	供应处	员工			¥2,000.00
6	※JA004	王　冬	男	300002023698742031	2002/9/26	研发部	员工	机械制造	助理工程师	¥2,500.00
7	※JA005	樊叶颖	女	300002023313698745	1989/10/22	生产一车	员工	机加工		¥2,000.00
8	※JA006	殷晨希	男	300002023666235566	2005/1/15	销售部	员工	市场营销		¥2,500.00
9	※JA007	党馨喆	男	300002023698743309	2002/9/26	研发部	员工	电气工程	技术员	¥2,000.00
10	※JA008	宋丹阳	男	300002023312589631	2005/3/3	生产一车	员工	机加工		¥2,000.00
11	※JA009	宋润泽	男	300002023666237788	1983/7/8	销售部	经理	营销策略	营销师	¥2,800.50
12	※JA010	王旭东	男	300002023677337897	2008/3/3	供应处	员工			¥2,000.00
13	※JA011	李家乐	男	300002023333658741	2009/5/19	生产三车	员工	机械设备		¥2,000.00
14	※JA012	付被坤	男	300002023698745708	1989/10/22	研发部	员工	计算机应	工程师	¥2,800.50
15	※JA013	李家宝	男	300002023339987423	2009/5/19	生产三车	员工	机械设备		¥2,000.00
16	※JA014	张晨晨	女	300002023313214569	1983/7/8	生产一车	主任	机械制造	工程师	¥2,800.50
17	※JA015	赵蒙蒙	女	300002023317458963	2010/8/20	生产一车	员工	机加工		¥2,000.00
18	※JA016	王璐瑶	女	300002023322233654	2005/3/3	生产二车	员工	电气工程		¥2,000.00
19	※JA017	张婉菲	女	300002023666238899	1989/10/22	销售部	员工	市场营销		¥2,500.00
20	※JA018	郜　锐	女	300002023336581239	2010/8/20	生产三车	员工	机械设备		¥2,000.00
21	※JA019	张华新	男	300002023326698745	2010/8/20	生产二车	员工	电气工程		¥2,000.00
22	※JA020	金　厂	男	300002023677337899	1983/7/8	供应处	员工			¥2,000.00
23	※JA021	詹晓明	女	300002023335547123	2008/3/3	生产三车	员工	机械设备		¥2,000.00
24	※JA022	陆峰	男	300002023666233721	2002/9/26	销售部	员工	市场营销		¥2,500.00
25	※JA023	郑　洁	女	300002023698745639	1989/10/22	研发部	员工	机械加工	工程师	¥2,800.50
26	※JA024	刘丹丹	女	300002023339856321	1983/7/8	生产三车	主任	电气自动	工程师	¥2,800.50
27	※JA025	王景漩	男	300002023334478963	1989/10/22	生产三车	员工	机械设备		¥2,000.00
28	※JA026	梁　伟	男	300002023677333981	1983/7/8	供应处	处长	市场营销	营销师	¥2,800.50
29	制表时期	2011/8/1 13:26								

图 2—23　利用填充柄填充的数据

中选择不同选项,即可修改默认的自动填充结果,如图2—24左图所示,这里保持默认选中的"填充序列"不变。初始数据不同,自动填充选项列表内容也不尽相同。例如,图2—24中图所示为输入日期的结果,其右图所示为输入纯文本的结果,选择的选项不同自动填充的结果也不同。

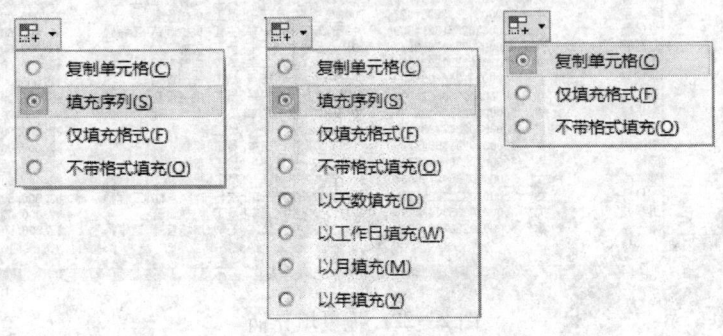

图2—24 填充选项列表

> **提示**
> 对于任何数据,都可对其执行"复制单元格"填充;对于日期、时间或一些有序列的数据,既可对其执行"复制单元格"填充,也可执行"填充序列"填充,一般默认为"填充序列"填充,如图2—24左图和中图所示;对于全是文本的数据,则只能对其执行"复制单元格"填充,如图2—25所示。

(2)填充多个序列。除了可单独填充一个数据序列外,还可以同时填充多个数据序列。

输入两组序列的初始值,然后按住左键向指定方向拖曳这两组序列右下角的填充柄到目标位置,最后释放左键即可,如图2—26所示。

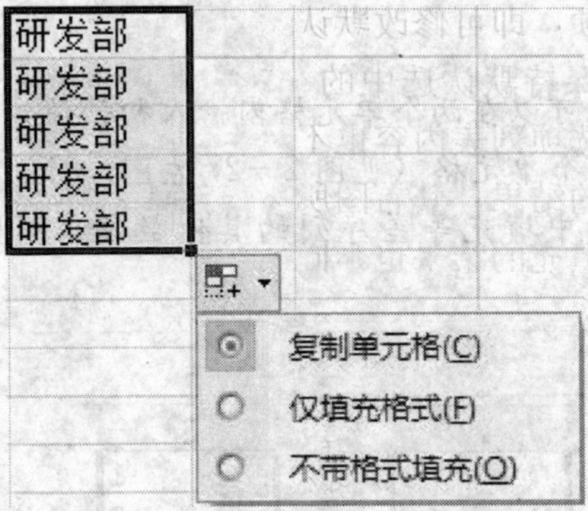

图 2—25 "复制单元格"填充

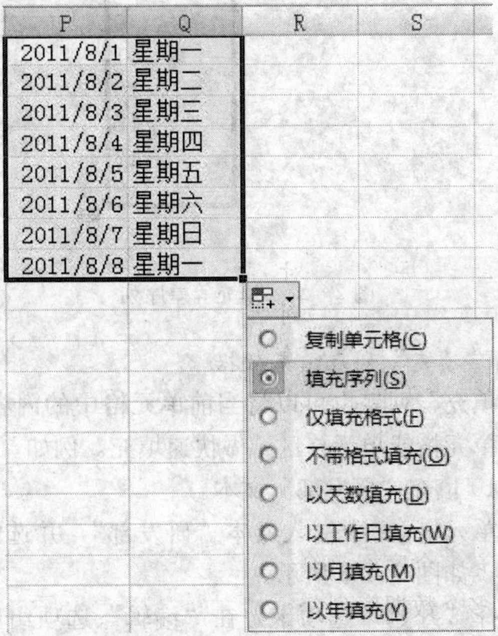

图 2—26 填充多个序列

提示

此外,还可以在两个单元格内输入初始值为等差序列的数据,选定这两个单元格(见图2—27左图)后,再利用填充柄在相邻单元格中填充等差序列的其他数据,如图2—27右图所示。

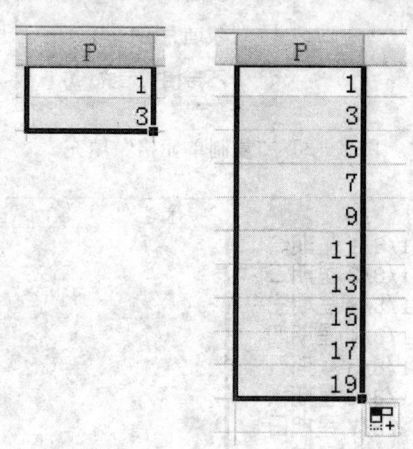

图2—27 填充等差序列

3. 利用"填充"列表填充数据

利用"填充"列表也可以将当前单元格中的内容向上、下、左、右相邻单元格或单元格区域做快速填充。例如,要在单元格区域C1:C10填充"研发部"文本。

(1)在单元格C1中输入文本"研发部",并选定单元格区域C1:C10,如图2—28所示。

(2)选择"开始"选项卡,在"编辑"选项组中单击"填充"按钮,在弹出的"填充"下拉列表中选择"向下"选项,如图2—29所示。

(3)Excel 2007就会在单元格区域C1:C10填充上"研发

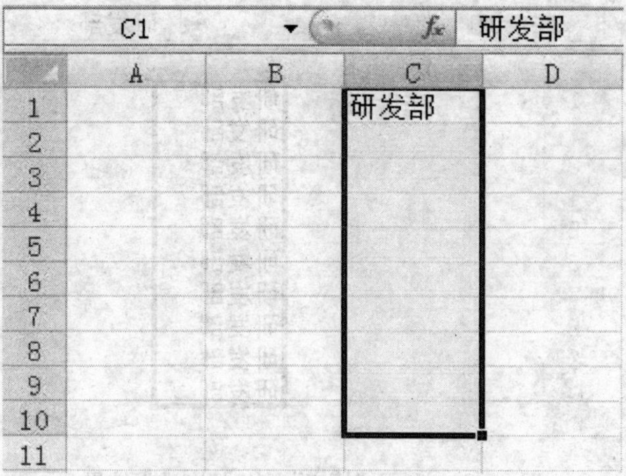

图 2—28 选定单元格区域 C1：C10

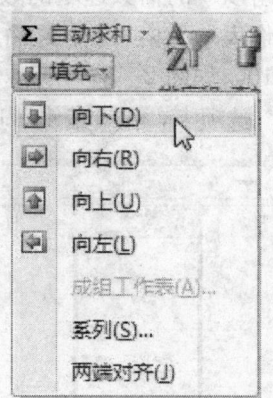

图 2—29 "填充"下拉列表

部"文本，如图 2—30 所示，可与图 2—28 进行对照。

4. 利用"序列"对话框填充数据

对于一些有规律的数据，比如等差、等比序列以及日期数据序列等，还可以利用"序列"对话框进行填充。例如，要在选定

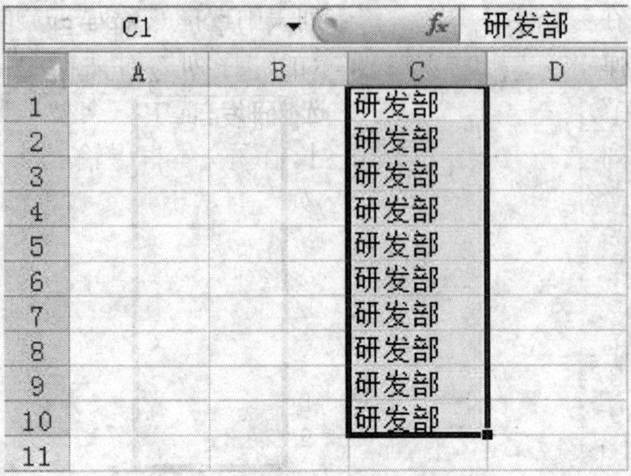

图2—30 利用"填充"列表填充数据结果

的单元格区域填充一组以3的倍数递增的数据。

（1）在打开的工作表单元格C1中先输入初始数据"7"，选定单元格区域C1：C10，如图2—31所示。

（2）选择"开始"选项卡，在"编辑"选项组中单击"填充"

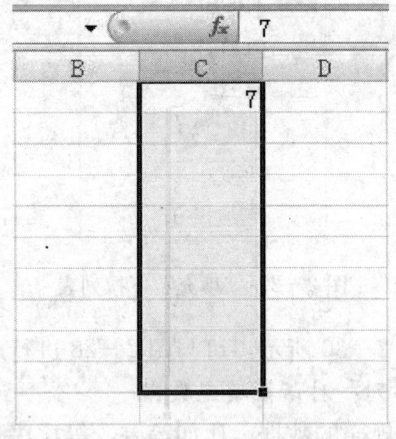

图2—31 输入初始数据

按钮 ，在弹出的"填充"下拉列表中选择"系列"选项。

(3) 在弹出的如图 2—32 所示的"序列"对话框中,选中"序列产生在"选区中的"列"单选按钮,选中"类型"选区中的"等比序列"单选按钮,在"步长值"文本框中输入"3",单击"确定"按钮即可完成利用"序列"对话框填充数据的操作,填充结果如图 2—33 所示。

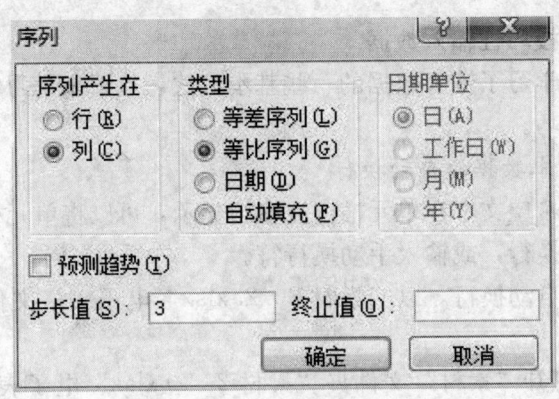

图 2—32 "序列"对话框

B	C	D
	7	
	21	
	63	
	189	
	567	
	1701	
	5103	
	15309	
	45927	
	137781	

图 2—33 利用"序列"对话框填充数据

提示

1. 步长值是相邻数据间延伸的幅度。步长值可以是负值，也可以是小数，不一定都要为整数。

2. 在单元格中输入不同类型的初始数据，都可以在"序列"对话框中选择相应选项对所选单元格区域进行填充。

三、技巧性输入数据

前面学习了输入数据的一些基本方法，接下来学习输入数据的一些技巧。

1. 文本数据的自动换行

如果希望文本在单元格内以多行显示，可以将单元格格式设置成自动换行，或输入手动换行符。

（1）自动换行。以"素材2-2.xlsx"电子表格文件为实例进行说明。

1）打开"素材"文件夹"素材2-2.xlsx"电子表格文件，选择"Sheet1"工作表，并选定单元格A1，内容是"久安集团山河分公司员工通讯录"，如图2—34上图所示。

2）单击"开始"选项卡上"对齐方式"选项组中的"自动换行"按钮，操作后的结果如图2—34下图所示。

提示

1. 如果选中设置自动换行的单元格，再次单击"自动换行"按钮，将取消换行效果。

2. 对单元格中的文本设置自动换行后，单元格中的数据会自动换行以适应列宽，此时单元格所在行的行高被自动调整。当更改列宽时，数据换行会自动调整。但是，如果为单元格所在行设置了固定行高，则虽然文本能自动换行，但行高却不会自动调整。

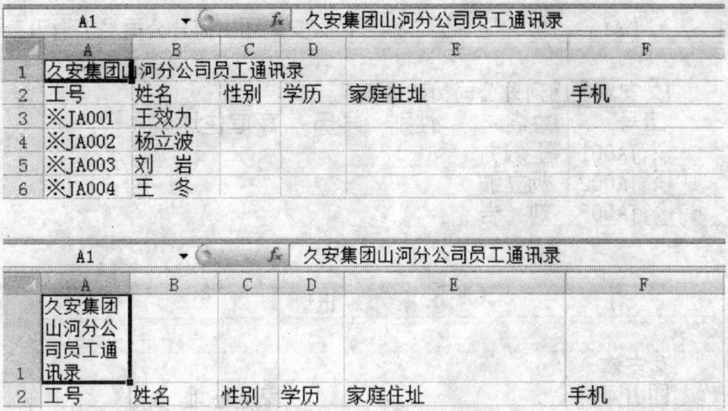

A1				fx	久安集团山河分公司员工通讯录	
A	B	C	D	E		F
久安集团山河分公司员工通讯录						
工号	姓名	性别	学历	家庭住址		手机
※JA001	王效力					
※JA002	杨立波					
※JA003	刘 岩					
※JA004	王 冬					

A1				fx	久安集团山河分公司员工通讯录	
A	B	C	D	E		F
久安集团山河分公司员工通讯录						
工号	姓名	性别	学历	家庭住址		手机

图 2—34 文本数据自动换行

（2）输入换行符。要在单元格中的特定位置开始新的文本行，可先双击该单元格（该单元格已有文本），然后单击该单元格中要断行的位置，按"Alt＋Enter"组合键，或在输入文本的过程中，在需要换行的位置按"Alt＋Enter"组合键，再输入后续文本。以"素材 2－2.xlsx"电子表格文件为实例进行说明。

1）打开"素材"文件夹"素材 2－2.xlsx"电子表格文件，选择"Sheet1"工作表，并选定单元格 A1，内容是"久安集团山河分公司员工通讯录"，如图 2—35 上图所示。

2）双击该单元格，分别在"集""河""司""通"字的后面单击，按"Alt＋Enter"组合键输入换行符，输入换行符后的操作结果如图 2—35 下图所示。

2．将数字以文本格式输入

默认情况下，在单元格中输入数字，Excel 2007 会自动将其沿单元格右侧对齐。而有时用户需要将数值型的数字设置为文本型，如身份证号、邮政编码、电话号码和表格中以数字开头的序号等，这时就要对这些单元格进行相应的设置。在此以"素材2-2.xlsx"电子表格文件为实例介绍这类数据的

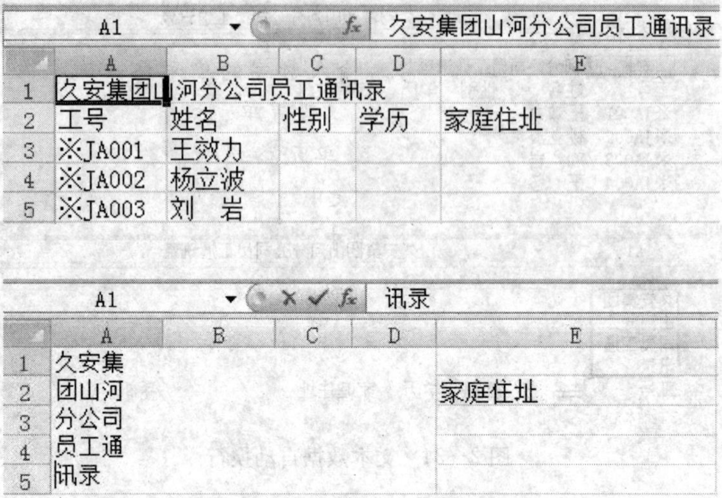

图 2—35　输入换行符

操作方法。

（1）打开"素材"文件夹"素材 2-2.xlsx"电子表格文件，选择"Sheet1"工作表。

（2）选定单元格 G3，输入英文单引号"'"，如图 2—36 上图所示。

（3）输入电话号码，如图 2—36 中图所示，按 Enter 键，结果如图 2—36 下图所示，单元格内容沿左侧对齐。

（4）用同样的方法输入"座机电话"和"手机号码"数据。

提示

1. 可以选择要以文本格式输入数字的单元格区域，然后单击"开始"选项卡的"数字"选项组中的数字格式按钮右侧的倒三角按钮，在弹出的"数字格式"下拉列表中选择"文本"选项，如图 2—37 所示，此时输入的数字即可以文本格式显示。

2. 可以选择要以文本格式输入数字的单元格区域，然后右击，在弹出的快捷菜单中选择"设置单元格格式"选项，如图2—38所示。在弹出的"设置单元格格式"对话框中选择"数字"选项卡，在"分类"列表中选择"文本"选项，最后单击"确定"按钮。则在此前选中的单元格区域中输入的数字均按文本格式显式。

3. 在"数字格式"下拉列表中选择"常规"选项可恢复默认数字格式。

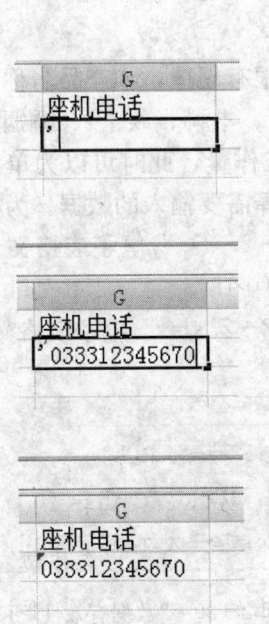

图2—36 数字以文本格式输入

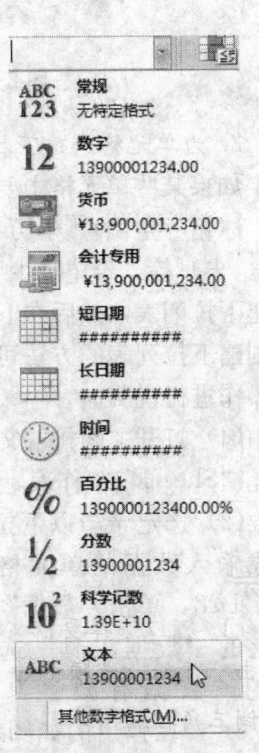

图2—37 "数字格式"下拉列表

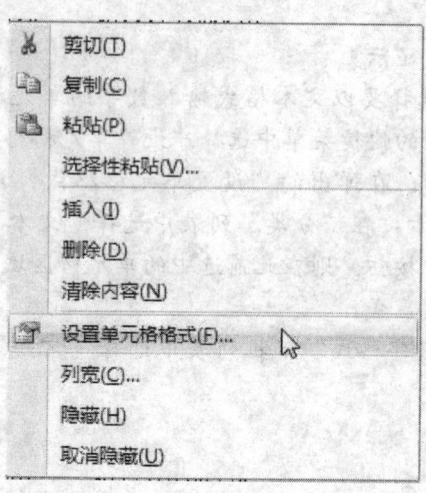

图2—38 单元格快捷菜单

3. 为单元格创建下拉列表

如果某些单元格中要输入的数据很有规律，如产品名称（彩电、冰箱、空调）、学历（中专、大专、本科、硕士）、婚姻状况（已、未）等，希望减少手工录入的工作量，此时可以为单元格创建下拉列表，然后在下拉列表中选择需要输入的数据。为单元格创建下拉列表的方法可以"素材2-2.xlsx"电子表格文件中的操作进行说明。

（1）打开"素材"文件夹"素材2-2.xlsx"电子表格文件，选择"Sheet1"工作表。

（2）选定希望以下拉列表方式输入数据的单元格区域D3：D28，单击"数据"选项卡上的"数据工具"选项组中的"数据有效性"按钮，在弹出的如图2—39所示的"数据有效性"下拉列

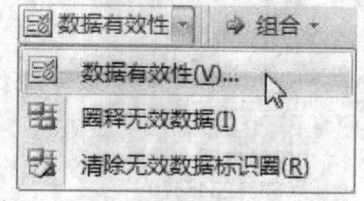

图2—39 "数据有效性"下拉菜单

表中选择"数据有效性"选项。

（3）在弹出的"数据有效性"对话框中选择"设置"选项卡，在"允许"下拉列表中选择"序列"选项，勾选"提供下拉箭头"复选框，在"来源"编辑框中输入"高中,中专,大专,本科,硕士"，然后单击"确定"按钮，如图2—40所示。

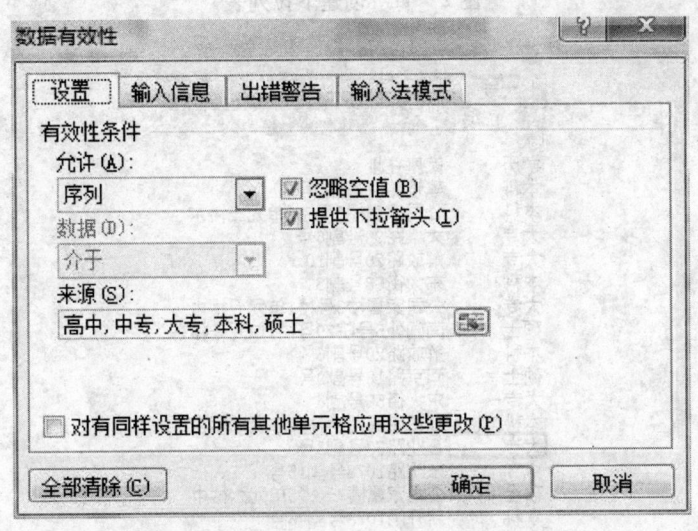

图2—40 "数据有效性"对话框-"设置"选项卡

注意

输入数据来源时，一定要用英文逗号隔开每组数据。

（4）在选中单元格区域的右侧出现下拉按钮，单击该按钮，将以下拉列表方式显示"数据有效性"对话框"来源"编辑框设置的数据，从中选择需要的选项，即可快速输入相应数据，如图2—41所示。

（5）利用此方法在"学历"这一列中输入其他数据，填充结果如图2—42所示。

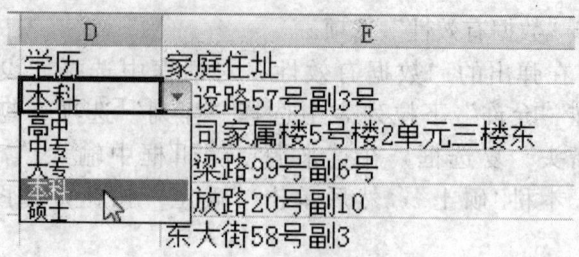

图 2—41 创建下拉列表

D	E
大专	
目录	
学历	家庭住址
本科	建设路57号副3号
本科	公司家属楼5号楼2单元三楼东
大专	大梁路99号副6号
大专	解放路20号副10
本科	东大街58号副3
大专	公司家属楼3号楼1单元五楼中
硕士	南门外5号院29号楼1单元一楼东
本科	解放路20号副6
硕士	南京路18号副9号
大专	东大街58号副6
本科	公司家属楼4号楼2单元二楼西
大专	业路59号副3号
中专	东明路1078号副15号
硕士	公司家属楼7号楼3单元六楼中
本科	新开门1078号副45号
大专	新明路217号副18号
中专	东大街58号副9
中专	解放路20号副8
本科	南门外5号院29号楼2单元三楼中
大专	公司家属楼1号楼4单元四楼东
中专	东大街58号副1
大专	东大街58号副5
中专	新开门1078号副65号
大专	南门外5号院29号楼3单元四楼西
中专	公司家属楼3号楼3单元一楼中
本科	公司家属楼3号楼4单元二楼西

图 2—42 利用下拉列表快速输入数据

提示

要取消设置的下拉列表，可选中设置了下拉列表的单元格区域，在弹出的"数据有效性"对话框中单击"全部清除"按钮，再单击"确定"按钮即可。

4. 为单元格设置数据有效性

在建立工作表的过程中，为了保证输入的数据都在其有效范围内，可以使用 Excel 2007 提供的"数据有效性"功能，为单元格设置数据有效性条件，以便在出错时得到提醒，从而快速、准确地输入数据。如可为通讯录中的"手机号码"列设置数据有效性。以在"素材 2－2.xlsx"电子表格文件中的操作来说明为单元格设置数据有效性的方法。

（1）打开"素材"文件夹"素材 2－2.xlsx"电子表格文件，选择"Sheet1"工作表。

（2）选中要设置数据有效性的单元格或单元格区域，此例中选择"手机号码"F 列，然后单击"数据"选项卡"数据工具"选项组中的"数据有效性"按钮 数据有效性 。

（3）在弹出的"数据有效性"对话框中选择"设置"选项卡，在"允许"下拉列表中选择"文本长度"选项，在"数据"下拉列表中选择"等于"选项，在"长度"编辑框中输入"11"，如图 2—43 所示。

（4）选择"输入信息"选项卡，在"标题"编辑框中输入"提示："，在"输入信息"编辑框中输入"请输入一串有 11 位数字的数值！"，如图 2—44 所示。

（5）选择"出错警告"选项卡，在"样式"下拉列表中选择"停止"选项，在"标题"编辑框中输入"错误"，在"错误信息"编辑框中输入"数值的位数应为 11 位"，单击"确定"按钮，如图 2—45 所示。

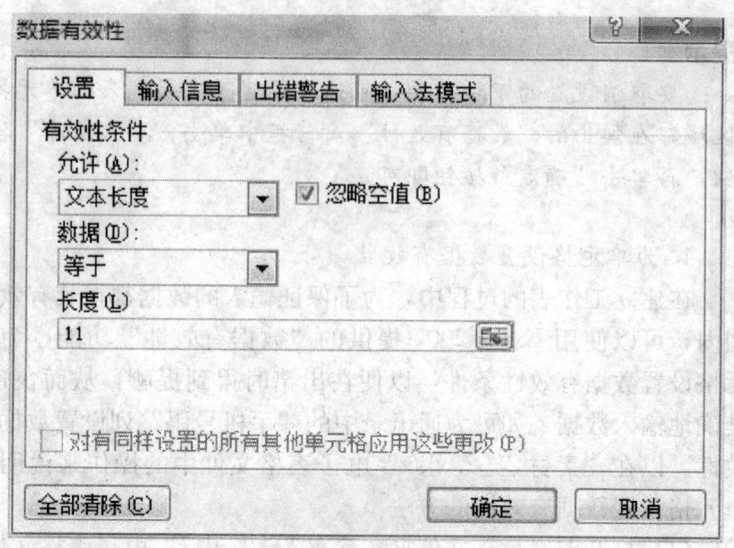

图 2—43 "设置"选项卡

图 2—44 "输入信息"选项卡

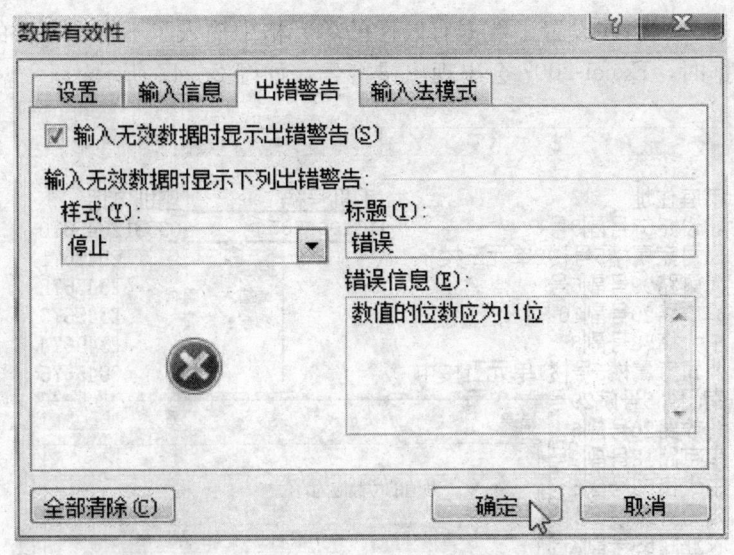

图 2—45 "出错警告"选项卡

（6）当选定设置了以上要求的数据有效性的单元格时，系统会显示输入提示信息，如图 2—46 所示。此时就可以开始输入数据。

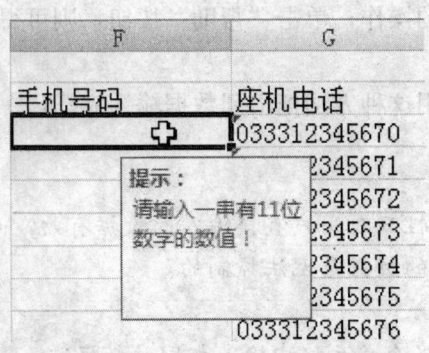

图 2—46 系统显示输入提示信息

(7) 当在设置了数据有效性的单元格中输入了不符合条件的数据时，Excel 2007 会出现出错警告，如图 2—47 所示。

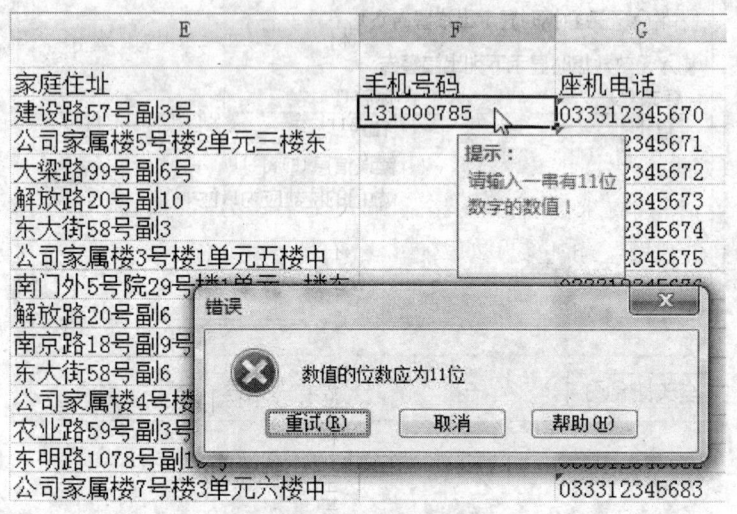

图 2—47　出错警告

(8) 单击"重试"按钮，重新输入；单击"取消"按钮，则取消用户当前的操作；单击"帮助"按钮，则可得到相应的帮助信息。

(9) 可利用这种方法把本列数据输入完毕。

提示

数据有效性只对用户直接输入的数据有效，而对于复制粘贴、查找替换的数据是无法控制的。

5. 同时在多个单元格中输入相同的数据

要同时在多个相邻或不相邻单元格中输入相同的数据，应首先选中要填充相同数据的多个单元格，然后输入数据，最后按"Ctrl+Enter"组合键填充全部所选单元格。可以利用这种方法在"素材2-2.xlsx"电子表格文件中的"性别"列输入数据。

（1）打开"素材"文件夹"素材2-2.xlsx"电子表格文件，选择"Sheet1"工作表。

（2）在"性别"一列中按住Ctrl键，分别单击选择需要输入性别为"男"的单元格，如图2—48左图所示。

（3）按要求选择单元格后输入文字"男"，按"Ctrl+Enter"组合键，输入结果如图2—48右图所示。

图2—48 同时在多个单元格中输入相同的数据

(4) 用同样方法在"性别"列中的其他单元格中输入"女",即可完成"性别"一列数据的输入。

模块二 编辑数据

学习目标:

掌握 Excel 2007 数据的修改与清除、移动与复制、查找与替换、撤销与恢复的操作方法。

在单元格中输入数据后,还可以对其输入的数据进行各种编辑操作,如修改与清除、移动与复制、查找与替换以及撤销与恢复等。本模块以"素材 2-2.xlsx"电子表格文件为例,说明对工作表输入的数据进行相应编辑操作的方法。

一、数据的修改与清除

1. 修改数据

要修改数据,可在选中的单元格内直接修改或利用编辑栏进行修改。以"素材 2-2.xlsx"电子表格文件中的"久安集团山河分公司员工通讯录"为例将工作表中"手机"改为"手机号码"。

(1) 打开"素材"文件夹"素材 2-2.xlsx"电子表格文件,选择"Sheet1"工作表。

(2) 单击要修改数据的单元格 F2,然后单击编辑栏并将插入点移到要修改数据右侧即"手机"的右侧,如图 2—49 上图所示。

(3) 直接在后面输入"号码"两字,按 Enter 键确认即可,如图 2—49 下图所示。

提示

1. 双击单元格后，按 Delete 键可删除插入点右侧的数据，按 Backspace 键可删除插入点左侧的数据。

2. 若单击某个单元格，然后输入数据，则单元格中的原数据将完全被替换。

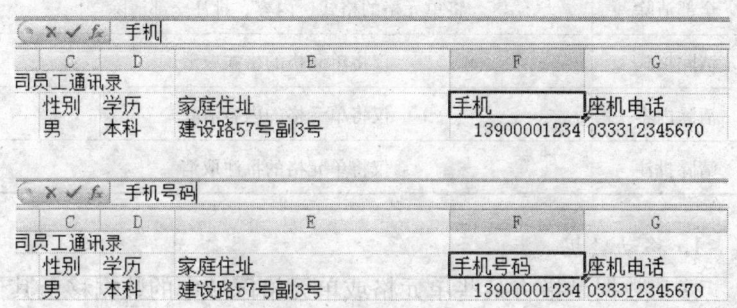

图 2—49 修改数据

2. 清除数据

要清除单元格数据，可在选择单元格后按 Delete 键或按 Backspace 键，或单击"开始"选项卡上"编辑"选项组中的"清除"按钮，在弹出的"清除"下拉菜单中选择"清除内容"选项，如图 2—50 所示。清除单元格内容后，单元格仍然存在。"清除"下拉菜单各选项含义见表 2—1。

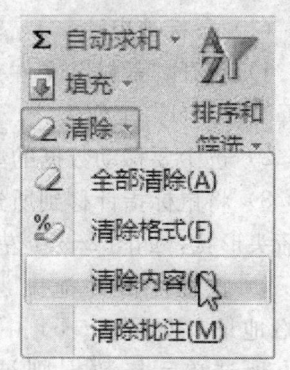

图 2—50 "清除"下拉菜单

二、数据的移动与复制

数据的移动与复制是 Excel 2007 中经常要用到的操作。对于单元格中的数据,可以通过 Excel 2007 的"剪切""复制"和"粘贴"命令,或利用快捷菜单、鼠标拖曳等方法,将数据移动或复制到其他单元格中。

表 2—1　　　　　"清除"下拉菜单各选项含义

选项	含义
全部清除	将单元格的格式、内容、批注全部清除
清除格式	仅将单元格的格式取消
清除内容	仅将单元格的内容清除
清除批注	仅将单元格的批注取消

1. 移动数据

移动数据是指将某些单元格或单元格区域中的数据移至其他单元格中,将原单元格中的数据清除。结合"素材 2-2.xlsx"电子表格文件,利用鼠标拖曳法和剪切、粘贴法将单元格区域 F2:F28 中的数据移动到单元格区域 H2:H28 中。

(1) 鼠标拖曳法

1) 打开"素材"文件夹"素材 2-2.xlsx"电子表格文件,选择"Sheet1"工作表。

2) 选中要移动数据的单元格或单元格区域,如 F2:F28。

3) 将鼠标指针移到所选区域的边框线上,鼠标指针变成十字箭头形状,如图 2—51 左图所示。

4) 按住左键并拖曳,在拖曳过程中会显示移动到的单元格地址,如图 2—51 中图所示,到达目标位置后释放左键,所选单元格数据则被移动到目标位置,如图 2—51 右图所示。

注意

若目标单元格或单元格区域中有数据,则这些数据将被替换。

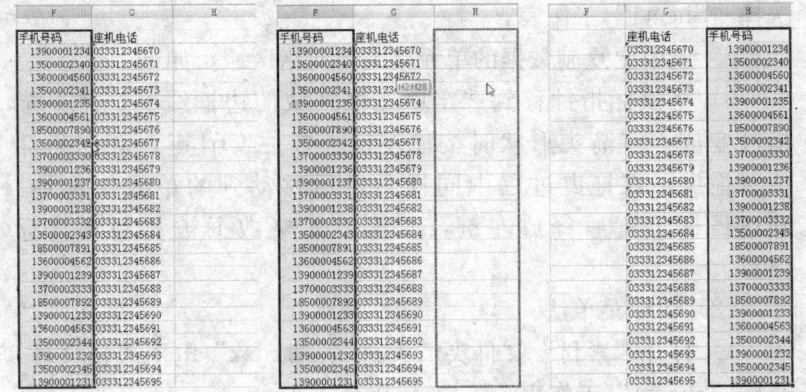

图 2—51 利用鼠标拖曳法移动数据

（2）剪切、粘贴法

1）打开"素材"文件夹"素材 2－2.xlsx"电子表格文件，选择"Sheet1"工作表。

2）选中要移动数据的单元格或单元格区域，如 F2：F28。

3）单击"开始"选项卡上"剪贴板"选项组中的"剪切"按钮，则此单元格区域的四周出现虚线框。

4）选中要存放数据的单元格或单元格区域左上角的起始单元格，此处应该选中 H2 单元格，然后单击"开始"选项卡上"剪贴板"选项组中的"粘贴"按钮，即可将所选单元格区域 F2：F28 的数据内容剪切到目标位置。

2．复制数据

复制数据是指将所选单元格或单元格区域中数据的副本复制到指定位置，原位置的内容仍然存在。结合"素材 2－2.xlsx"电子表格文件，利用鼠标拖曳法和快捷菜单法将单元格区域 F2：F28 中的数据复制到单元格区域 H2：H28 中。

（1）鼠标拖曳法

1）打开"素材"文件夹"素材 2－2.xlsx"电子表格文件，

选择"Sheet1"工作表。

2）选中要复制数据的单元格或单元格区域，如 F2：F28。

3）将鼠标指针移到选定单元格区域的边框线上，待鼠标指针变成十字箭头形状时按住左键再按住 Ctrl 键，并向目标位置拖曳。在拖曳过程中同样会显示移动到的单元格地址。到达目标位置后释放左键，所选单元格数据被复制到目标位置。

（2）快捷菜单法

1）打开"素材"文件夹"素材 2-2.xlsx"电子表格文件，选择"Sheet1"工作表。

2）选中要复制数据的单元格或单元格区域，如 F2：F28。

3）右击要复制数据的单元格区域，如 F2：F28，在弹出的快捷菜单中选择"复制"选项，如图 2—52 左图所示。在选中的单元格区域四周出现虚线框，如图 2—52 中图所示。

4）右击要将数据复制到的目标单元格区域的左上角单元格，此处为单元格 H2，在弹出的快捷菜单中选择"粘贴"选项，所选单元格数据则被复制到目标位置，如图 2—52 右图所示。

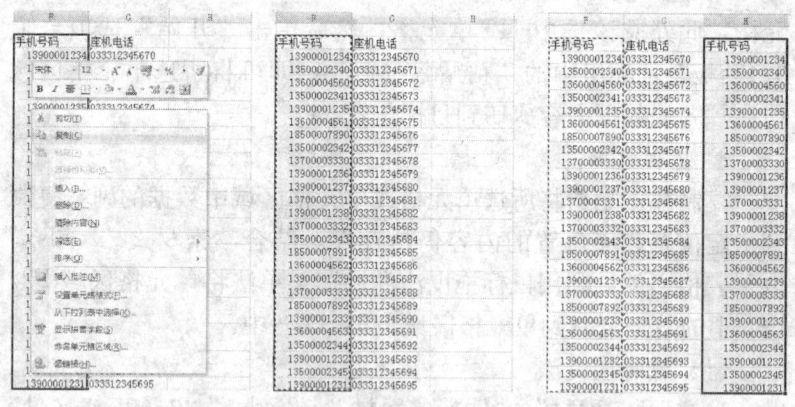

图 2—52 利用快捷菜单复制数据

提示

1. 选中要复制的单元格区域,按"Ctrl+C"组合键,再单击目标单元格区域左上角的单元格,再按"Ctrl+V"组合键即可复制数据。

2. 按 Esc 键可取消待复制单元格周围显示的动态边框,也称为虚线框。

三、数据的查找与替换

如果工作表中的数据太多,想找到要查看或修改的数据就比较困难,此时可以利用 Excel 2007 提供的查找和替换功能迅速找到要查看的数据,或将找到的数据进行统一修改。

1. 查找数据

使用 Excel 2007 的查找功能,可以快速定位工作表中相关数据所在的单元格。以在"素材 2-2.xlsx"电子表格文件中对应的工作表中查找内容为"硕士"的单元格为例,介绍 Excel 2007 的查找功能。

(1) 打开"素材"文件夹"素材 2-2.xlsx"电子表格文件,选择"Sheet1"工作表。

(2) 选中工作表中的任意单元格,单击"开始"选项卡上"编辑"选项组中的"查找和选择"按钮,在弹出的"查找和选择"下拉列表中选择"查找"选项,如图 2—53 所示。

(3) 在弹出的"查找和替换"对话框中选择"查找"选项卡,在"查找内

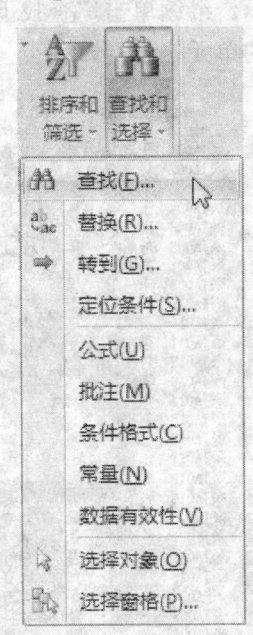

图 2—53 "查找和选择"下拉列表

容"编辑框中输入要查找的内容"硕士",然后单击"查找下一个"按钮,如图2—54所示。

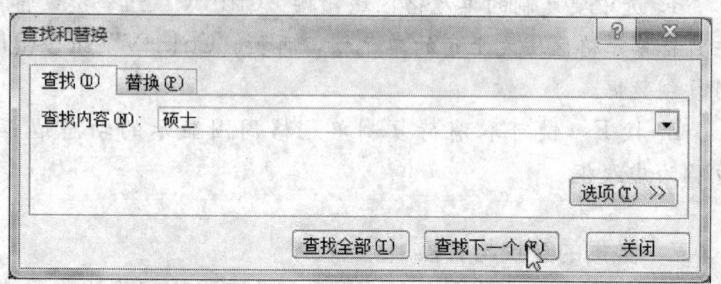

图2—54 "查找和替换"对话框-"查找"选项卡

(4)将光标定位到第一个符合条件的单元格,如图2—55所示。继续单击"查找下一个"按钮,会继续查找下一个符合条件的单元格。

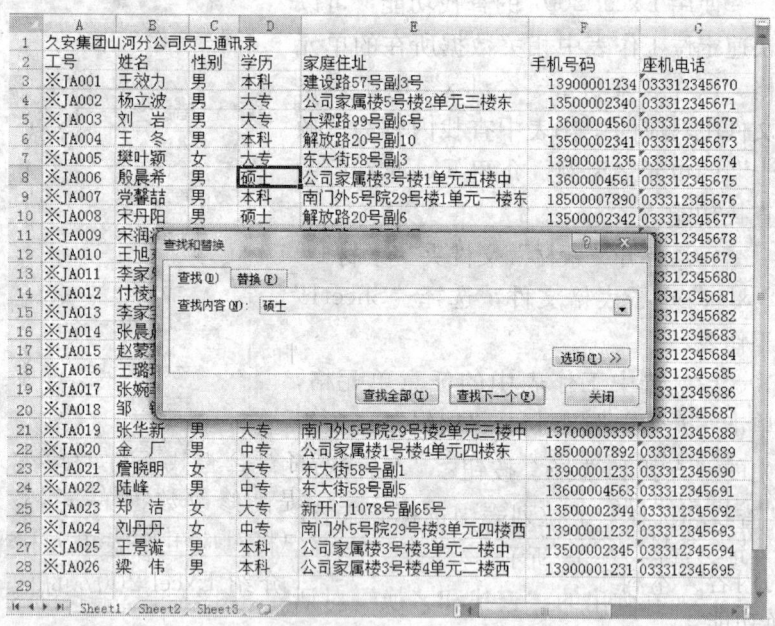

图2—55 光标定位到第一个符合条件的单元格

提示

若输入查找内容后单击"查找全部"按钮,在对话框的下方会显示出所有符合条件的记录,如图2—56所示。查找完毕,单击"关闭"按钮,关闭对话框。

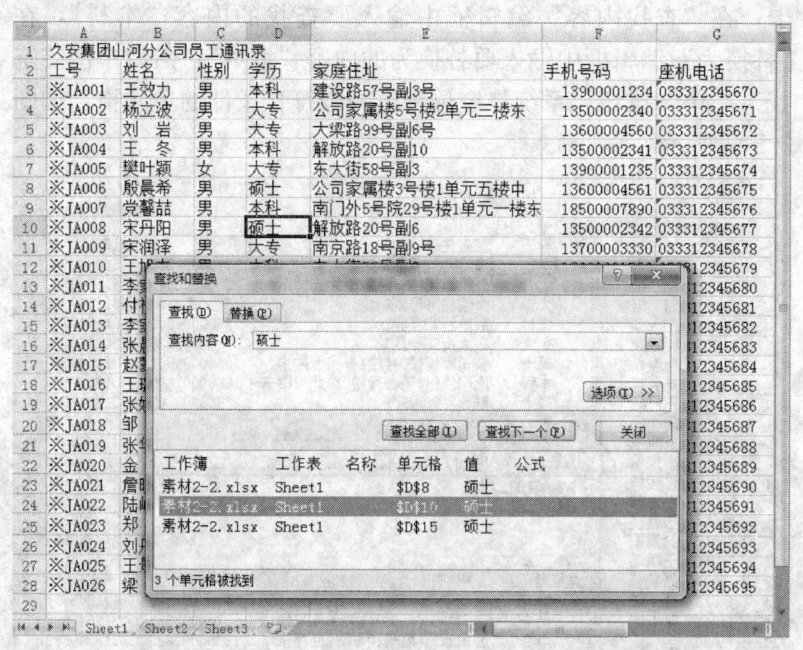

图2—56 查找全部符合条件的记录

2. 替换数据

使用Excel 2007的替换功能可以将符合查找条件的单元格中的数据统一替换为新数据,从而提高修改数据的效率。以在"素材2-2.xlsx"电子表格文件中将对应工作表单元格的内容"本科"替换成"大本"为例,介绍Excel 2007的替换功能。

(1)打开"素材"文件夹"素材2-2.xlsx"电子表格文件,

· 63 ·

选择"Sheet1"工作表。

（2）单击"开始"选项卡上"编辑"选项组中的"查找和选择"按钮，在弹出的"查找和选择"下拉列表中选择"替换"选项，如图2—53所示。

（3）在弹出的"查找和替换"对话框中选择"替换"选项卡，在"查找内容"编辑框中输入要查找的内容"本科"，在"替换为"编辑框中输入要替换为的内容"大本"，然后单击"查找下一个"按钮，系统将定位到第一个符合条件的单元格，如图2—57所示。

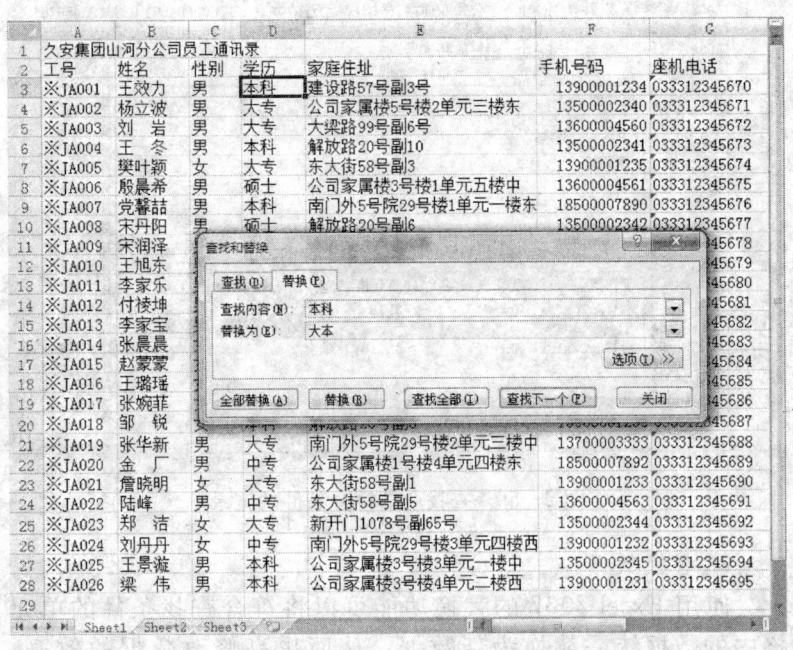

图2—57　输入查找和替换内容-查找到第一个单元格

（4）单击"替换"按钮或按"Alt＋R"组合键，将替换掉第一个符合条件的数据内容。同时系统定位到第二个符合条件的单元格中，如图2—58所示。

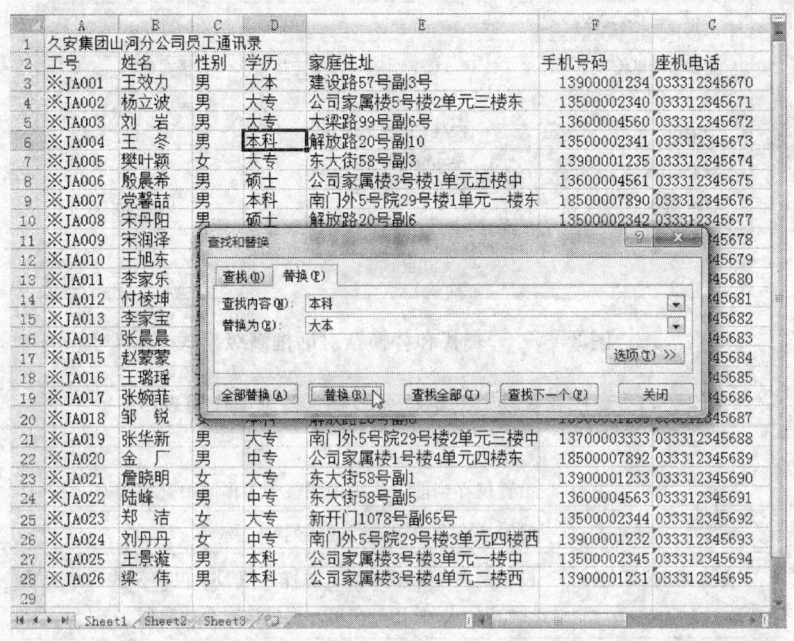

图2—58　替换后查找到下一个符合条件的单元格

（5）单击"替换"按钮，将逐个替换找到的内容；若单击"全部替换"按钮，将替换所有符合条件的内容，并显示替换完毕的提示框。

（6）单击"确定"按钮，完成替换操作。单击"关闭"按钮，关闭"查找和替换"对话框。

3. 查找与替换的高级模式

在"查找和替换"对话框中单击"选项"按钮，可展开此对话框的查找和替换功能的高级模式，在其中可设置查找和替换的高级条件，如图2—59所示。再次单击"选项"按钮，将隐藏查找和替换功能的高级模式。该对话框中各选项的作用见表2—2。

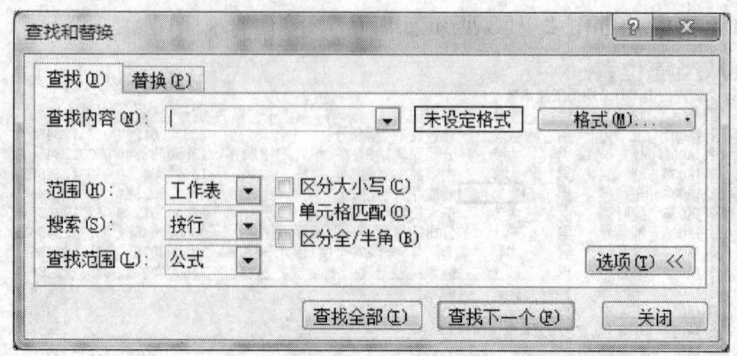

图 2—59 "查找和替换"对话框高级模式

表 2—2 "查找和替换"对话框高级模式各选项作用表

选项	作 用
"范围"下拉列表	设置仅在当前工作表中或整个工作簿中查找数据
"搜索"下拉列表	设置搜索顺序(逐行或逐列)
"查找范围"下拉列表	设置是在全部单元格(选择"值")、包含公式的单元格(选择"公式")还是在单元格批注中查找数据
"区分大小写"复选框	设置搜索数据时是否区分英文大小写。例如,如果不勾选该复选框(默认),则搜索"a"时,将查找所有内容包含"a"和"A"的单元格;如果勾选该复选框,则只查找内容仅包含"a"的单元格
"单元格匹配"复选框	设置进行数据搜索时是否严格匹配单元格内容。例如,如果不勾选该复选框(默认),则查找"a"时,将查找所有内容包含"a"的单元格(如 ab,cac 等);如果勾选该复选框,则仅查找内容为"a"的单元格,此时将无法查找内容为 ab,cac 的单元格
"区分全/半角"复选框	设置搜索时是否区分全/半角。对于字母、数字或标点符号而言,占一个字符位置的是半角,占两个字符位置的是全角

若只知道部分要查找的内容,还可以使用通配符"*"(代表从当前位置开始的多个字符)和"?"(代表从当前位置开始的单个字符)进行查找。例如,在"查找内容"编辑框中输入"电?"可以查找"电话""电信"和"电脑"等文本;输入"电*"则可以查找"电话""电话机"和"电冰箱"等文本。以在"素材2-2.xlsx"电子表格文件中查找对应工作表单元格中姓"王"的员工为例,介绍此功能。

(1)打开"素材"文件夹的"素材2-2.xlsx"电子表格文件,选择"Sheet1"工作表。

(2)用前面的操作方法,打开"查找和替换"对话框,在"查找内容"编辑框中输入"王*",然后单击"查找全部"按钮,则在对话框的下方显示所有符合条件的记录,如图2—60所示。单击"关闭"按钮,关闭对话框。

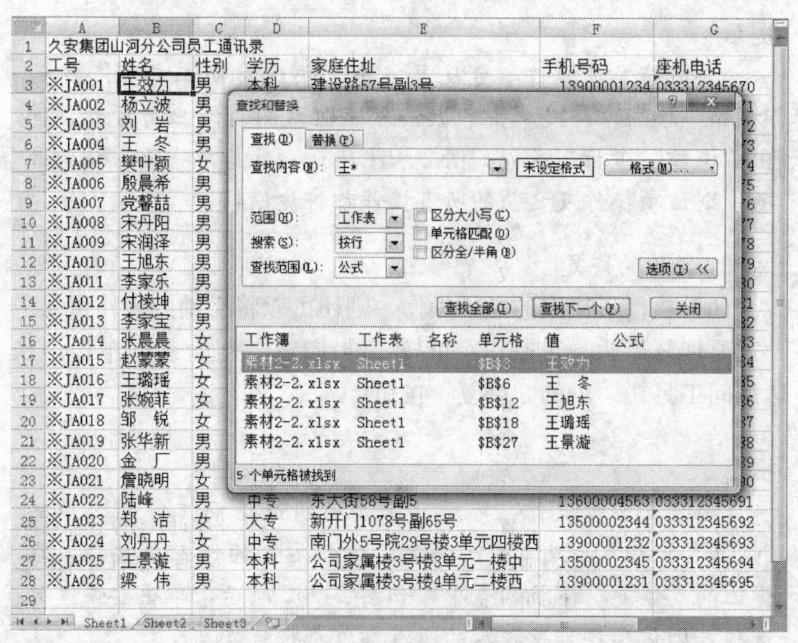

图2—60 查找所有姓"王"的员工

> **提示**
>
> 按"Ctrl+F"组合键也可打开"查找和替换"对话框。

四、操作的撤销与恢复

在编辑工作表时,免不了会出现各种误操作,使用 Excel 2007 的撤销功能可以撤销错误的操作,从而保证工作的正确性;此外,还可以对撤销的操作进行恢复。

1. 操作的撤销

使用 Excel 2007 的撤销功能可以撤销对工作表的一次或多次编辑操作。

要撤销最后一步操作,可按"Ctrl+Z"组合键或单击"快速访问工具栏"中的"撤销"按钮。

> **提示**
>
> 要撤销多步操作,可反复单击"快速访问工具栏"中的"撤销"按钮,或单击"撤销"按钮右侧的倒三角按钮,弹出"撤销"下拉列表,如图2—61所示,然后单击要撤销的选项,则该项操作及之前的所有操作都将被撤销。

2. 操作的恢复

如果执行了错误的撤销操作,则还可以将撤销的操作恢复。

要恢复最后一步操作,可按"Ctrl+Y"组合键或单击"快速访问工具栏"中的"恢复"按钮。

> **提示**
>
> 要恢复多步操作,可反复单击"快速访问工具栏"中的"恢复"按钮,或单击"恢复"按钮右侧的倒三角按钮,在弹出的"恢复"下拉列表中,如图2—62所示,单击要恢复的选项,则该项操作及之后的所有操作都将被恢复。

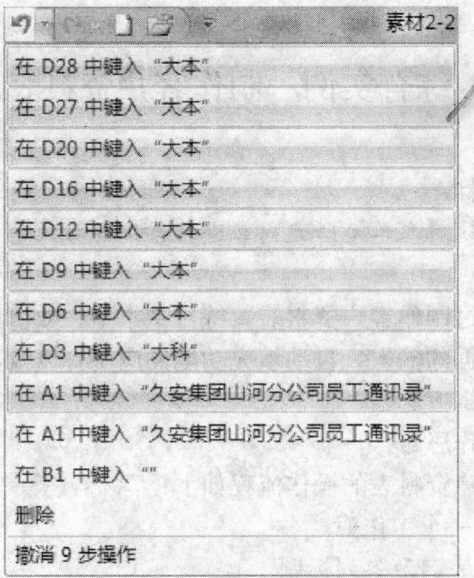

图 2—61 "撤销"下拉列表

图 2—62 "恢复"下拉列表

综合实例　制作客户资料表

学习目标：
总结性地对本单元所述内容进行系统练习。

下面通过制作客户资料表，练习文本型、数值型、日期和时间等类型数据的输入，自动填充功能的应用，以及数据有效性设置和基本编辑方法。

一、制作思路
制作客户资料表的操作流程如下：
1. 新建一个工作簿。
2. 输入表名及各列标题。
3. 输入各列数据。
4. 设置相关数据列的有效性并输入数据。
5. 应用查找和替换功能及数据修改。

二、制作步骤
1. 新建一个工作簿

新建一个工作簿，保存为"素材 2-3.xlsx"。

2. 输入表名及各列标题

（1）输入表名。单击选择"Sheet1"工作表的 A1 单元格，输入"久安集团山河分公司客户资料表"。

（2）输入各列标题。选定单元格 A2，输入"客户编号"，按键盘上的向右方向键→，输入"客户类别"。用同样的方法输入其他列标题，结果如图 2—63 所示。

3. 输入各列数据

（1）以文本方式输入"客户编号"列的第一个数据，利用填充柄填充该列数据。

图 2—63 输入表名及各列标题

1)选中"客户编号"列中要输入文本的单元格区域,此处单击单元格 A3,然后按 Shift 键,再单击单元格 A28。

2)单击"开始"选项卡上"数字"选项组中的"数字格式"按钮 右侧的倒三角按钮,在弹出的"数字格式"下拉列表中选择"文本"选项。

3)在单元格 A2 中输入第一个客户的编号"001"。

4)按住左键拖曳单元格 A3 右下角的填充柄至单元格 A28 后释放左键,结果如图 2—64 所示。

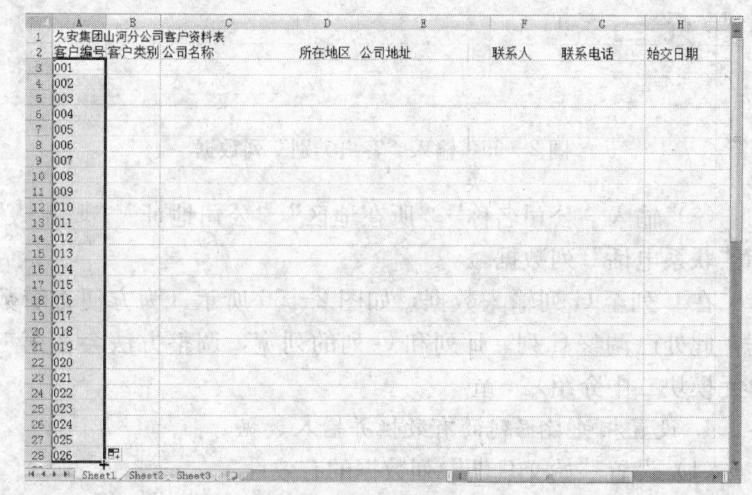

图 2—64 利用填充柄填充"客户编号"列数据

(2)用快捷键输入"客户类别"列数据。

1)在"客户类别"列中按住 Ctrl 键,依次单击选定要填充相同数据的单元格,如选定输入文本"签约"的单元格。

2)输入文本"签约",按"Ctrl+Enter"组合键。

3)用同样的方法输入该列中"不签约"及"临时"等单元格的数据内容,结果如图 2—65 所示。

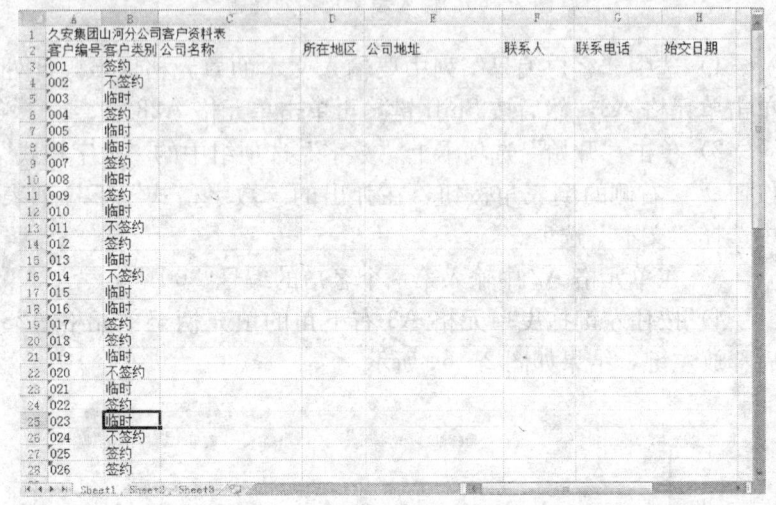

图 2—65 输入"客户类别"列数据

(3)输入"公司名称""所在地区""公司地址""联系人"和"联系电话"列数据。

在 C 列至 G 列输入数据,如图 2—66 所示(为方便查看数据,此处已调整 C 列、E 列和 G 列的列宽,调整方法会在第三单元模块二中介绍)。

4.设置相关数据列的有效性并输入数据

(1)设置"始交日期"列数据的有效性

1)选中"始交日期"列中要设置数据有效性的单元格区域,然后单击"数据"选项卡上"数据工具"选项组中的"数据有效性"按钮, 弹出"数据有效性"对话框。

2)在对话框"设置"选项卡"允许"下拉列表中选择"日期",在"数据"下拉列表中选择"介于",在"开始日期"编辑

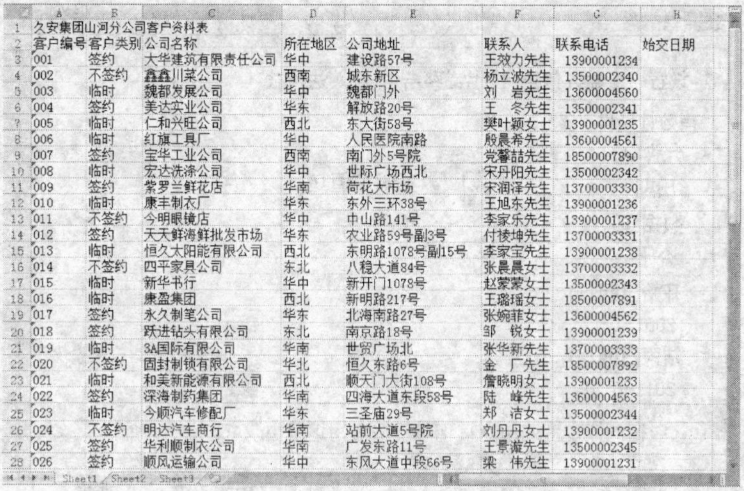

	A	B	C	D	E	F	G	H
1	久安集团山河分公司客户资料表							
2	客户编号	客户类别	公司名称	所在地区	公司地址	联系人	联系电话	始交日期
3	001	签约	大华建筑有限责任公司	华中	建设路57号	王效力先生	13900001234	
4	002	不签约	鑫鑫川菜公司	西南	城东新区	杨立波先生	13500002340	
5	003	临时	魏都发展公司	华中	魏都门外	刘　岩先生	13600004560	
6	004	签约	美达实业公司	华东	解放路20号	王　冬先生	13500002341	
7	005	临时	仁和兴旺公司	西北	东大街58号	樊叶颖女士	13900001235	
8	006	临时	红旗工具厂	华中	人民医院南路	殷晨希先生	13600004561	
9	007	签约	宝华工业公司	西南	南门外5号院	党馨喆先生	18500007890	
10	008	临时	宏达洗涤公司	华中	世际广场西北	宋丹阳先生	13500002342	
11	009	签约	紫罗兰鲜花店	华南	荷花大市场	宋润泽先生	13700003330	
12	010	临时	康丰制衣厂	华东	东外三环38号	王旭东先生	13900001236	
13	011	不签约	今明眼镜店	华中	中山路141号	李家乐先生	13900001237	
14	012	签约	天天鲜海鲜批发市场	华东	农业路59号副3号	付棱坤先生	13700003331	
15	013	临时	恒久太阳能有限公司	西北	东明路1078号副15号	李家宝先生	13900001238	
16	014	不签约	四平家具公司	东北	八稳大道84号	张晨晨女士	13700003332	
17	015	临时	新华书行	华中	新开门1078号	赵蒙蒙女士	13500002343	
18	016	临时	康盈集团	西北	新明路217号	王璐瑶女士	18500007891	
19	017	签约	永久制笔公司	华东	北海南路27号	张婉菲女士	13600004562	
20	018	签约	跃进钻头有限公司	东北	南京路18号	邹　锐女士	13900001239	
21	019	临时	3A国际有限公司	华南	世贸广场北	张华新先生	13700003333	
22	020	不签约	固封制锁有限公司	华北	恒久东路6号	金　广先生	18500007892	
23	021	临时	和美新能源有限公司	西北	顺天门大街108号	詹晓明女士	13900001233	
24	022	签约	深海制药集团	华南	四海大道东段58号	陆　峰先生	13600004563	
25	023	临时	今顺汽车修配厂	华东	三圣庙29号	郑　洁女士	13500002344	
26	024	不签约	明达汽车商行	华南	站前大道5号院	刘丹丹女士	13900001232	
27	025	签约	华利顺制衣公司	华南	广发东路11号	王景漩先生	13500002345	
28	026	签约	顺风运输公司	华中	东风大道中段66号	梁　伟先生	13900001231	

Sheet1 Sheet2 Sheet3

图 2—66　输入 C 列至 G 列数据

框中输入“2001-1-1”，在“结束日期”编辑框中输入“2011-8-31”，如图 2—67 所示。

3）选择“输入信息”选项卡，在“标题”编辑框中输入“温馨提示:”，在“输入信息”编辑框中输入“请输入开始交往的年月。”，如图 2—68 所示。

4）选择“出错警告”选项卡，在“标题”编辑框中输入“错误”，在“错误信息”编辑框中输入“您输入的年月不在有效范围内!”，然后单击“确定”按钮，如图 2—69 所示。

（2）输入“始交日期”列数据

1）选中要输入数据的单元格，所选单元格区域就会出现“输入信息”选项卡中设置的提示信息。

2）当在设置了有效性的单元格中输入了错误的“始交日期”时，会出现错误提示框。单击“重试”按钮重新输入。

3）根据提示信息在该列中依次输入正确的“始交日期”。至此，“久安集团山河分公司客户资料表”数据输入完毕，结果如图 2—70 所示。

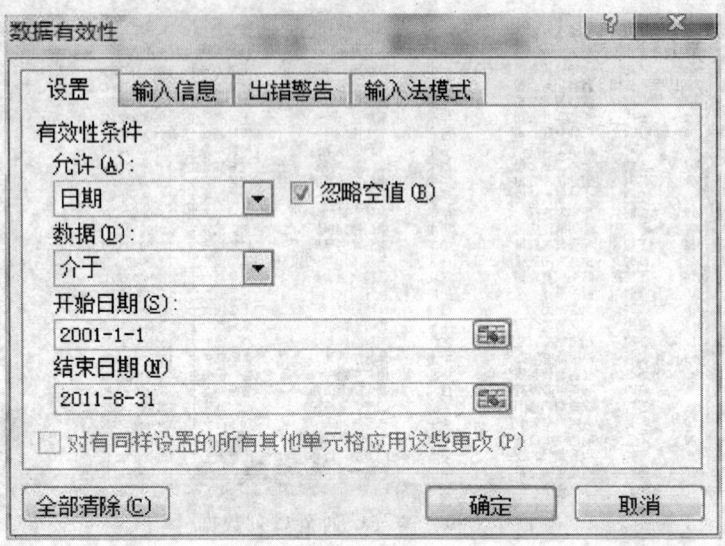

图 2—67 设置"有效性条件"-日期

图 2—68 设置提示信息

图 2—69 设置出错警告

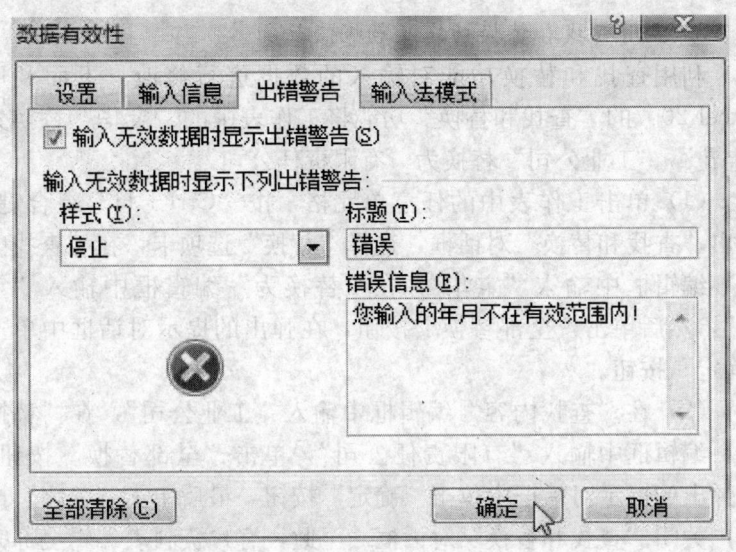

图 2—70 各列数据输入完毕

5. 应用查找和替换功能及数据修改

利用查找和替换功能对输入的数据进行修改。下面利用Excel 2007的“查找和替换”功能将工作表中的“宝华”替换为“宝花”，“工业公司”替换为“有限责任公司”。

（1）单击工作表中的任意单元格，按“Ctrl＋H”组合键，弹出“查找和替换”对话框，选择“替换”选项卡，在“查找内容”编辑框中输入“宝华”，在“替换为”编辑框中输入“宝花”，然后单击“全部替换”按钮，在弹出的提示对话框中单击“确定”按钮。

（2）在“查找内容”编辑框中输入“工业公司”，在“替换为”编辑框中输入“有限责任公司”，单击“全部替换”按钮，在弹出的提示对话框中单击“确定”按钮，最后单击“关闭”按钮，关闭“查找和替换”对话框。至此，客户资料表编辑全部完毕，编辑结果如图 2—71 所示。

	A	B	C	D	E	F	G	H
1	久安集团山河分公司客户资料表							
2	客户编号	客户类别	公司名称	所在地区	公司地址	联系人	联系电话	始交日期
3	001	签约	大华建筑有限责任公司	华中	建设路57号	王效力先生	13900001234	2002年3月
4	002	不签约	鑫鑫川菜公司	西南	城东新区	杨立波先生	13500002340	2005年8月
5	003	临时	魏都发展公司	华中	魏都门外	刘　岩先生	13600004560	2008年3月
6	004	签约	美达实业公司	华东	解放路20号	王　冬先生	13500002341	2002年3月
7	005	临时	仁和兴旺公司	西北	东大街58号	樊叶颖女士	13900001235	2010年11月
8	006	临时	红旗工具厂	华中	人民医院南路	殷晨希先生	13600004561	2005年8月
9	007	签约	宝花有限责任公司	西南	南门外5号院	党馨喆先生	18500007890	2011年3月
10	008	临时	宏达洗涤公司	华中	世际广场西北	宋丹阳先生	13500002342	2002年3月
11	009	签约	紫罗兰鲜花店	华南	荷花大市场	宋润泽先生	13700003330	2011年3月
12	010	临时	康丰制衣厂	华东	东外三环38号	王旭东先生	13900001236	2009年1月
13	011	不签约	今明眼镜店	华中	中山路141号	李家乐先生	13900001237	2002年3月
14	012	签约	天天鲜海鲜批发市场	华东	农业路59号副3号	付棱坤先生	13700003331	2011年5月
15	013	临时	恒久太阳能有限公司	西北	东明路1078号副15号	李家宝先生	13900001238	2010年11月
16	014	不签约	四平家具公司	东北	八稳大道84号	张晨晨女士	13700003332	2005年8月
17	015	临时	新华书行	华中	新开门1078号	赵蒙蒙女士	13500002343	2002年3月
18	016	临时	康盈集团	西北	新明路217号	王璐瑶女士	18500007891	2011年5月
19	017	签约	永久制笔公司	华东	北海南路27号	张婉菲女士	13600004562	2009年1月
20	018	签约	跃进钻头有限公司	东北	南京路18号	邹　锐女士	13900001239	2011年3月
21	019	临时	3A国际有限公司	华南	世贸广场北	张华新先生	13700003333	2002年3月
22	020	不签约	固封制锁有限公司	华北	恒久东路6号	金　厂先生	18500007892	2011年5月
23	021	临时	和美新能源有限公司	西北	顺天门大街108号	詹晓明女士	13900001233	2005年8月
24	022	签约	深海制药集团	华南	四海大道东段58号	陆　峰先生	13600004563	2011年7月
25	023	临时	今顺汽车修配厂	华东	三圣庙29号	郑　洁女士	13500002344	2010年11月
26	024	不签约	明达汽车商行	华南	站前大道5号院	刘丹丹女士	13900001232	2009年1月
27	025	签约	华利顺制衣公司	华南	广发东路11号	王景澈先生	13500002345	2011年7月
28	026	签约	顺风运输公司	华中	东风大道中段66号	梁　伟先生	13900001231	2002年3月

Sheet1　Sheet2　Sheet3

图 2—71　客户资料表编辑完毕

第三单元 工作表与单元格常用操作

模块一 工作表的操作

学习目标:

1. 了解全屏显示工作表、调整工作表显示比例的操作。
2. 理解拆分、冻结工作表窗格的作用。
3. 掌握工作表的常用操作：选择工作表、设置工作表组、插入与删除工作表、重命名工作表、移动与复制工作表、设置工作表标签颜色等操作。

工作表的操作有很多种，在此以"素材"文件夹中的"素材 3-1.xlsx"电子表格文件即"管理公司需求人才计划表"为例进行说明。

一、工作表的常用操作

在 Excel 2007 中，每个文件都可称为一个工作簿；其中包含一个或多个工作表。可以把 Excel 2007 工作簿看成一个笔记本，将工作表看成笔记本的每一页。

1. 选择工作表

一般情况下，用户只能编辑或修改一个工作簿中的一张工作表。要使用某一张工作表，必须先将该工作表激活作为当前工作表，否则无法进行任何操作。

（1）激活工作表。激活工作表的操作非常简单，首先打开"素材"文件夹中的"素材 3-1.xlsx"电子表格文件，将鼠标指针指向工作表标签(如 Sheet1、Sheet2、Sheet3),然后单击即可,如图 3—1 所示。

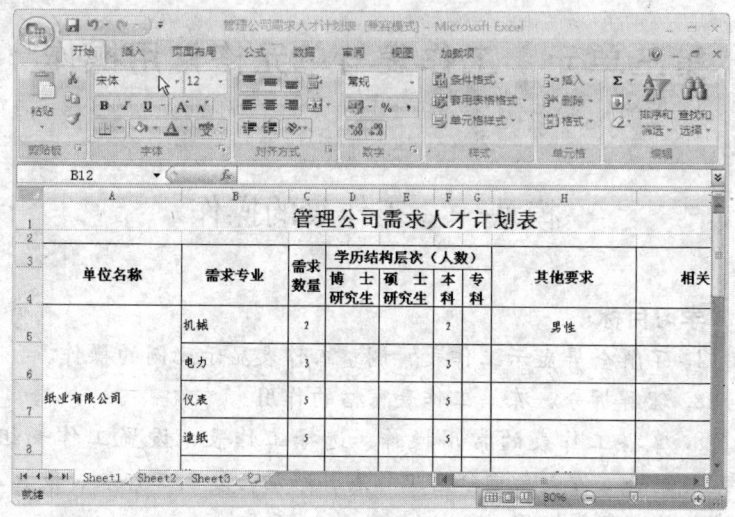

图 3—1 激活工作表

注意

1. 呈白底黑字显示的工作表,表示此工作表当前为激活状态,即为活动工作表。

2. 若要激活当前工作表的前一个工作表,可以按"Ctrl+PageUp"组合键;若要激活当前工作表的后一个工作表,可以按"Ctrl+PageDown"组合键。

(2)选择工作表的方法。在对工作表进行插入与删除、移动与复制或重命名时都必须先选择工作表。选择工作表也称选定工作表。

1)快速选择一张工作表方法 1。鼠标指针指向需要选择的工作表标签,单击即可。

2)快速选择一张工作表方法 2。鼠标指针指向工作表标签左边的滚动标签按钮,右击,在弹出的快捷菜单中单击

Sheet1 或 Sheet2 或 Sheet3，也可选择需要的工作表，如图 3—2 所示。

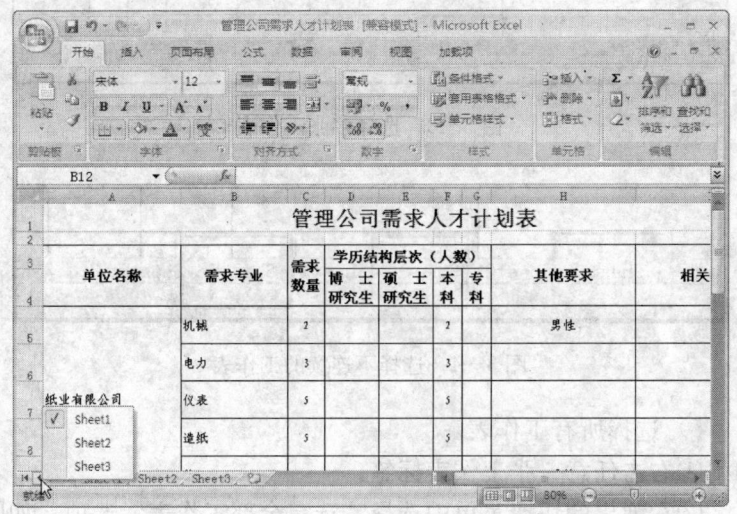

图 3—2 选择工作表

注意

当前工作簿中若有多张工作表，且需要激活的工作表标签没有显示出来时，可以单击工作表标签左侧的标签滚动按钮 ◀◀ ◀ ▶ ▶▶ 将需要的工作表标签显示出来。这时再将鼠标指针指向需要选择的工作表标签，单击即可选择。

3）选择多张连续工作表

①单击选择工作表范围内的第一张工作表标签。

②按 Shift 键单击选择工作表范围内的最后一张工作表标签，如图 3—3 所示。

4）选择多张不连续工作表

①单击选择工作表范围内的第一张工作表标签。

②按住 Ctrl 键依次单击需要选择的工作表标签，如图 3—4 所示。

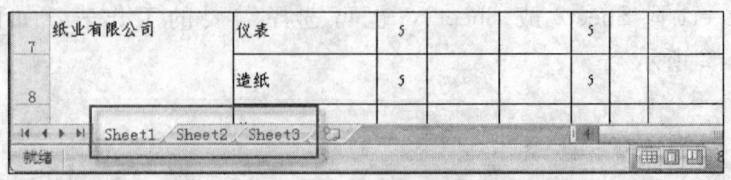

图 3—3 选择多张工作表

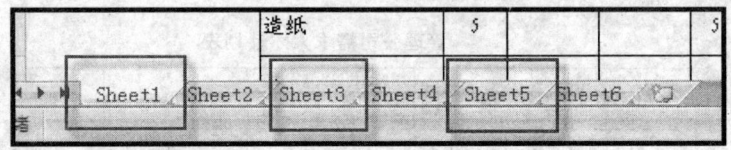

图 3—4 选择不连续的工作表

5）选择所有工作表

①右击任意一张工作表标签。

②在弹出的快捷菜单中选择"选定全部工作表"选项，如图 3—5 所示。

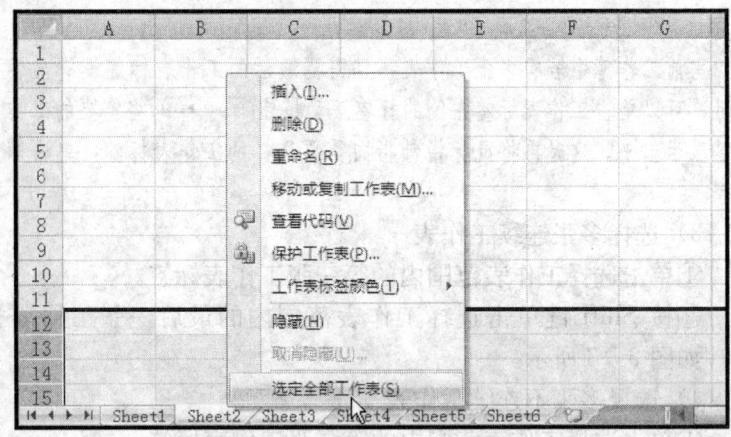

图 3—5 选择所有工作表

2. 选择工作表组

在 Excel 2007 中,有时候用户需要在不同的工作表中输入同样的数据或设置同样的工作表格式,这时用户可以使用 Excel 2007 工作表组的功能,当编辑某一个工作表时,工作表组中的其他工作表同时也得到了相应编辑。

(1)如果要选择相邻的工作表组成工作表组,先单击要组成工作表组的第一个工作表标签,按住 Shift 键,再单击要组成工作表组的最后一个工作表的标签。

(2)如果要选择不相邻的工作表组成工作表组,按住 Ctrl 键,依次单击要成组的工作表标签。

(3)如果要选择所有工作表组成工作表组,则可右击任意一个工作表标签,从弹出的快捷菜单中选择"选定全部工作表"选项。这时的工作表组就已经建好了,在"标题栏"上应该可以看到"工作组"字样。

3. 插入与删除工作表

在 Excel 2007 默认的状态下,新建的工作簿中只有 Sheet1、Sheet2、Sheet3 这三张工作表,用户还可以根据实际需要插入或删除工作表。

(1)插入工作表

1)快速插入工作表。单击如图 3—6 所示按钮就可快速插入一个工作表。

2)利用快捷菜单插入工作表

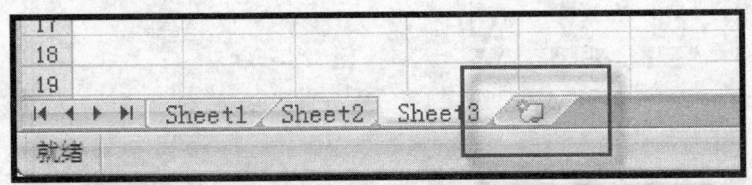

图 3—6 单击此按钮插入工作表

①右击工作表标签,在弹出的快捷菜单中选择"插入"选项,如图3—7所示。

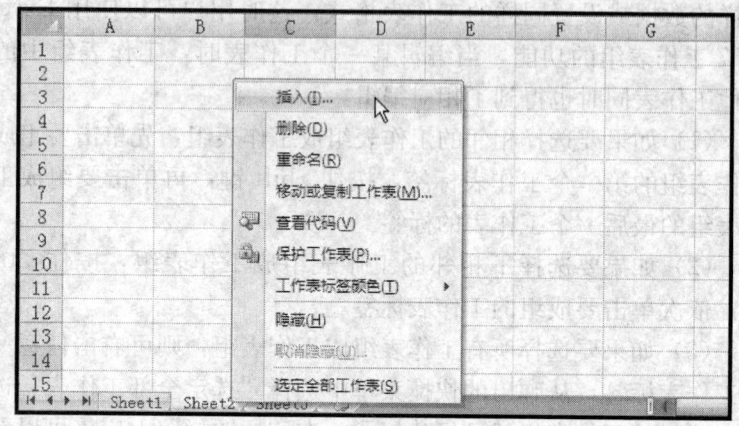

图3—7 工作表标签快捷菜单

②在弹出的"插入"对话框中选择"电子表格方案"选项卡,然后单击选择创建工作表类型,如图3—8所示,最后单击"确定"按钮。即可在当前工作表前插入一个所选类型的工作表。

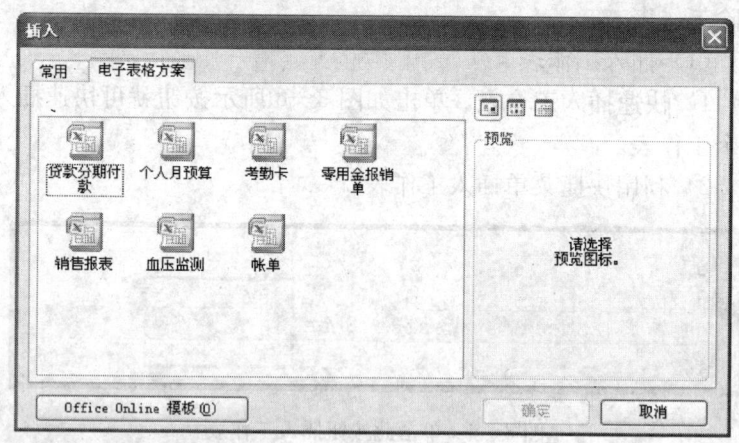

图3—8 选择工作表类型

提示

单击工作表标签,确定新插入的工作表的位置后,按"Shift+F11"组合键也可以快速插入新的工作表。

注意

以上几种插入工作表的方法中,通过单击"插入工作表"按钮 而插入的工作表,放置在所有工作表的末尾,通过其他方法所插入的工作表,放置在所选择工作表的左侧。

(2)删除工作表。当不需要当前工作簿中的某些工作表时,可以通过以下方法删除。

1)利用功能按钮删除工作表。单击需要删除的工作表标签。选择"开始"选项卡,在"单元格"选项组中单击"删除"按钮,在弹出的"删除"下拉菜单中选择"删除工作表"选项,如图3—9所示。

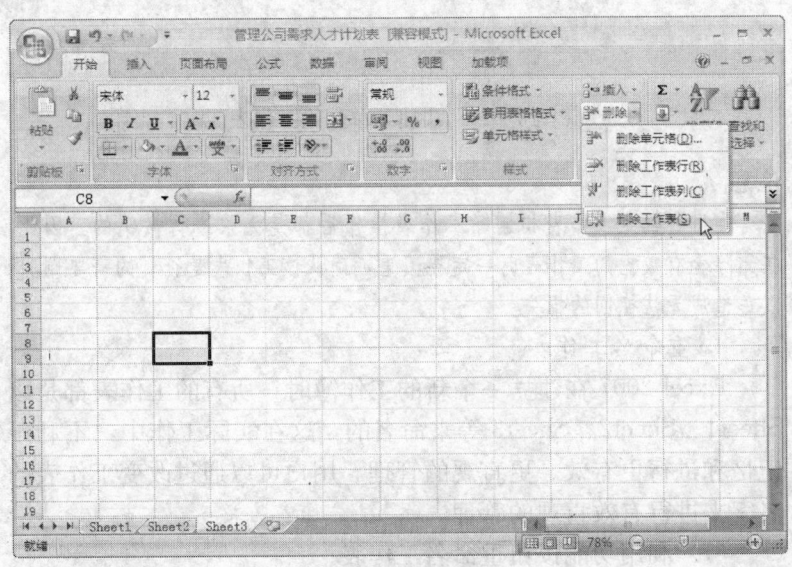

图3—9 利用功能按钮删除工作表

2）利用快捷菜单删除工作表。右击要删除的工作表标签，在弹出的快捷菜单中选择"删除"选项，如图3—10所示，即可将此工作表删除。

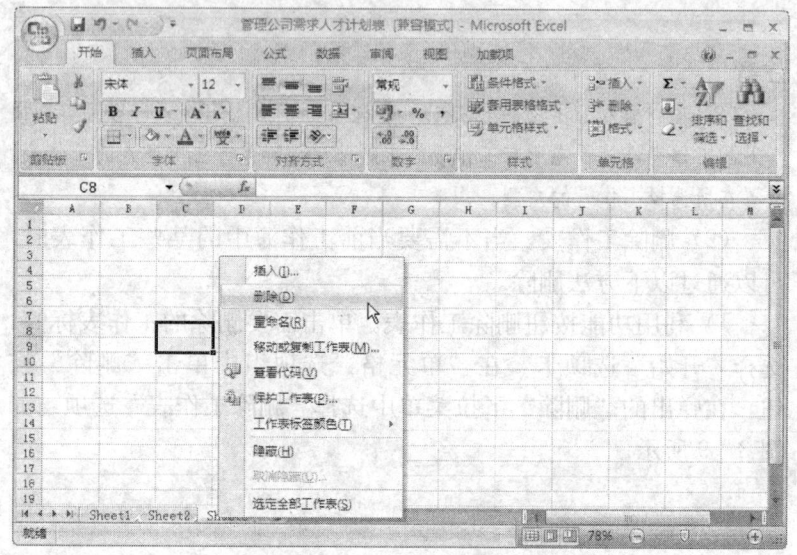

图3—10 快捷菜单删除工作表

注意

在进行插入工作表和删除工作表操作后都是无法进行撤销的。因此，在删除含有数据的工作表时一定要慎重，确认该工作表是否真的需要删除，以免造成无法挽回的损失。

4．重命名工作表

Excel 2007在建立一个新的工作簿时，所有的工作表都是以Sheet1、Sheet2、Sheet3等来命名的，这在实际工作中，不利于记忆和进行更有效、更直观的管理。用户可以通过改变工作表的名字来进行有效直观的管理。

（1）利用功能按钮重命名工作表

1）单击需要重命名的工作表标签。

2）单击"开始"选项卡上的"单元格"选项组中的"格式"按钮。

3）在弹出的"格式"下拉列表中选择"重命名工作表"选项，如图3—11所示。

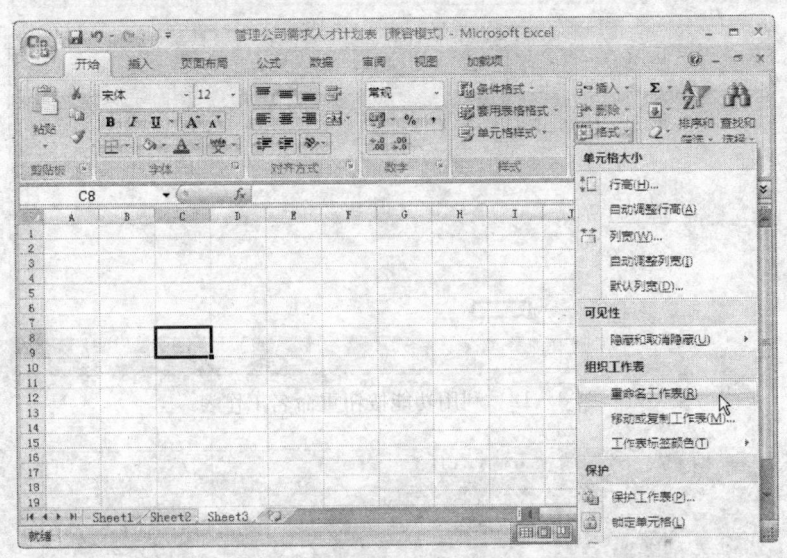

图3—11 在"格式"下拉列表中选择"重命名工作表"选项

4）输入工作表名称，如"我的新工作表"，按Enter键确认，操作结果如图3—12所示。

（2）利用快捷菜单重命名工作表。右击需要重命名的工作表标签，在弹出的快捷菜单中选择"重命名"选项，如图3—13所示。输入新的工作表名称，按Enter键确认。

提示

　　直接双击需要修改名称的工作表标签，工作表标签即进入编辑状态，输入新的名称后，按Enter键，也可以达到重命名工作表的目的。

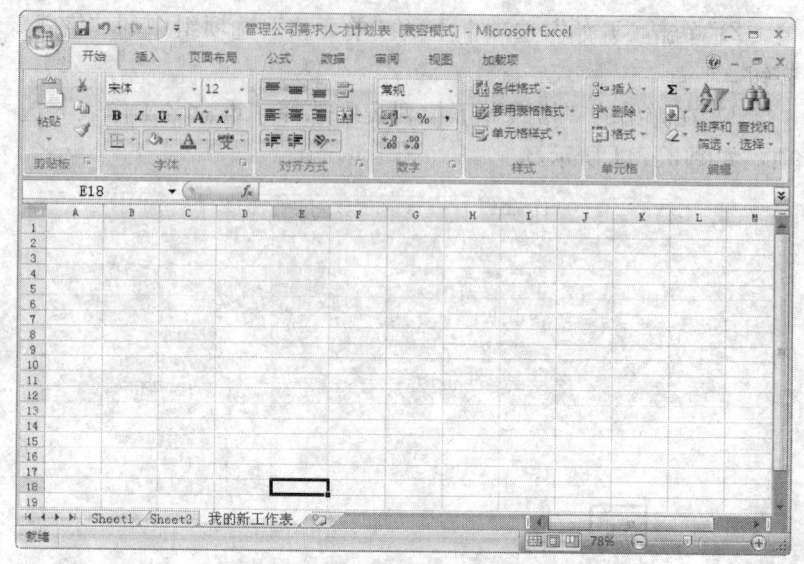

图 3—12　利用功能按钮重命名工作表

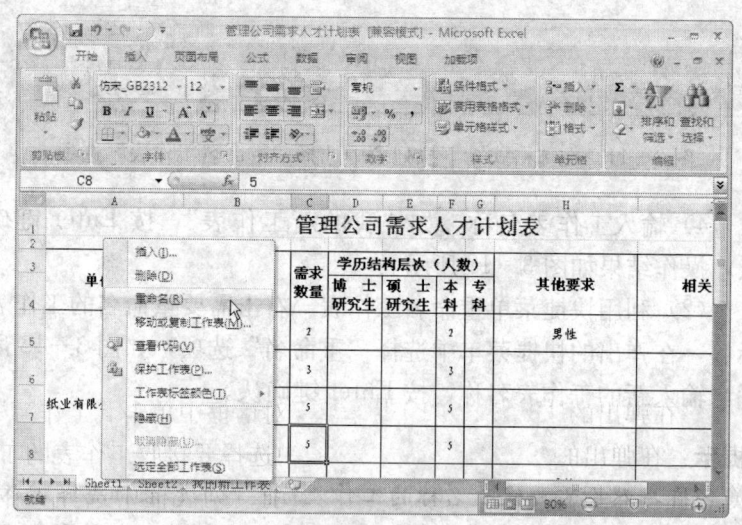

图 3—13　利用快捷菜单重命名工作表

5. 移动与复制工作表

在实际工作中，经常会遇到将一个工作簿中的某张工作表移动或复制到其他工作簿中。

（1）移动工作表。移动工作表可以在同一个工作簿范围内进行，也可以将一个工作簿中的工作表移动到其他工作簿中，但要求移动工作表之间的工作簿均是打开的。

1）单击要移动的工作表的标签，选择工作表。单击"开始"选项卡"单元格"选项组中的"格式"按钮，在弹出的"格式"下拉菜单中选择"移动或复制工作表"选项，如图 3—14 所示。

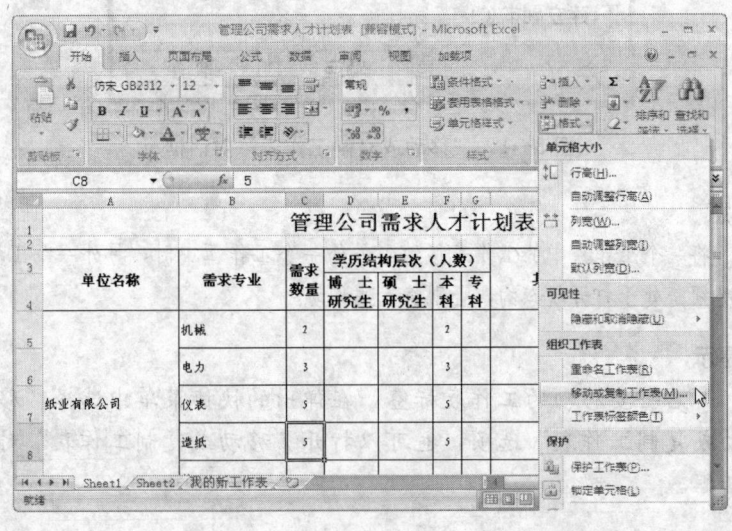

图 3—14　选择"移动或复制工作表"选项

2）在弹出的"移动或复制工作表"对话框中单击"工作簿"列表框，在弹出的"工作簿"下拉列表中选择要接收工作表的工作簿名称，然后在"下列选定工作表之前"列表框中选择工作表，确定移动过来的工作表放置的位置，然后单击"确定"按钮即可，如图 3—15 所示。

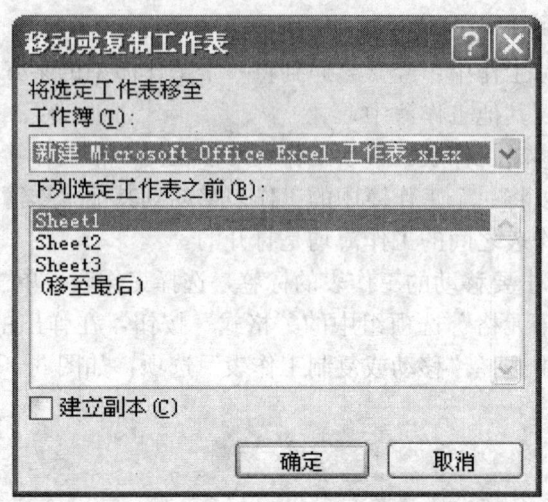

图 3—15 "移动或复制工作表"对话框

注意

将一个工作簿中的工作表移动到另外一个工作簿中时,另外一个工作簿必须是处于打开状态的,否则将无法移动。

> 提示
>
> 右击要移动的工作表标签,在弹出的快捷菜单中选择"移动或复制工作表"选项,也可以打开"移动或复制工作表"对话框。

(2)复制工作表。复制工作表时,可以快速备份工作表的内容,在创建内容及结构大致相同的新工作表时,可通过复制工作表来实现快速输入工作表的目的。复制工作表可以在同一个工作簿范围内进行,也可以将一个工作簿中的工作表复制到其他工作簿中。前提还是要求参与复制操作的工作表之间的工作簿均是打开的。

1)单击要复制的工作表标签,单击"开始"选项卡"单元格"

选项组中的"格式"按钮,在弹出的"格式"下拉菜单中选择"移动或复制工作表"选项,弹出"移动或复制工作表"对话框。

2)单击"工作簿"列表框,在弹出的"工作簿"下拉列表中选择存放复制的工作表的工作簿名称,然后在"下列选定工作表之前"的下拉列表中选择工作表名称,确定复制得到的工作表放置的位置,勾选"建立副本"复选框,最后单击"确定"按钮。

> **提示**
>
> 1.如果需要将复制的工作表放置在原工作簿中,则操作也很简单,只需要将鼠标指针指向需要复制的工作表标签,然后按住 Ctrl 键和左键拖曳至目标位置后松开即可,如图 3—16 所示。
>
> 2.工作表的移动操作与工作表的复制操作方法很相似。在使用鼠标拖曳操作时,直接拖曳工作表就表示移动工作表,但在拖曳工作表的同时按住 Ctrl 键,就表示要复制工作表;在通过选项区命令进行操作时,在弹出的"移动或复制工作表"对话框中,不勾选"建立副本"复选框,就表示移动工作表,若勾选"建立副本"复选框,就表示复制工作表。

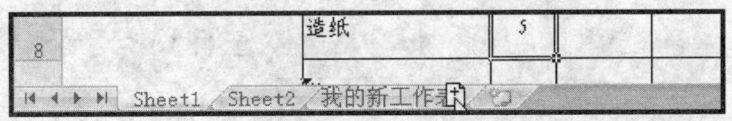

图 3—16　按住 Ctrl 键和左键拖曳复制工作表

6.设置工作表标签颜色

为了更清楚地标志工作表的标签,更方便管理与显示,用户可以为工作表标签设置不同的颜色。

右击工作表标签,然后在弹出的快捷菜单中选择"工作表标签颜色"选项,再在级联菜单中选择需要的颜色即可,如图

3—17所示。

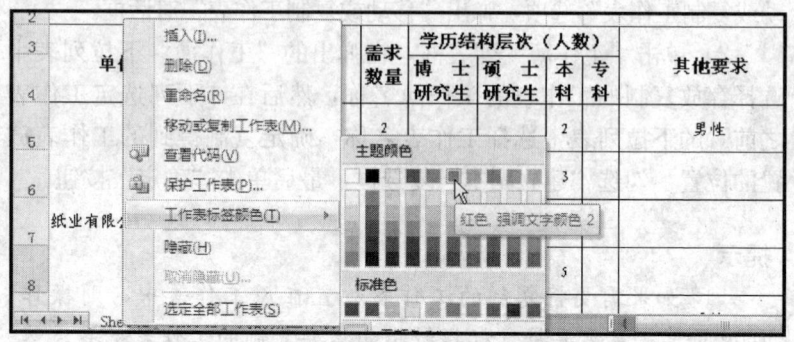

图3—17 设置工作表标签颜色

二、设置工作表显示方式

1. 全屏显示工作表

有时候用户的工作表内容很多，这时候为了方便对数据的浏览，Excel 2007为用户提供了全屏显示功能。

（1）单击"视图"选项卡上"工作簿视图"选项组中"全屏显示"按钮，可以切换到全屏显示视图，如图3—18所示。

图3—18 "全屏显示"按钮

（2）在该视图方式下只显示工作表区，这样可以在显示器上浏览到尽可能多的表格数据内容。

提示

可以按Esc键退出该视图。

2. 调整工作表显示比例

在 Excel 2007 中,默认文档的显示比例是 100%,但有的用户显示器可能比较大,也有的用户可能视力不是太好,所以用户在使用 Excel 2007 时可以根据自己的实际需要来调整工作表的显示比例。用户可以通过"视图"选项卡中的"显示比例"选项组进行调整。

(1) 单击"视图"选项卡上"显示比例"选项组中"显示比例"按钮。

(2) 在弹出的"显示比例"对话框的"缩放"栏中选择需要显示的比例值,然后单击"确定"按钮即可,如图 3—19 所示。

> **提示**
>
> 在 Excel 2007 窗口下面的状态栏中,右边为用户提供了方便快捷的比例调整滑杆 ,用户可单击"—"或"+"按钮来缩小或放大文档的显示比例,也可拖曳中间的游标来调整文档的显示比例。

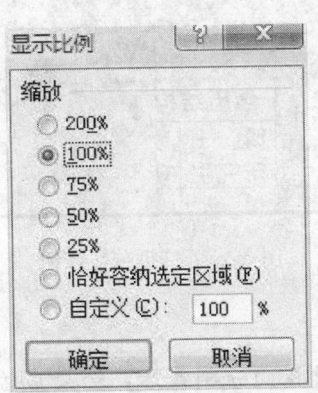

图 3—19 "显示比例"对话框

注意

调整文档的显示比例与文档打印大小无关,只是调整文档内容在计算机屏幕上显示的大小。

三、拆分与冻结工作表窗格

1. 拆分工作表

在编辑一张工作表时,有时需要同时查看工作表中不同位置的数据。因此,就需要不断地移动滚动条,这样会显得比较麻烦。为解决此问题可将工作表拆分成两个或四个窗格,每个窗格可以使用滚动条来显示工作表的一部分。

(1)单击选定一个单元格,确定拆分点。

(2)单击"视图"选项卡上"窗口"选项组中"拆分"按钮,如图3—20所示,即可达到拆分工作表的目的。

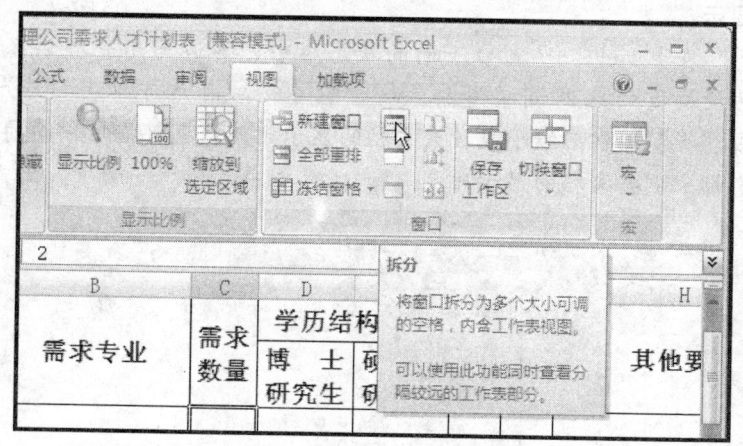

图3—20 "拆分"按钮

提示

1. 将鼠标指针指向分割线后,会变成左右或上下的双向箭头,此时按住左键拖曳,可以移动分割线,以调整对工作表的拆分位置。

2. 工作表中,在垂直滚动条的顶端有一个小长方块,拖曳这个小长方块也可以拆分工作表。对工作表取消拆分时,可以将鼠标指针指向水平拆分线,指针变成上下双向箭头后按住左键拖曳到工作表最顶端即可。再用同样的方法将垂直拆分线拖曳至工作表的最左端。

3. 在拆分线上双击或再次单击"拆分"按钮,也可以取消对工作表的拆分。

2. 冻结与取消冻结工作表

(1) 冻结工作表。当工作表的行、列较多时,需要浏览表格中靠下的行或靠右的列时,移动滚动条后,行标题或列标题也就消失了。此时在查看工作表中的数据时,可能会不知道某些数据所代表的含义。使用对工作表进行冻结的操作,就可以让工作表中的行、列标题始终显示在屏幕上。

先单击需要冻结行的行号,再单击"视图"选项卡上"窗口"选项组中的"冻结窗格"按钮,在弹出的"冻结窗格"下拉菜单中选择"冻结拆分窗格"选项即可,如图3—21所示。

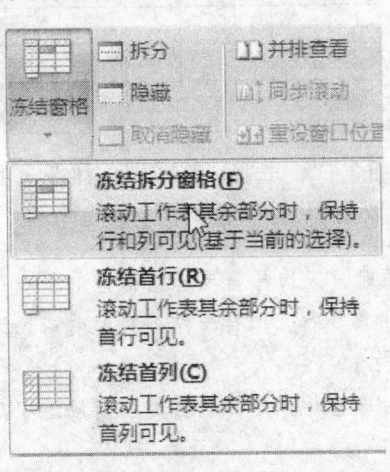

图3—21 "冻结窗格"下拉菜单

提示

　　窗口被冻结后，无论滚动条移动到什么位置，被冻结的部分始终会在窗口中显示。

　　（2）取消冻结工作表。单击"视图"选项卡上"窗口"选项组中的"冻结窗格"按钮，在弹出的"冻结窗格"下拉菜单中选择"取消冻结窗格"选项即可，如图3—22所示。

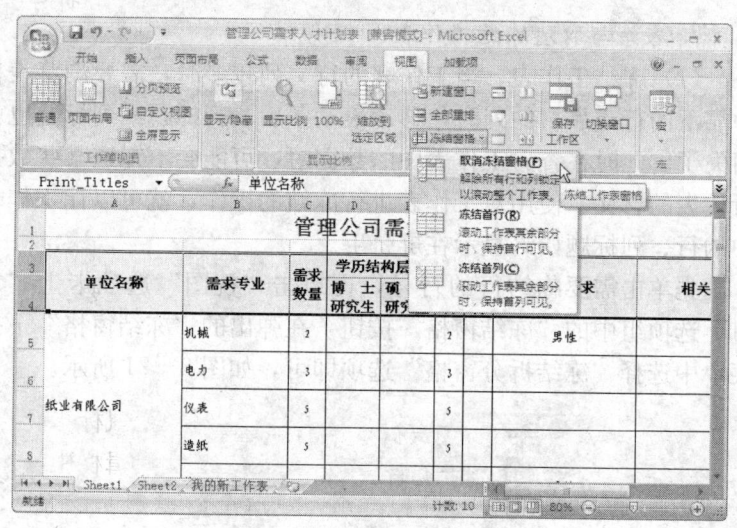

图3—22　选择"取消冻结窗格"选项

注意

　　1. 冻结行标题时，应选择需要冻结部分的下一行，如需要冻结第1、2行时，则选中第3行。同样冻结列标题时，应选择要冻结部分的下一列。

　　2. 如果要同时冻结行标题和列标题，则应选中与冻结的行、列交界处的单元格。

模块二　单元格的操作

学习目标：
1. 理解为单元格添加批注文字、为单元格添加斜线、行列转置的作用。
2. 掌握单元格常用操作，如选择单元格、合并与拆分合并的单元格、插入单元格、插入行与列、删除单元格、删除行与列、调整行高与列宽。

在单元格中的操作是 Excel 2007 操作的基础，在此结合"素材 3-1.xlsx"电子表格文件进行说明。

一、选择单元格

在单元格中输入内容或编辑单元格中的内容必须要先选择相应的单元格。

1. 选择一个单元格

选择工作表中的单元格操作非常简单，只需将鼠标指针指向需要选择的单元格后，单击左键即可，同时会在编辑栏中显示出单元格的数据信息，如图 3—23 所示。

> **提示**
> 使用键盘上的上、下、左、右四个方向键，也可以选定单元格。按 Tab 键或按 "Tab+Shift" 组合键还可以在同一行中选定单元格。

2. 选择多个连续的单元格

指针指向需要选择的第一个单元格，然后按住左键拖曳到需要选择单元格范围的最后一个单元格，如图 3—24 所示。

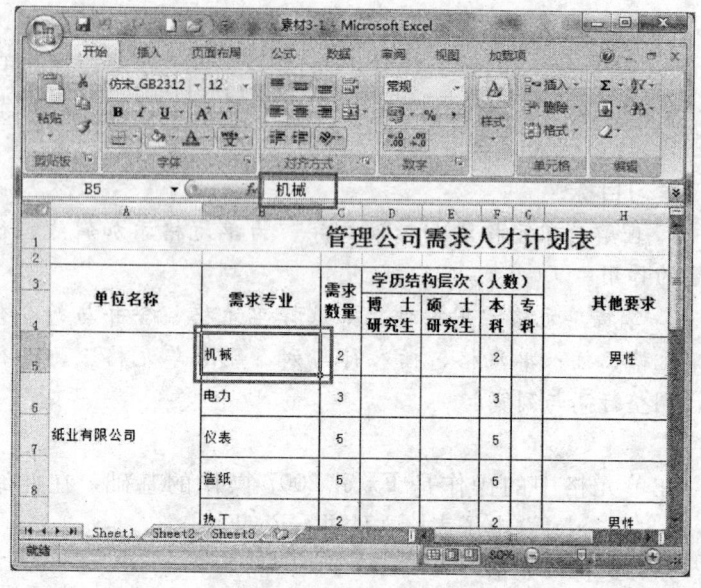

图 3—23 左击选定单元格

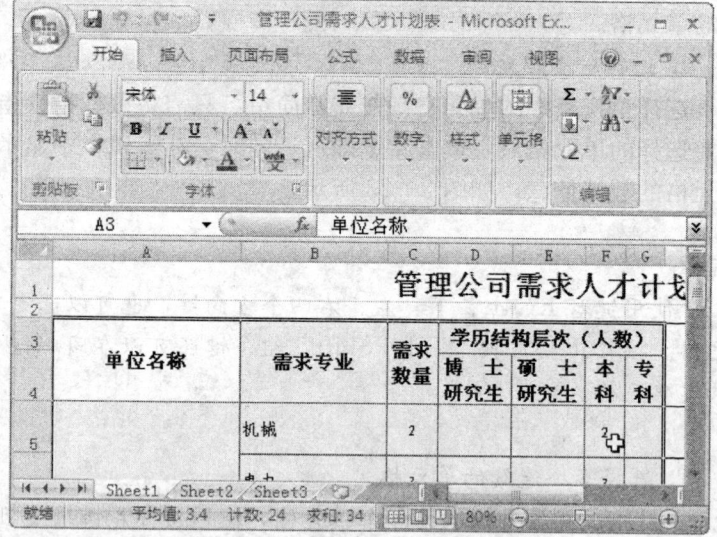

图 3—24 选择多个连续的单元格

3. 选择不连续的多个单元格

在需要选择的单元格范围内单击选择任意一个要选择的单元格，然后在按住 Ctrl 键的同时单击选择其他的单元格。被选定的最后一个单元格为白色，其余的均为灰蓝色。如图 3—25 所示。

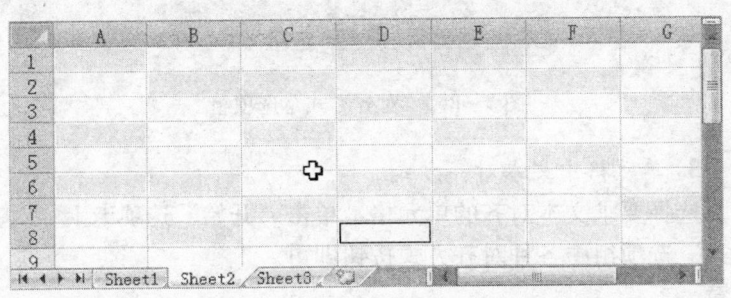

图 3—25 选择多个不连续单元格

4. 选择整行或整列

需要选择整行或整列单元格时，则直接单击选定行的行号或选定列的列标即可。

5. 选择整张工作表

按"Ctrl＋A"组合键或单击行的最上端与列的最左端的交叉处按钮 ，即可快速选择整张工作表。

二、合并与对齐

1. 合并单元格

合并两个或多个相邻的水平或垂直单元格时，这些单元格就成为一个跨多列或多行显示的大单元格。若在合并的单元格中有数据，则在有数据的单元格中列、行坐标较小的单元格中的数据将被保留。

（1）选择两个或更多要合并的相邻单元格。

（2）单击"开始"选项卡上的"对齐方式"选项组中"合并

后居中"按钮,如图 3—26 所示。

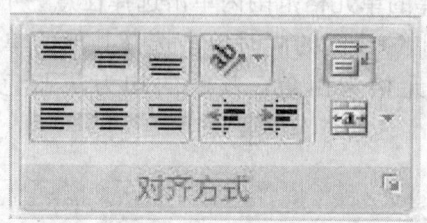

图 3—26 "对齐方式"选项组

2. 单元格中文本对齐方式

选择要求文本对齐的单元格,单击"开始"选项卡上"对齐方式"选项组中各种对齐方式按钮即可。

注意

1. 确保要在合并单元格中显示的数据位于所选区域的左上角单元格中。只有左上角单元格中的数据将保留在合并后的单元格中。所选区域中所有其他单元格中的数据都将被删除。

2. 这些将要合并的单元格将在一个行或列中合并,并且单元格内容将在合并单元格中居中显示。要合并单元格而不居中显示内容,可单击"合并后居中"按钮旁的向下按钮,然后在弹出的下拉列表中选择"跨越合并"或"合并单元格"选项。

三、拆分合并的单元格

选择需要拆分操作的合并后的单元格,单击"合并后居中"按钮即可。

提示

　　原合并单元格的内容将出现在拆分单元格区域左上角的单元格中。

四、插入与删除单元格

1. 插入单元格

录入工作表内容时难免会出现遗漏的情况,这时需要在工作表中添加遗漏的内容,输入内容时,有时需要空白单元格,因此,就需要在工作表中插入单元格。

(1)单击选择单元格,确定插入单元格的位置,单击"开始"选项卡上"单元格"选项组中"插入"按钮右侧的向下按钮,在弹出的"插入"下拉菜单中选择"插入单元格"选项,如图3—27所示。

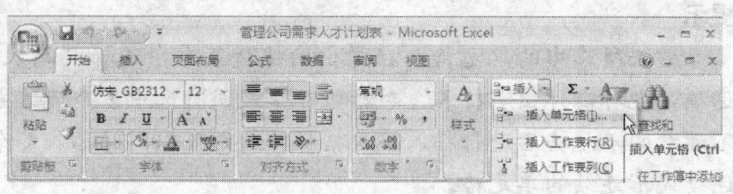

图3—27 "插入"下拉菜单

(2)在弹出的"插入"对话框中点选其中的单选按钮来选择插入单元格的方式,如图3—28所示。选择"活动单元格下移",单击"确定"按钮。插入后的结果如图3—29所示,可与图3—23对照。

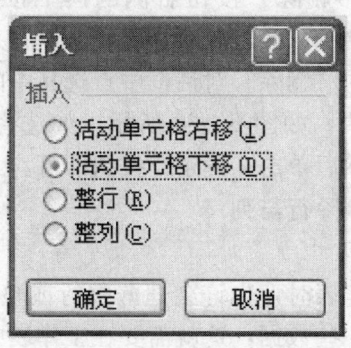

图3—28 "插入"对话框

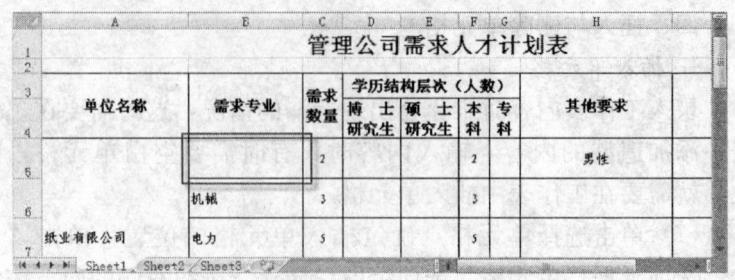

图 3—29 插入单元格

> **提示**
> 　　右击所选中的单元格,在弹出的快捷菜单中选择"插入"选项,也可以弹出"插入"对话框。如果同时选中多个连续或不连续的单元格后进行插入单元格操作,则可以同时插入多个连续或不连续的单元格。

2. 删除单元格

需要在工作表中增加内容时,可以插入单元格,同样,当工作表中有多余的单元格时,可以将其删除。

(1) 选择要删除的单元格,单击"开始"选项卡上"单元格"选项组中的"删除"按钮右侧的向下按钮，在弹出的"删除"下拉列表中选择"删除单元格"选项。

(2) 在弹出的"删除"对话框中点选其中的单选按钮来选择删除单元格的方式,如图 3—30 所示。如选择"下方单元格上移"单选按钮,然后单击"确定"按钮即可。

五、插入与删除行与列

1. 插入行与列

编辑一张工作表时,也许会遗漏整行或整列的数据,因此,可能会临时增加一些数据,这就需要在工作表中进行插入行或列的操作。

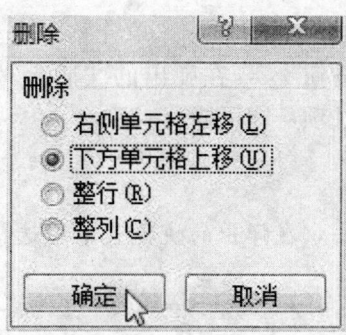

图 3—30 "删除"对话框

(1) 插入行

1) 选择单元格,确定插入行的位置。

2) 单击"开始"选项卡上"单元格"选项组中的"插入"按钮右侧的向下按钮 ，在弹出的"插入"下拉菜单中选择"插入工作表行"选项,如图 3—31 所示,即可插入一行。

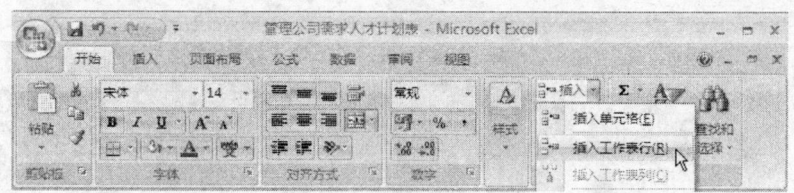

图 3—31 插入工作表行

> **提示**
>
> 在行号上右击,在弹出的快捷菜单中选择"插入"选项,也可以插入一行。

(2) 插入列

1) 选择单元格,确定插入列的位置。

2)单击"开始"选项卡上"单元格"选项组中的"插入"按钮右侧的向下按钮，在弹出的"插入"下拉菜单中选择"插入工作表列"选项，即可插入一列。

> **提示**
>
> 在列号上右击，在弹出的快捷菜单中选择"插入"选项，也可以插入一列。

2. 删除行与列

（1）删除行

1）选择单元格，确定要删除的行。

2）单击"开始"选项卡上"单元格"选项组中的"删除"按钮右侧的向下按钮，在弹出的"删除"下拉菜单中选择"删除工作表行"选项，如图3—32所示，即可删除一行。

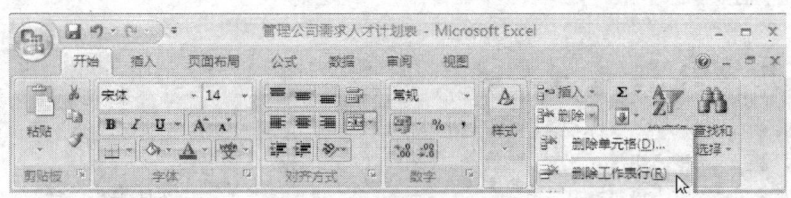

图3—32 删除工作表行

> **提示**
>
> 右击需要删除行的行号，在弹出的快捷菜单中选择"删除"选项，也可以删除一行。

（2）删除列

1）选择单元格，确定要删除的列。

2)单击"开始"选项卡上"单元格"选项组中的"删除"按钮右侧的向下按钮，在弹出的"删除"下拉菜单中选择"删除工作表列"选项，即可删除一列。

> **提示**
>
> 右击要删除列的列号，在弹出的快捷菜单中选择"删除"选项，也可以删除一列。

六、调整行高与列宽

在每一张工作表上编辑的内容都可能是不一样的，就算在同一张工作表中，每一行、每一列中数据的长度也可能不一样，这就要求用户根据实际需要调整行高和列宽。

1. 设置行高

在默认情况下，Excel 2007 每一行的高度是 13.5 磅。在实际编辑工作表中，常常会根据工作表每一行的内容而设置不同的行高，可以指定为 0~409 磅，若为 0 则该行隐藏。

（1）选择需要设置行高的单元格区域。

（2）单击"开始"选项卡上"单元格"选项组中的"格式"按钮，在弹出的"格式"下拉菜单中选择"行高"选项，如图3—33所示。

（3）在弹出的"行高"对话框的"行高"文本框中输入行高的数值，然后单击"确定"按钮即可完成行高的设置，如图 3—34 所示。

> **提示**
>
> 通过行号选择行，在所选择的范围内右击，在弹出的快捷菜单中选择"行高"选项，也可以弹出"行高"对话框。

2. 设置列宽

在默认情况下，Excel 2007 中每一列的宽度是 8.38 字符。

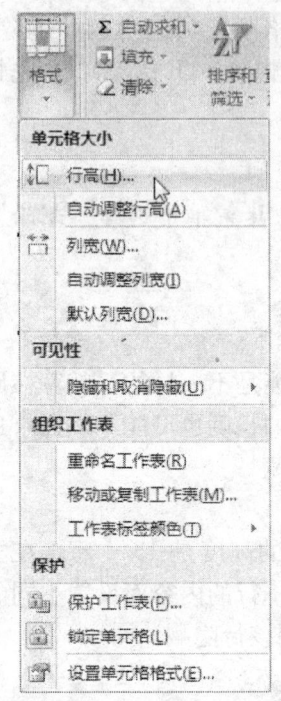

图 3—33　"格式"下拉菜单　　　　图 3—34　"行高"对话框

在实际编辑工作表中,常常会根据工作表每一列中的数据长度内容而设置不同的列宽,可以指定 0~255 个字符。

(1) 选择需要设置列宽的单元格区域。

(2) 单击"开始"选项卡上"单元格"选项组中的"格式"按钮,在弹出的"格式"下拉菜单中选择"列宽"选项,如图 3—33 所示。

(3) 在弹出的"列宽"对话框的"列宽"文本框中输入列宽的数值,单击"确定"按钮即可完成对列宽的设置,如图 3—35 所示。

图 3—35 "列宽"对话框

> **提示**
> 通过列号选择列后,在所选择的范围内右击,在弹出的快捷菜单中选择"列宽"选项,也可以打开"列宽"对话框。

七、为单元格添加批注文字

Excel 2007 的"批注"是附加在单元格中的一种注释信息。批注是十分有用的提醒方式,用户可以在编辑工作表时,为一些较复杂或容易出错的单元格内容添加批注信息,这样就能及时提供提醒参考信息。

(1) 选定需要添加批注信息的单元格。

(2) 单击"审阅"选项卡上"批注"选项组中的"新建批注"按钮,如图 3—36 所示,在选定添加批注信息的单元格所弹

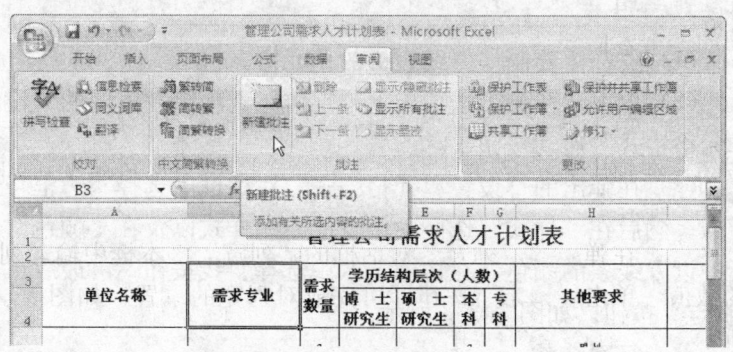

图 3—36 "新建批注"按钮

出的文本框里输入相应的文本批注信息，如图 3—37 所示。

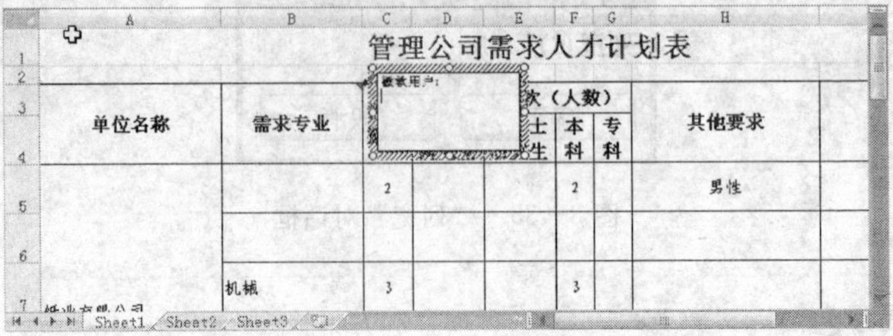

图 3—37　输入批注信息

提示

1. 当插入批注后，含有批注的单元格右上角有一个红色三角形标志符。

2. 在 Excel 2007 默认状态下，当添加批注信息后，选择其他单元格时就会隐藏批注信息。但将鼠标指针指向批注单元格，就可以显示批注信息。

八、为单元格添加斜线

在编辑 Excel 表格时，有时需要制作带有斜线表头格式的表格。

（1）选择需要制作斜线表头的单元格。

（2）单击"开始"选项卡上"字体"选项组右下角的"设置单元格格式"启动按钮 。

（3）在弹出的"设置单元格格式"对话框中选择"边框"选项卡。然后在"样式"选区中设置线条的样式以及在"颜色"选区中设置线条的颜色，在边框选区中选择斜线按钮，最后单击"确定"按钮。如图 3—38 所示。

九、行列转置

行列转置是将行与列的排列位置转换一下。

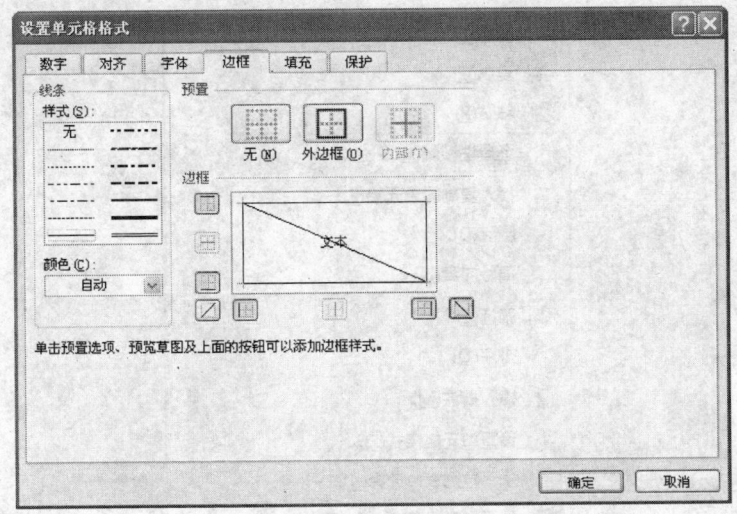

图3—38 "设置单元格格式"对话框

(1) 用鼠标选定准备转置的数据区域。

(2) 右击,在弹出的快捷菜单中选择"复制"选项。

(3) 选择转置排列后的单元格位置,右击,在弹出的快捷菜单中选择"选择性粘贴"选项,如图3—39所示。然后在弹出的"选择性粘贴"对话框中勾选其中的"转置"复选按钮,单击"确定"按钮即可完成行列转置操作,如图3—40所示。

十、转置实例

以"素材"文件夹中的"素材3-1.xlsx"为例进一步说明行列转置的操作。

(1) 打开"素材"文件夹中的"素材3-1.xlsx"电子表格文件,即"管理公司需求人才计划表.xlsx"电子表格文件,选择需要转置的部分单元格,如图3—41所示。

(2) 右击,在弹出的快捷菜单中选择"复制"选项。选择转置排列后的单元格位置,右击,在弹出的快捷菜单中选择"选择性粘贴"选项。然后在弹出的"选择性粘贴"对话框中勾选其中的

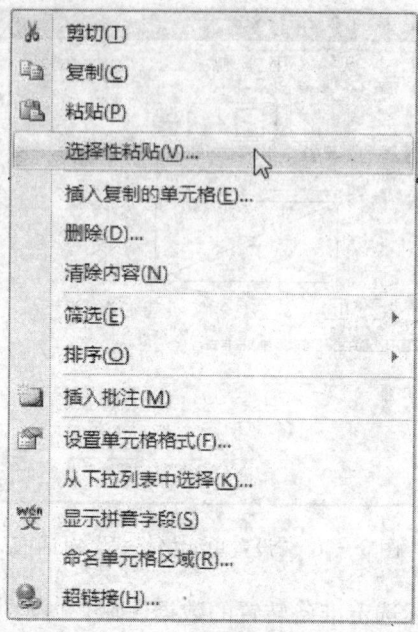

图 3—39 数据区域快捷菜单

图 3—40 "选择性粘贴"对话框

管理公司需求人才计划表

2009年6月

单位名称	需求专业	需求数量	学历结构层次（人数）				其他要求	相关待遇
			博士研究生	硕士研究生	本科	专科		
纸业有限公司	机械	2			2		男性	
	电力	3			3			
	仪表	5			5			
	造纸	5			5			
	热工	2					男性	
药业有限公司	药学	6			6		有3年以上工作经验，熟悉GMP及专业知识，有解决生产中实际能力	
	机电	5				5	有3年以上工作经验，有强弱电知识，能解决实际问题	

图3—41 选择需要行列转置的部分单元格

"转置"复选按钮，单击"确定"按钮即可完成这部分单元格中数据的行列转置操作。操作结果如图3—42所示。

需求专业		机械	电力	仪表	造纸	热工	药学	机电
需求		2	3	5	5	2	6	5
学历结构层次（人数）	博							
	硕							
	本科	2	3	5	5	2	6	
	专科							5

图3—42 行列转置后的结果

综合实例　制作成绩表模板

学习目标：

使用本章所学内容制作成绩表模板。

一、制作思路

通过对工作表标签设置颜色、绘制斜线表头、添加数据内容、插入单元格、插入行、插入列、调整行高与列宽、另存为、选择保存类型等操作对本单元所述内容进行综合练习。

二、制作步骤

1. 打开 Excel 2007，选择工作表标签"Sheet 1"并重命名为"成绩表"，如图 3—43 所示。如有需要还可以对工作表标签设置颜色。

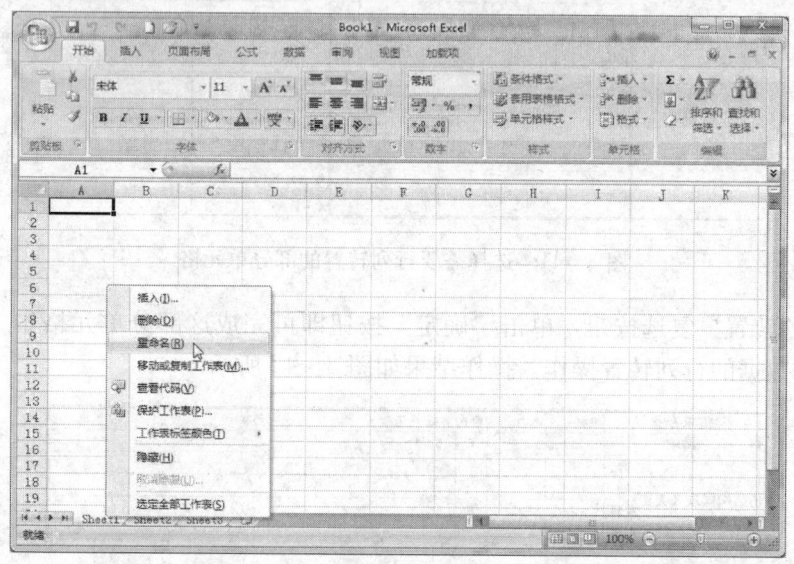

图 3—43 重命名工作表

2. 绘制斜线表头，并在其中写入文本"姓名""课程"，如图 3—44 所示。

3. 在姓名一栏下面添加姓名，在课程一栏的右边添加课程名称，如图 3—45 所示。

4. 如果错输入或漏输入，使用插入单元格、插入行、插入列。

5. 调整行高与列宽，使表格变得更美观。

6. 另存为其他格式，如图 3—46 所示。

7. 输入文件名并选择保存类型为"Excel 模板"，如图 3—47 所示。

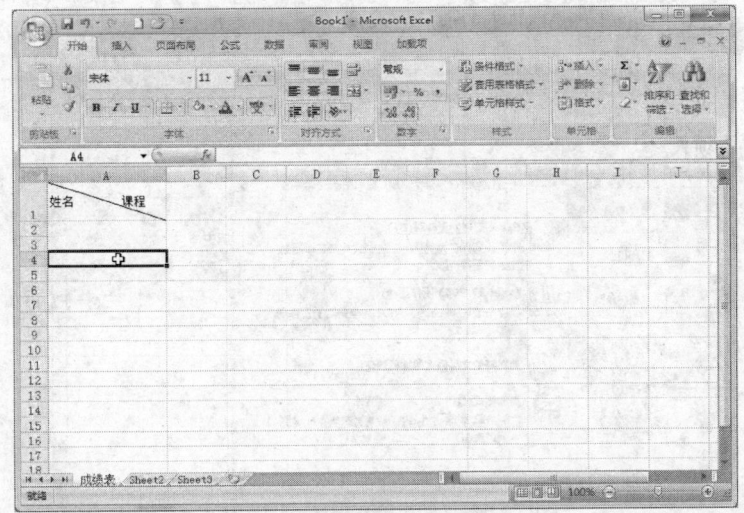

图 3—44　绘制斜线表头

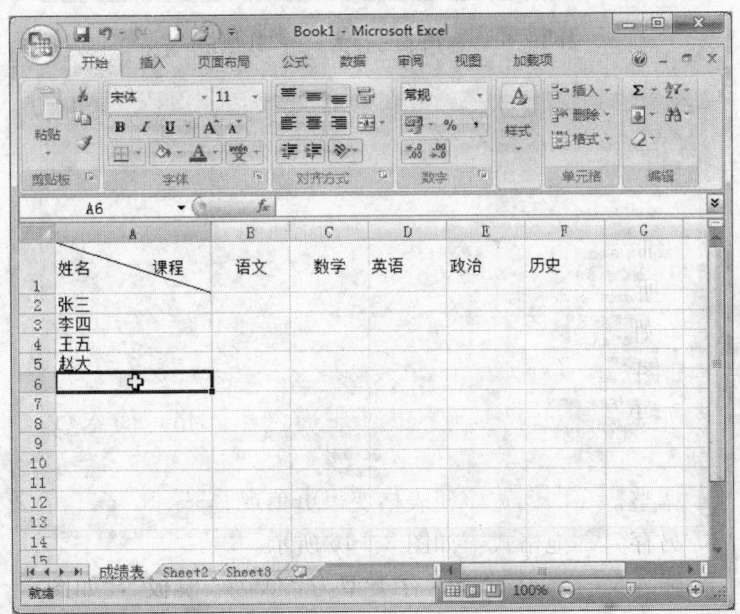

图 3—45　输入姓名与课程

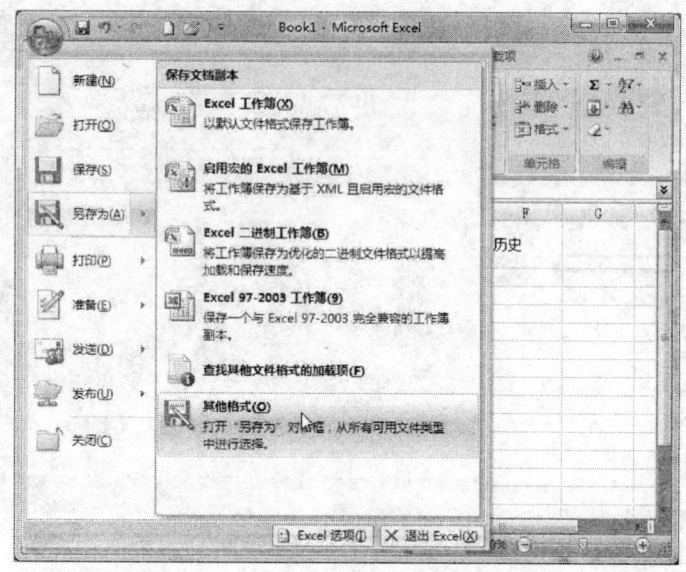

图 3—46 选择"另存为"-"其他格式"

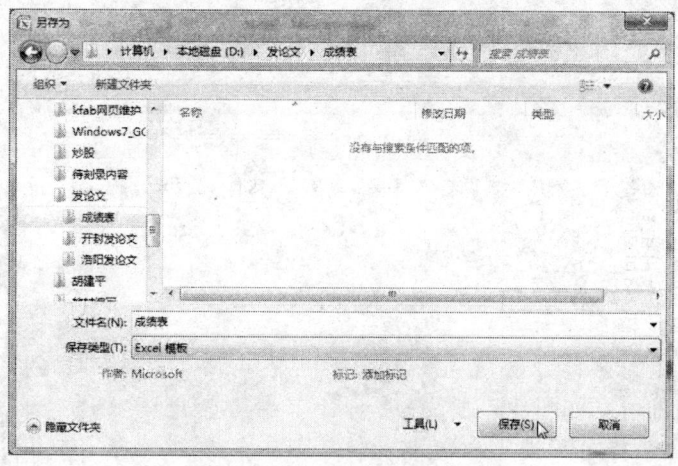

图 3—47 存储为 Excel 模板

第四单元 美化工作表

模块一 设置单元格格式

学习目标:

1. 理解套用表格格式和单元格样式、清除单元格格式和内容的作用。

2. 掌握设置字符格式、对齐方式、数字格式、边框和底纹以及复制单元格格式的操作。

以"素材"文件夹中的"素材 4-1.xlsx"电子表格文件为例进行说明。

一、设置字符格式

字符格式包括单元格文字的字号大小、字体、颜色及样式等。

1. "字体"选项组

选择需要设置格式的单元格或单元格区域,单击"开始"选项卡上"字体"选项组中相应的按钮即可,如图 4—1 所示。

2. 利用"设置单元格格式"对话框设置字体

除了可以通过"字体"选项组中的格式按钮设置工作表格式

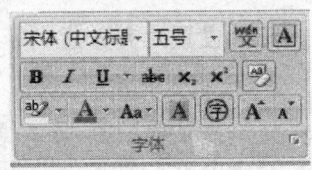

图 4—1 "字体"选项组

外,还可以利用"设置单元格格式"对话框来设置工作表的格式。

(1)选择需要设置格式的单元格或单元格区域。

(2)单击"开始"选项卡上"字体"选项组右下角的"设置单元格格式"启动按钮。

(3)在弹出的"设置单元格格式"对话框中选择"字体"选项卡,可以分别设置字体、字形、字号以及颜色等格式,最后单击"确定"按钮即可完成设置,如图4—2所示。

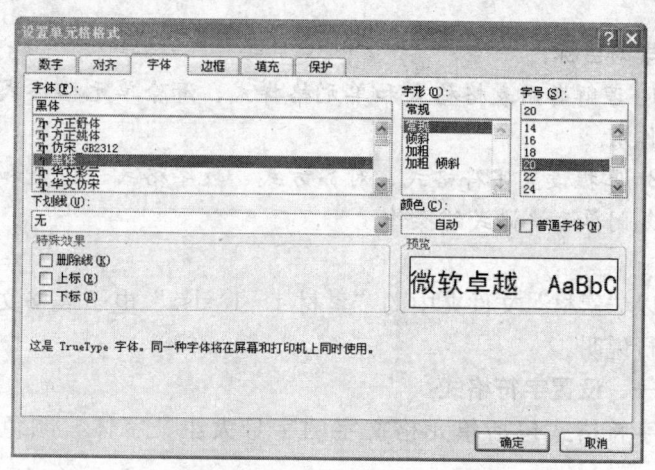

图4—2 "设置单元格格式"对话框-"字体"选项卡

二、设置对齐方式

1. 对齐功能介绍

设置单元格内容的对齐方式格式有多种,如内容的左右对齐,内容的上下对齐,单元格内容合并对齐,自动换行等格式。在"对齐方式"选项组中,有许多对齐方式设置按钮,其功能见表4—1。

表 4—1　　　　　对齐方式设置按钮功能作用

按钮	名称	功能作用
≡	顶端对齐	设置单元格内容在垂直方向靠上对齐
≡	垂直居中	设置单元格内容在垂直方向居中对齐
≡	底端对齐	设置单元格内容在垂直方向靠下对齐
≡	文本左对齐	设置单元格内容在水平方向靠左对齐
≡	居中对齐	设置单元格内容在水平方向居中对齐
≡	文本右对齐	设置单元格内容在水平方向靠右对齐
	自动换行	单元格内容超宽时，设置单元格内容自动换行格式
	合并后居中	选择几个单元格，单击此按钮可将选择的单元格合并成一个单元格，并将内容居中对齐
	减少缩进量	减少单元格内容与单元格边框之间的间隔距离
	增加缩进量	增加单元格内容与单元格边框之间的间隔距离
	方向	可设置单元格中文字的对齐方向，如横排文字、斜排文字、竖排文字等格式

2. 设置左右及上下对齐

选择需要设置对齐方式的单元格或单元格区域，单击"开始"选项卡上"对齐方式"选项组中相应的对齐工具按钮即可，如图4—3所示。

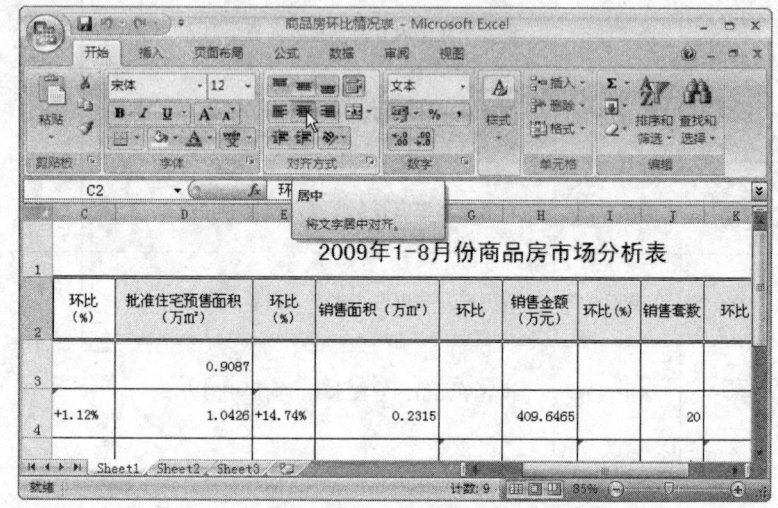

图4—3 设置对齐方式

三、设置数字格式

在默认情况下，Excel 2007所有单元格都采用"常规"数字格式。这种格式基本上就是"输入即所见"。但如果单元格不足以显示整个数值，"常规"格式就会对小数进行四舍五入。这时就需要对数值设置数字格式，数字格式只对如何显示一个数值有影响，但实际的数值并未改变。

（1）选择需要设置数字格式的单元格或单元格区域。

（2）单击"开始"选项卡上"数字"选项组右下角的"设置单元格格式"启动按钮。

（3）在弹出的"设置单元格格式"对话框中选择"数字"选项卡，在这里进行相应的设置后单击"确定"按钮即可完成数字格式的设置操作，如图4—4所示。

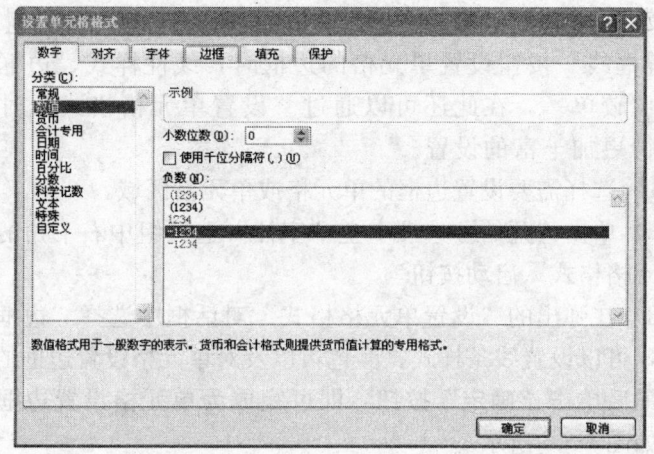

图 4—4 "设置单元格格式"对话框-"数字"选项卡

四、设置边框和底纹

在默认情况下,Excel 2007 工作区所显示的网格线是打印不出来的。因此,在打印 Excel 2007 工作表中的内容时,一般需要给单元格添加相应的边框。

1. 设置边框

(1) 通过"所有框线"按钮设置边框

1) 选择需要设置边框的单元格或单元格区域。

2) 单击"开始"选项卡上"字体"选项组中的"边框"按钮右侧的下三角按钮▼,在弹出的"边框"下拉列表中选择相应的选项,即可为选择的单元格或单元格区域设置框线,如图 4—5 所示。

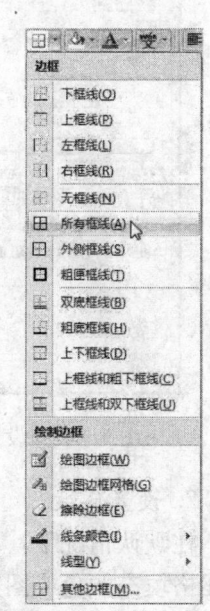

图 4—5 "边框"下拉列表

(2) 通过对话框进行设置。通过"字体"选项组中的"所有框线"按钮设置单元格的边框时,线性样式、边框位置等都比较单一。在此还可以通过"设置单元格格式"对话框来进行更加丰富的设置。

1) 选择需要设置边框的单元格或单元格区域。

2) 单击"开始"选项卡上"字体"选项组中右下角的"设置单元格格式"启动按钮。

3) 在弹出的"设置单元格格式"对话框中选择"边框"选项卡,可以设置线条样式、颜色,以及对单元格设置边框的方式等,最后单击"确定"按钮,即可完成为单元格设置边框的操作,如图4—6所示。

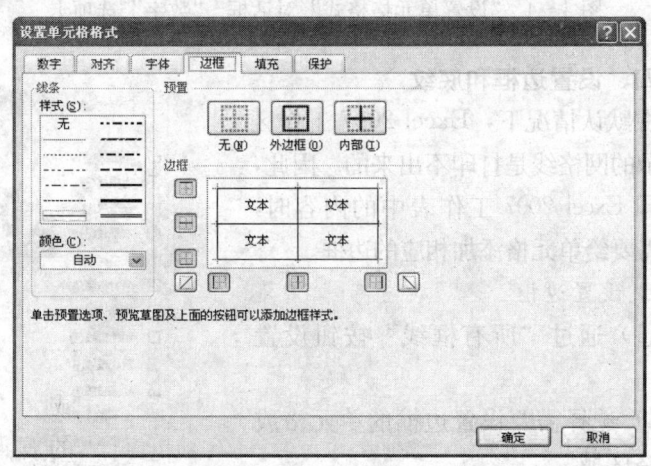

图4—6 "设置单元格格式"对话框-"边框"选项卡

2. 设置底纹

在默认情况下,Excel 2007单元格无填充颜色。用户可以给单元格填充颜色或图案以美化表格,或用于标记单元格不同的格式样式。

(1) 利用"字体"选项组填充颜色

1) 选择需要设置填充颜色的单元格或单元格区域。

2) 单击"开始"选项卡上"字体"选项组中的"填充颜色"按钮右侧的下三角按钮　。在弹出的"填充颜色"下拉列表中选择需要填充的颜色，如图4—7所示。

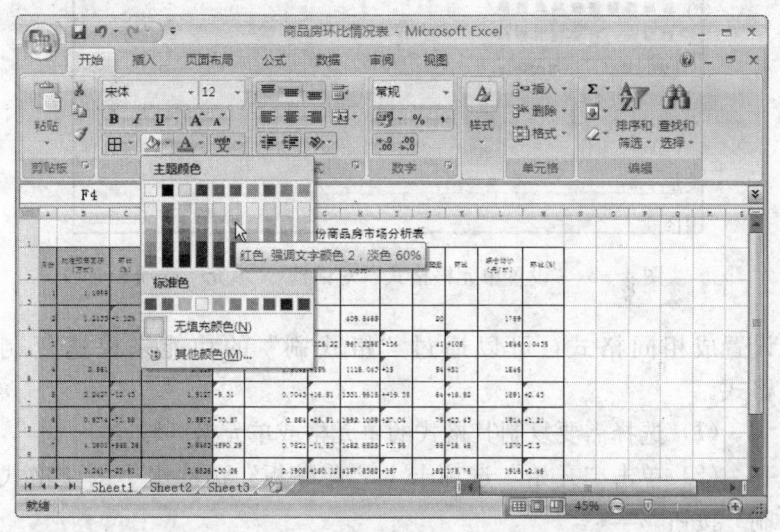

图4—7　设置单元格填充颜色

(2) 利用"设置单元格格式"对话框填充颜色

1) 选择需要设置填充颜色的单元格或单元格区域。

2) 单击"开始"选项卡上"字体"选项组中的右下角的"设置单元格格式"启动按钮　。

3) 在弹出的"设置单元格格式"对话框中选择"填充"选项卡，选择相应的颜色，单击"确定"按钮即可完成填充颜色的操作，如图4—8所示。

五、复制单元格格式

在编辑工作表内容的格式时，若有多处单元格的格式需要

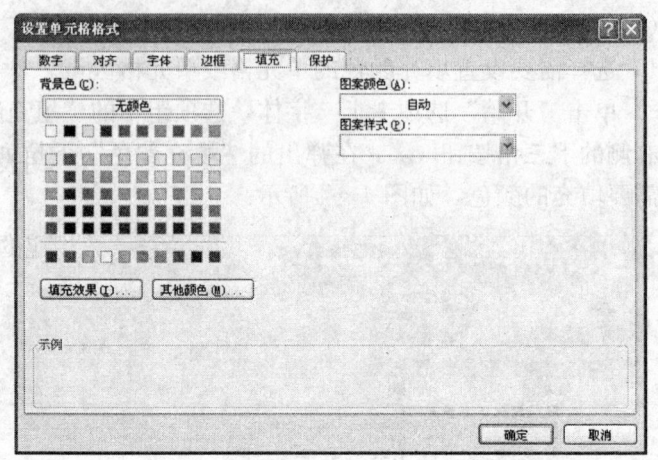

图 4—8 "设置单元格格式"对话框-"填充"选项卡

设置成相同格式,可以通过"格式刷"的功能来快速复制格式。

(1) 选择需要复制其格式的单元格或单元格区域。

(2) 单击"开始"选项卡上"剪贴板"选项组中的"格式刷"按钮 格式刷 。

(3) 选择需要复制格式的单元格,即可将被复制单元格的格式复制到当前单元格中。

> **提示**
>
> 在默认情况下,Excel 2007 中单击一次"格式刷"按钮,只能复制一次格式。若需要连续多次复制相同的格式时,用户可以双击"格式刷"按钮,这样就可以将选择的目标单元格格式连续复制给其他需要相同格式的单元格。

六、套用表格格式和单元格样式

用户可以通过 Excel 2007 提供的默认"表格格式"与"单

元格样式"选项来快速设置表格格式与单元格样式。

1. 套用表格格式

（1）选择需要套用表格格式的单元格或单元格区域。

（2）单击"开始"选项卡上"样式"选项组中"套用表格格式"按钮。

（3）在弹出的"套用表格格式"下拉列表中选择相应的样式选项，如图4—9所示，设置后的结果如图4—10所示。

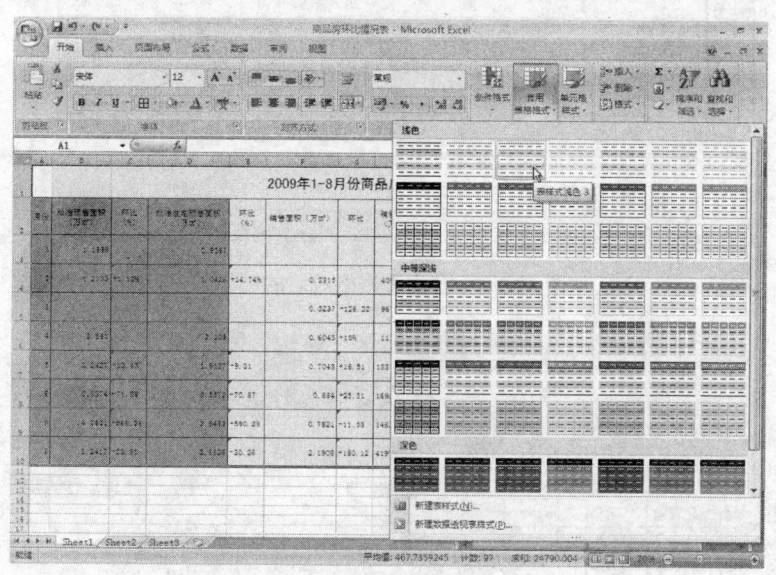

图4—9 "套用表格格式"下拉列表

2. 套用单元格样式

（1）选择需要套用单元格样式的单元格或单元格区域。

（2）单击"开始"选项卡上"样式"选项组中"单元格样式"按钮。

（3）在弹出的"单元格样式"下拉列表中选择相应的样式选项即可，如图4—11所示。

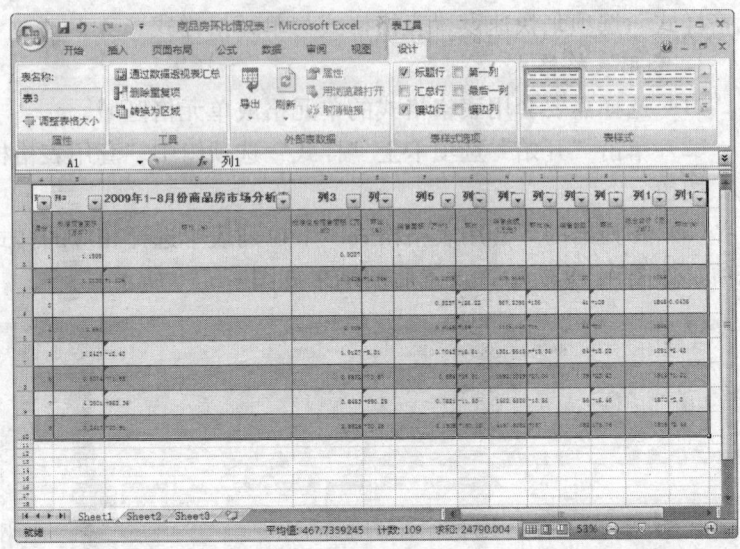

图 4—10 套用表格格式后的结果

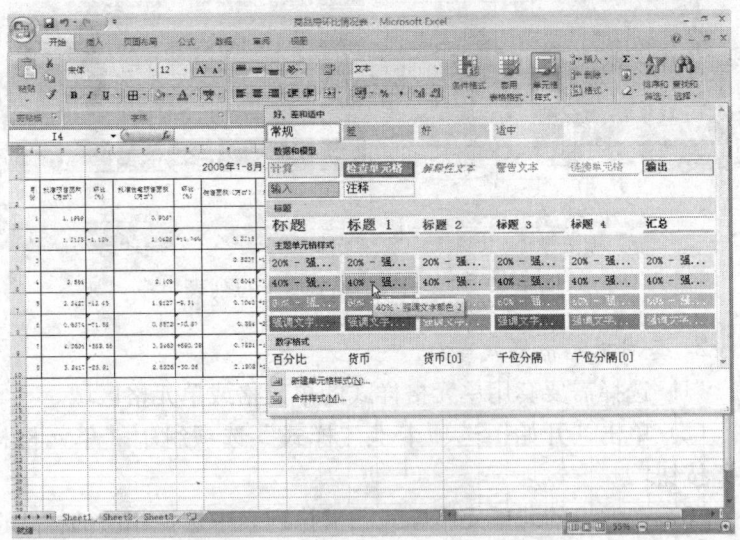

图 4—11 "单元格样式"下拉列表

七、清除单元格格式和内容

（1）选择需要清除单元格格式或内容的单元格。

（2）单击"开始"选项卡上"编辑"选项组中的"清除"按钮，在弹出的"清除"下拉菜单中选择"清除格式"或"清除内容"选项即可，如图4—12所示。

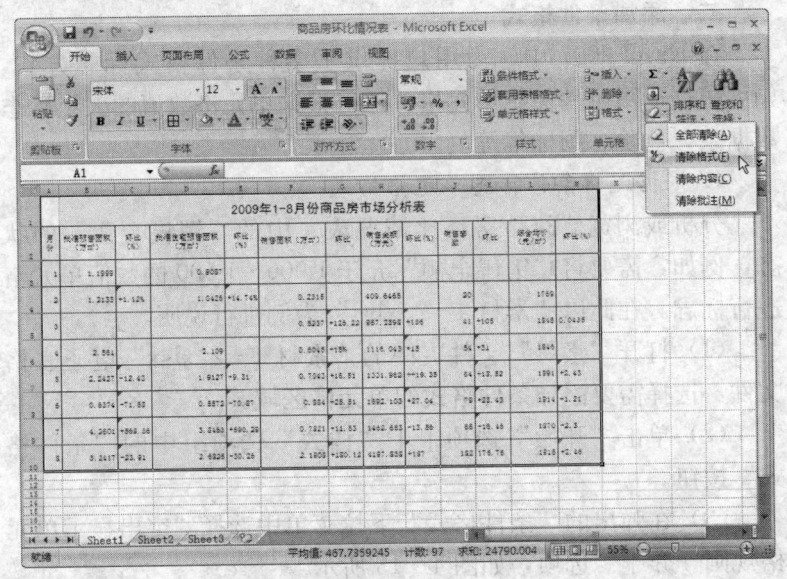

图4—12　清除单元格样式或内容

模块二　条件格式应用

学习目标：

1. 理解使用条件格式的作用。

2. 掌握添加条件格式、自定义条件格式、管理条件格式规则、修改或删除条件格式的操作。

一、使用条件格式

在对数据表格进行管理分析时,为了便于区别和查看表格数据,可以通过"条件格式"对满足条件或不满足条件的数据单元格设置不同的格式或表示方式,方便用户一目了然地认识和分析当前表格中的数据情况。

二、添加条件格式

在 Excel 2007 中,为用户提供了多种条件格式标志方式,如可根据逻辑条件标志单元格,还可根据单元格数值的大小标志数据条、色阶、图标集等。

1. 根据逻辑条件标志单元格格式

分析或浏览"商品房环比情况表"中的"销售金额"的状态,例如,需要将"销售金额"介于 1 000~1 500 的数值单元格进行标志。在此以"素材 4-2.xlsx"为例进行说明。

(1) 打开"素材"文件夹中的"素材 4-2.xlsx"电子表格文件,选择需要添加条件格式的单元格区域。

(2) 单击"开始"选项卡上"样式"选项组中的"条件格式"按钮。

(3) 在弹出的"条件格式"下拉菜单中选择"突出显示单元格规则→介于"选项,如图 4—13 所示。

(4) 在弹出的"介于"对话框中分别在前面两个文本框中输入数值(在此输入 1 000 和 1 500),选择"设置为"列表框,在弹出的"设置为"下拉列表中选择条件格式方案,在此选择的是"浅红填充色深红色文本"选项,单击"确定"按钮,如图 4—14 所示。设置结果如图 4—15 所示。

> **提示**
>
> Excel 2007 为用户提供了多种不同的逻辑条件,如大于、小于、介于、等于、发生日期、重复值等。在标志单元格的条件格式时,可以根据需要选择不同的逻辑条件。

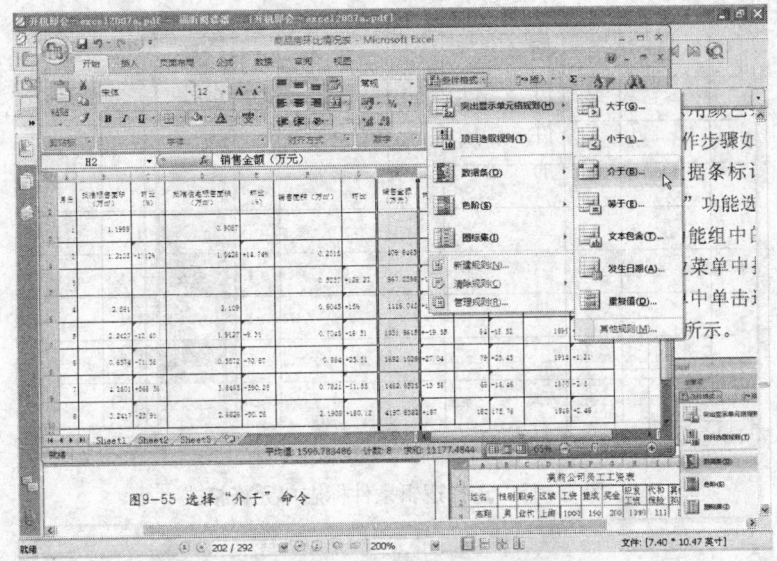

图4—13 "条件格式"级联菜单

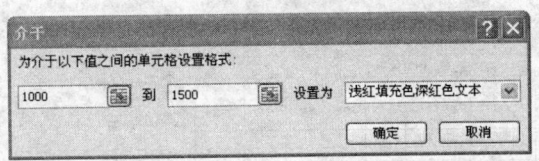

图4—14 "介于"对话框

2. 根据数据条标志单元格格式

在 Excel 2007 中，可以用颜色条的长短来标志单元格中数值的大小。在此以"素材 4-2.xlsx"为例进行说明。

（1）打开"素材"文件夹中的"素材 4-2.xlsx"电子表格文件，选择需要设置数据条标志格式的单元格区域。

（2）单击"开始"选项卡上"样式"选项组中的"条件格式"按钮。在弹出的"条件格式"下拉菜单的"数据条"级联菜单中选择相应数据条颜色选项即可，如图4—16所示。

· 125 ·

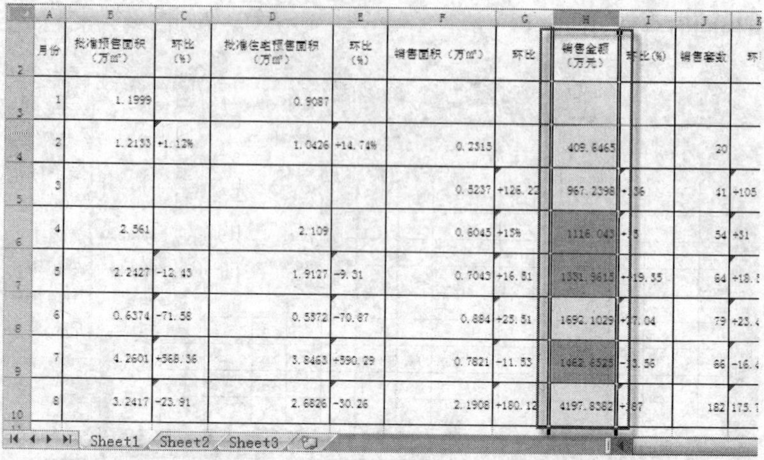

图4—15 选择逻辑条件标志单元格格式

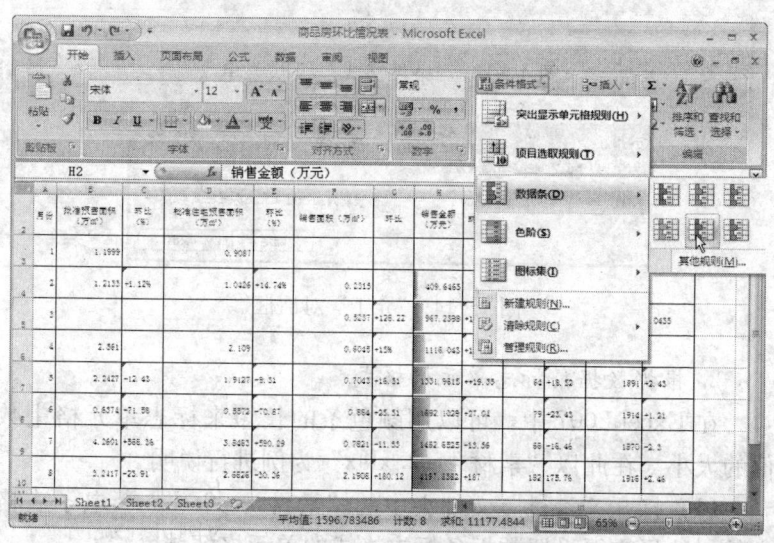

图4—16 选择数据条标志单元格格式

3. 根据色阶标志单元格格式

用户也可以通过色阶来标志不同数值单元格的格式。当数值线相同时,则用同一种颜色来标志单元格。在此以"素材4-2.xlsx"为例进行说明。

(1)打开"素材"文件夹中的"素材4-2.xlsx"电子表格文件,选择需要设置色阶标志的单元格区域。

(2)单击"开始"选项卡上"样式"选项组中的"条件格式"按钮,在弹出的"条件格式"下拉菜单的"色阶"级联菜单中选择相应色阶方案选项即可,如图4—17所示。

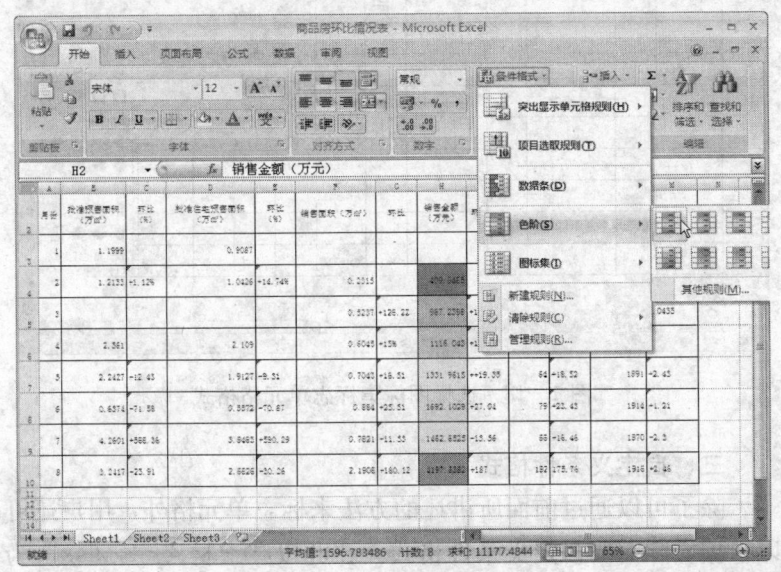

图4—17 选择色阶标志单元格格式

4. 根据图标集标志单元格格式

在Excel 2007中,还可以通过图标集的方式来标志单元格数值的大小关系。在此以"素材4-2.xlsx"为例进行说明。

(1)打开"素材"文件夹中的"素材4-2.xlsx"电子表格文件,选择需要设置图标集标志的单元格区域。

(2)单击"开始"选项卡上"样式"选项组中"条件格式"

按钮，在弹出的"条件格式"下拉菜单的"图标集"级联菜单中选择相应的图标集样式选项即可，如图4—18所示。

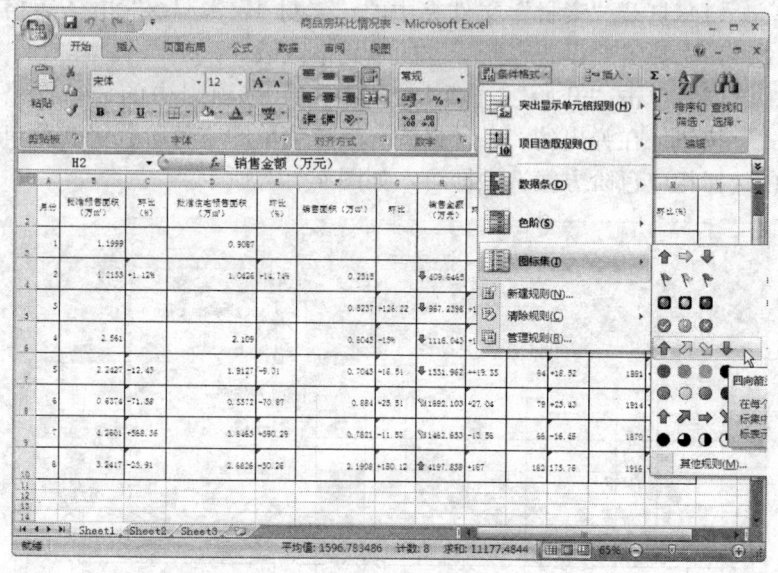

图4—18 选择图标集标志单元格格式

三、自定义条件格式

除了可以通过前面所讲述的方法来标志单元格外，用户还可以根据实际需要自定义条件格式。在此以"素材4-2.xlsx"为例进行说明。

（1）打开"素材"文件夹中的"素材4-2.xlsx"电子表格文件，选择需要设置条件格式的单元格区域。

（2）单击"开始"选项卡上"样式"选项组中的"条件格式"按钮，在弹出的"条件格式"下拉菜单中选择"新建规则"选项，如图4—19所示。

（3）在弹出的"新建格式规则"对话框的"选择规则类型"列表区域中选择规则类型（此处选择"仅对高于或低于平均值的

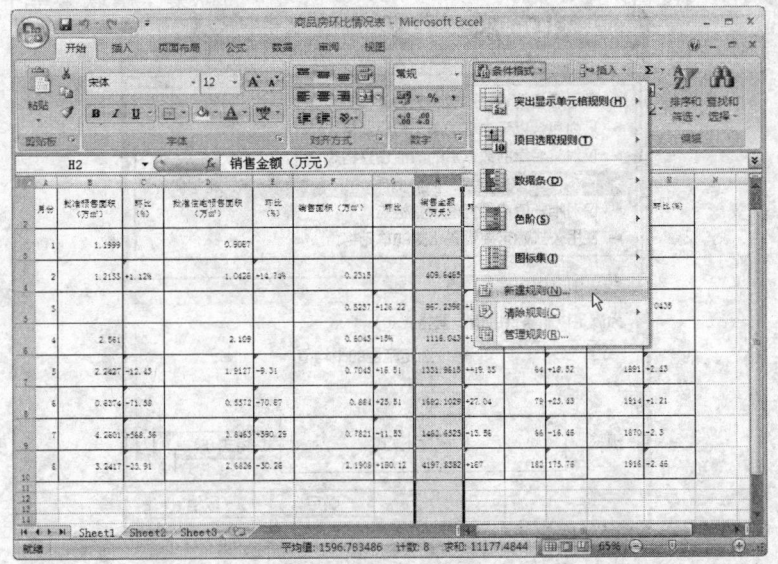

图 4—19 "条件格式"下拉菜单-"新建规则"

数值设置格式"选项)。单击"为满足以下条件的值设置格式"列表框,在弹出的下拉列表中选择相应条件值(此处选择"高于"),如图 4—20 所示。

(4)单击"格式"按钮,在弹出的"设置单元格格式"对话框中选择"字体"选项卡,设置满足条件的字体格式,如图 4—21 所示。

(5)选择"边框"选项卡,设置满足条件的边框格式,如图 4—22 所示。

(6)选择"填充"选项卡,设置满足条件的填充格式,最后单击"确定"按钮,如图 4—23 所示。

(7)返回到"新建格式规则"对话框,在该对话框的"预览"区域中可以预览到满足条件的单元格设置的结果,单击"确定"按钮完成设置,如图 4—24 所示。设置的自定义条件格式结果如图 4—25 所示。

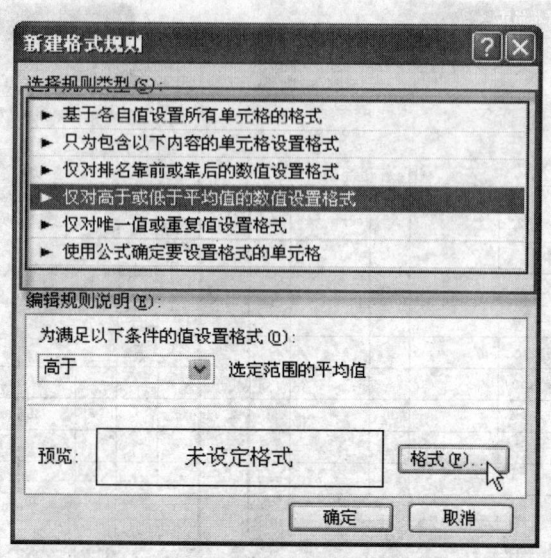

图 4—20 "新建格式规则"对话框

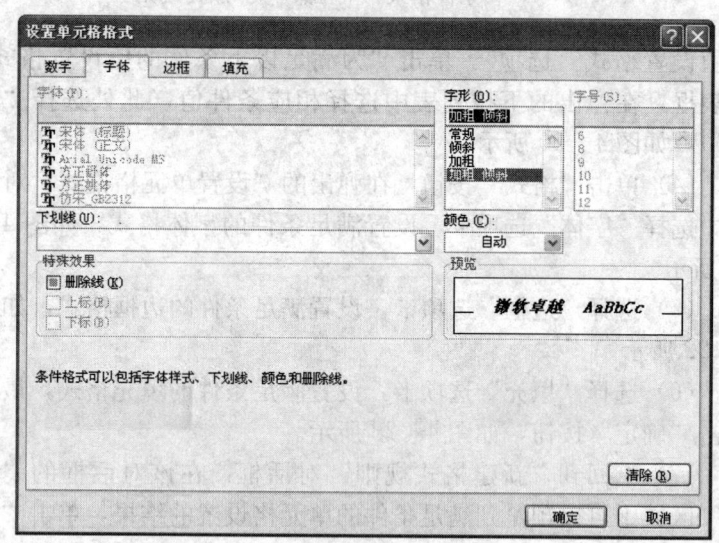

图 4—21 设置字体格式

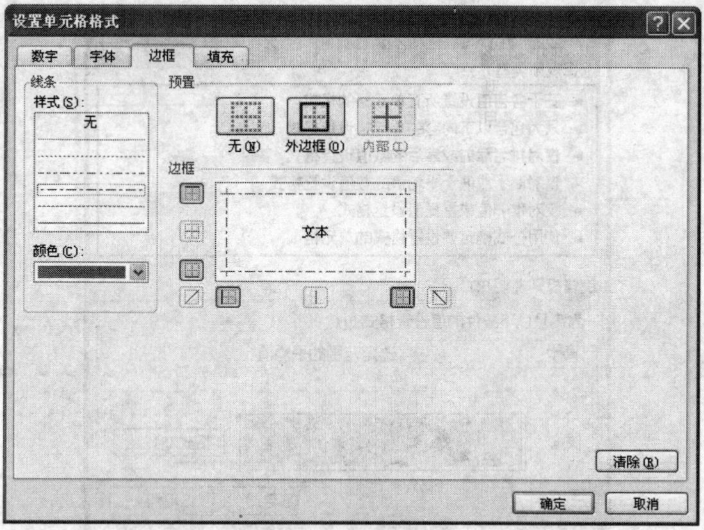

图 4—22 设置边框格式

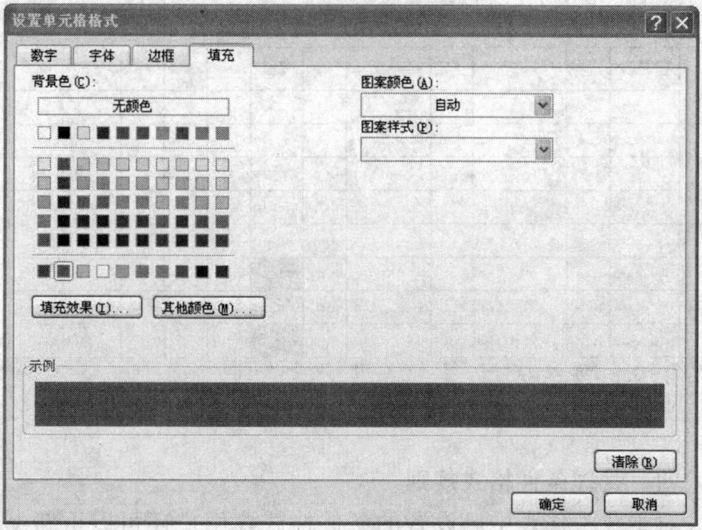

图 4—23 设置填充格式

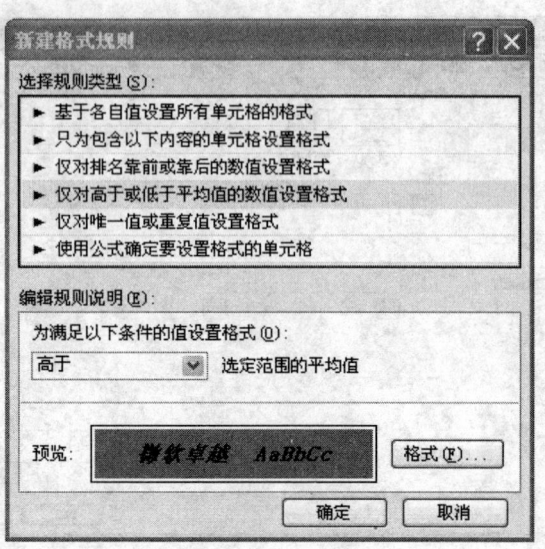

图 4—24 预览"填充"结果

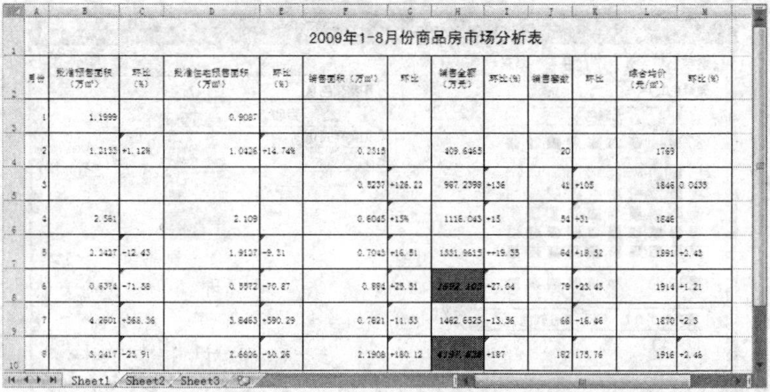

图 4—25 设置自定义条件结果

四、管理条件格式规则

对于在工作表中已设置的条件格式,用户还可以重新编辑、修改条件规则。在此以"素材 4-2.xlsx"为例进行说明。

（1）打开"素材"文件夹中的"素材4-2.xlsx"电子表格文件，选择已设置条件格式的单元格区域。

（2）单击"开始"选项卡上"样式"选项组中"条件格式"按钮，在弹出的"条件格式"下拉菜单中选择"管理规则"选项，如图4—26所示。

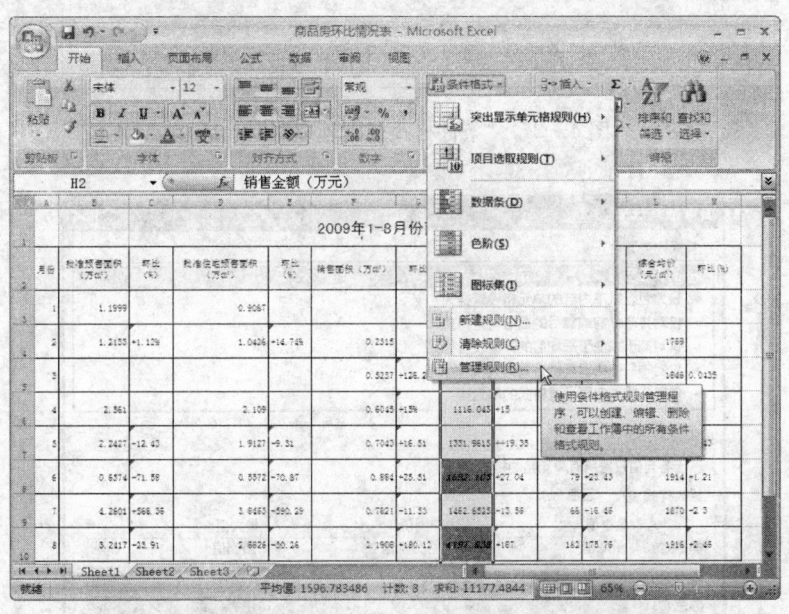

图4—26 "条件格式"下拉菜单-"管理规则"

（3）在弹出的"条件格式规则管理器"对话框中单击"编辑规则"按钮，如图4—27所示。

（4）在弹出的"编辑格式规则"对话框的"选择规则类型"列表区域中选择规则类型（此处选择"基于各自值设置所有单元格的格式"选项），然后在"编辑规则说明"选项区中设置相应的格式，最后单击"确定"按钮，如图4—28所示。

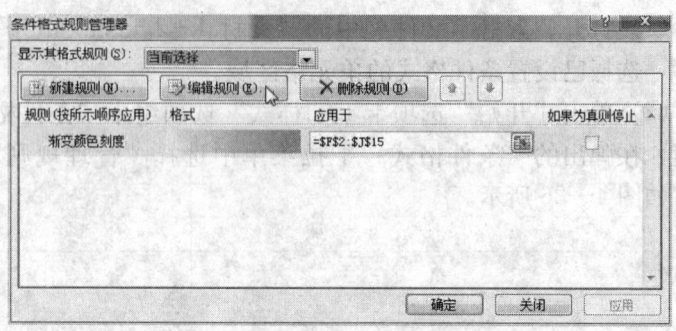

图 4—27 "条件格式规则管理器"对话框

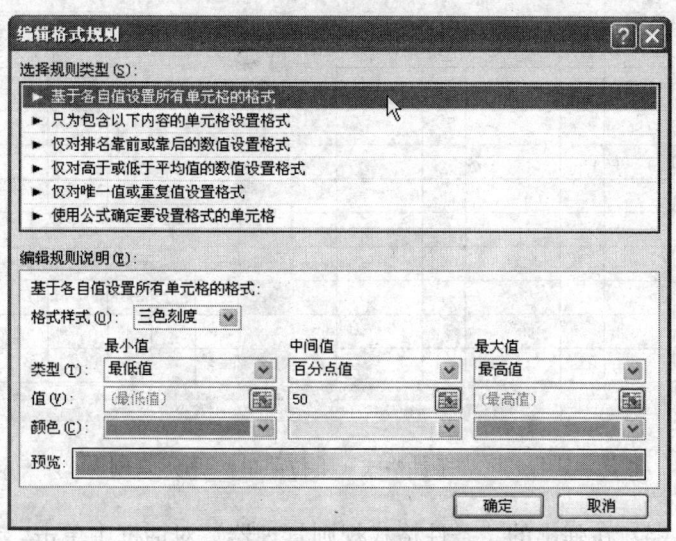

图 4—28 "编辑格式规则"对话框

(5) 在返回到的"条件格式规则管理器"对话框中单击"确定"按钮,完成条件格式规则的重新设置,设置结果如图 4—29 所示。

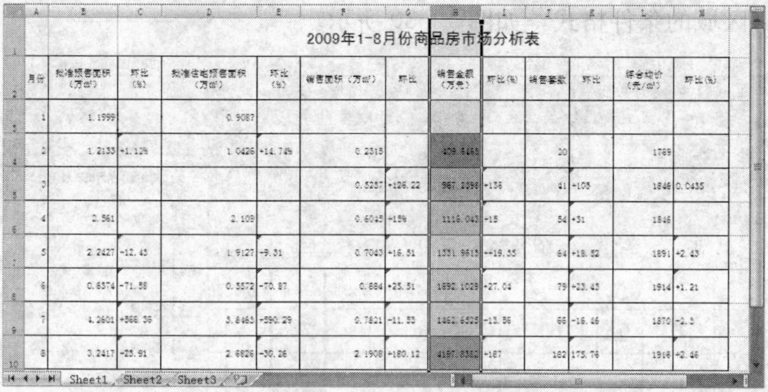

2009年1-8月份商品房市场分析表

月份	批准预售面积（万㎡）	环比（%）	批准住宅预售面积（万㎡）	环比（%）	销售面积（万㎡）	环比	销售金额（万元）	环比（%）	销售套数	环比	综合均价（元/㎡）	环比（%）
1	1.1999		0.9087									
2	1.2133	+1.12%	1.0426	+14.74%	0.2315		409.6465		20		1769	
3					0.5237	+126.22	967.2398	+136	41	+105	1846	0.0435
4	2.561		2.109		0.6045	+15%	1116.043	+15	54	+31	1846	
5	2.2427	-12.43	1.9127	-9.31	0.7043	+16.51	1331.9613	++19.35	64	+18.52	1891	+2.43
6	0.6374	-71.58	0.3572	-70.87	0.884	+25.51	1692.1029	+27.04	79	+23.43	1914	+1.21
7	4.2601	+568.36	3.8463	+590.29	0.7821	-11.53	1462.6525	-13.56	66	-16.46	1870	-2.3
8	3.2417	-23.91	2.6826	-30.26	2.1908	+180.12	4187.8382	+187	182	175.76	1916	+2.46

图 4—29　更改条件规则后的结果

提示

在“条件格式规则管理器”对话框中，还有“新建规则”和“删除规则”两个按钮。单击“新建规则”按钮，则可对选择的单元格重新创建一个新的规则；单击“删除规则”按钮，则可以删除所选单元格的条件规则。

五、删除条件格式

对单元格设置了条件格式后，若不需要某个条件格式规则时，可以进行删除。

1. 删除所选单元格区域条件格式

在此以“素材 4－2. xlsx”为例介绍删除所选单元格区域条件格式的方法。

(1) 打开“素材”文件夹中的“素材 4－2. xlsx”电子表格文件，选择工作表中需要删除条件格式的单元格区域。

(2) 单击“开始”选项卡上“样式”选项组中的“条件格式”按钮，在弹出的“条件格式”下拉菜单的“清除规则”级联菜单中选择"清除所选单元格的规则"选项,即可删除所选单元格区域的条件格式,如图4—30所示。

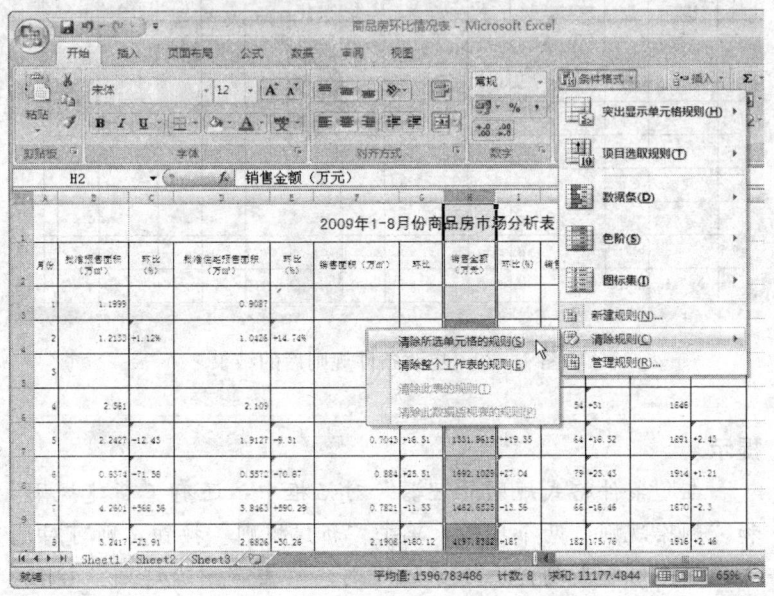

图4—30　清除所选单元格区域条件格式

2. 删除当前工作表已设置的所有条件格式

在此以"素材4-2.xlsx"为例介绍删除当前工作表已设置的所有条件格式的方法。

(1) 打开"素材"文件夹中的"素材4-2.xlsx"电子表格文件,选择工作表范围内的任意单元格。

(2) 单击"开始"选项卡上"样式"选项组中的"条件格式"按钮,在弹出的"条件格式"下拉菜单的"清除规则"级联菜单中选择"清除整个工作表的规则"选项,即可删除当前工作表已设置的所有条件格式,如图4—31所示。

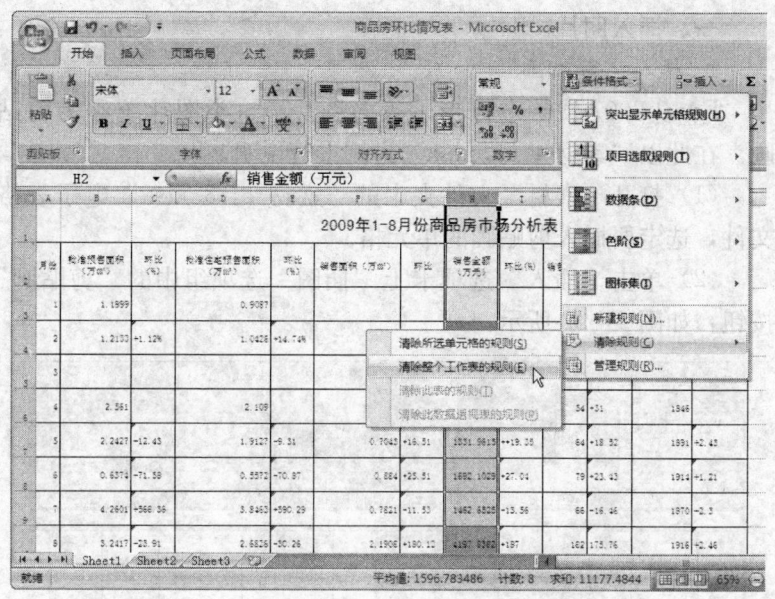

图4—31 删除当前工作表已设置的所有条件格式

模块三 图片、艺术字及图形操作

学习目标：
1. 理解绘制和编辑图形的操作方法。
2. 掌握插入和编辑图片、艺术字的操作方法。

在 Excel 2007 中，可以插入 Excel 2007 自带的剪贴画，以及计算机硬盘中存放的各种图形文件，还可以插入艺术字，绘制自选图形等各种图形对象，从而编辑出内容更加丰富、美观的电子表格。此模块在"素材4-3.xlsx"电子表格文件中进行操作说明。

一、插入图片

1. 插入"剪贴画"

Excel 2007 软件中自带了很多图片,这类图片统称为剪贴画。在此以"素材 4-3.xlsx"为例进行说明。

(1) 打开"素材"文件夹中的"素材 4-3.xlsx"电子表格文件,选定要插入剪贴画的单元格。

(2) 单击"插入"选项卡上"插图"选项组中的"剪贴画"按钮,如图 4—32 所示。

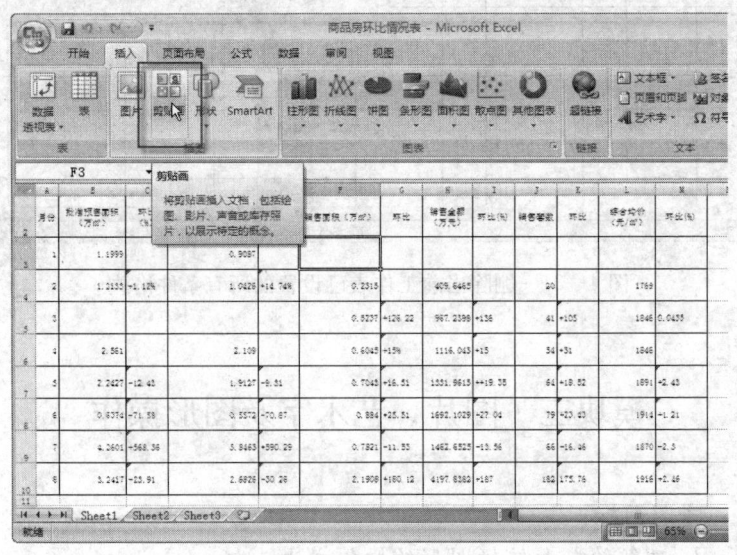

图 4—32 插入"剪贴画"操作

(3) 在工作窗口的右侧弹出"剪贴画"任务窗格,在其中"搜索文字"文本框中输入要插入的剪贴画类型(此处输入"比赛"),单击"搜索"按钮,如图 4—33 所示。

(4) 找到要插入的"剪贴画"并单击该剪贴画右侧下拉按钮,在弹出的"剪贴画"下拉菜单中选择"插入"选项,如图 4—34 所示。插入剪贴画的结果如图 4—35 所示。

图 4—33 搜索剪贴画

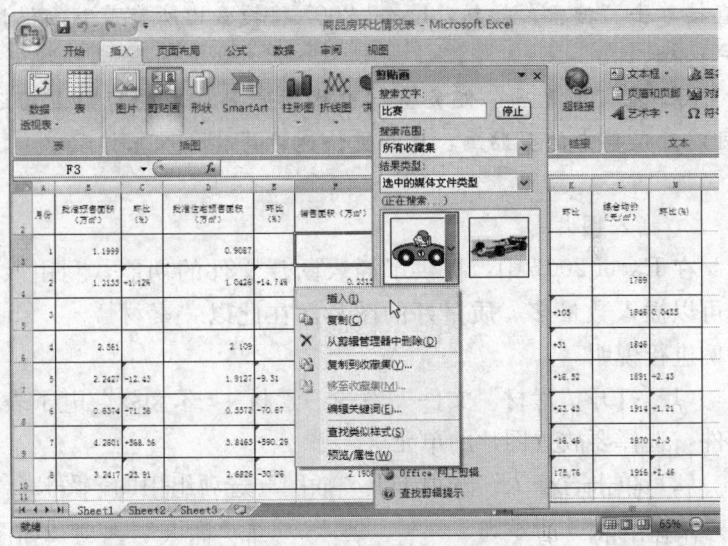

图 4—34 剪贴画"插入"选项

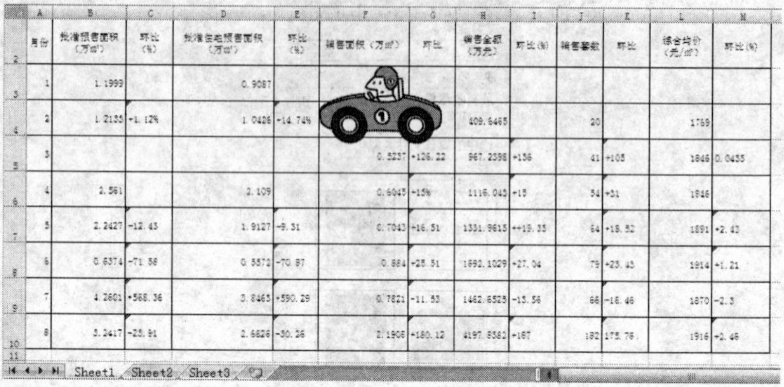

月份	我省销售面积(万m²)	环比(%)	我省住宅销售面积(万m²)	环比(%)	销售面积(万m²)	环比(%)	销售金额(万元)	环比(%)	销售套数	环比(%)	销售均价(元/m²)	环比(%)
1	1.1999		0.9087									
2	1.2135	+1.12	1.0426	-14.74			409.6465		20		1769	
3					0.5237	+26.22	967.2598	+136	41	+105	1846	0.0435
4	2.361		2.109		0.6043	+15%	1116.043	+12	34	+31	1846	
5	2.2427	-12.43	1.9127	-9.31	0.7043	+16.51	1331.9615	++19.35	64	+16.92	1891	+2.42
6	0.6374	-71.58	0.5572	-70.87	0.884	+25.51	1692.1029	+27.04	79	+23.43	1914	+1.21
7	4.2601	+588.36	3.8463	+590.29	0.7821	-11.53	1462.6525	-15.36	66	-16.46	1870	-2.3
8	3.3417	-20.91	2.6826	-30.26	2.1906	+180.12	4197.5382	+187	182	175.76	1916	+2.46

图 4—35 插入剪贴画的结果

> **提示**
>
> 1. 在"剪贴画"任务窗格中,若用户不知道插入的剪贴画的类别,可以不必在"搜索文字"文本框中输入文字,只需直接单击"搜索"按钮,Excel 2007 将搜索出所有剪贴画供用户选择。
>
> 2. 在"剪贴画"任务窗格中找到所要插入的剪贴画后还可以直接单击该剪贴画,从而更快速地将其插入工作表中。

2. 插入图片

在 Excel 2007 中,提供了插入图片文件的功能,利用该功能可以插入数量多、质量好的图片。在此以"素材 4-3.xlsx"为例进行说明。

(1) 打开"素材"文件夹中的"素材 4-3.xlsx"电子表格文件,选择要放置图片的单元格。

(2) 单击"插入"选项卡上"插图"选项组中的"图片"按钮,如图 4—36 所示。

(3) 在弹出的"插入图片"对话框的"查找范围"列表框

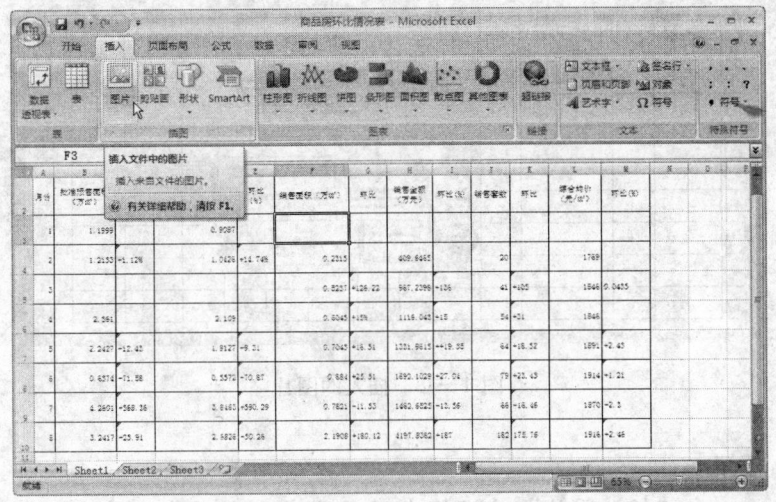

图 4—36 插入"图片"操作

中,选择图片所在硬盘上的位置,最后单击"插入"按钮,如图 4—37 所示。插入图片的结果如图 4—38 所示。

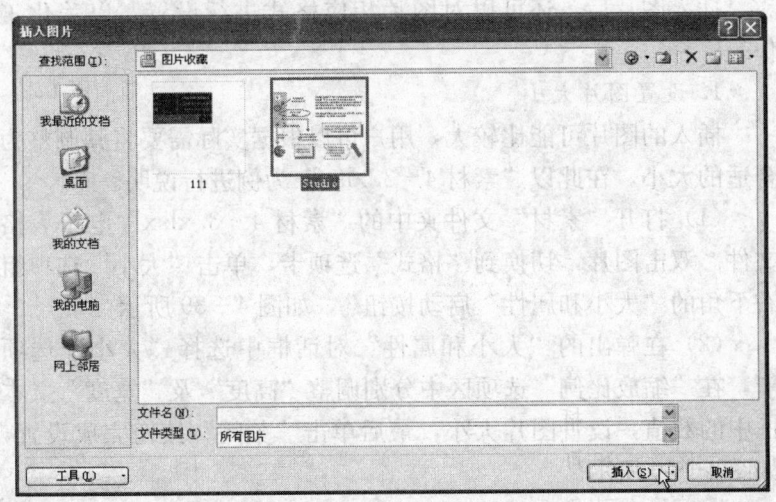

图 4—37 "插入图片"对话框

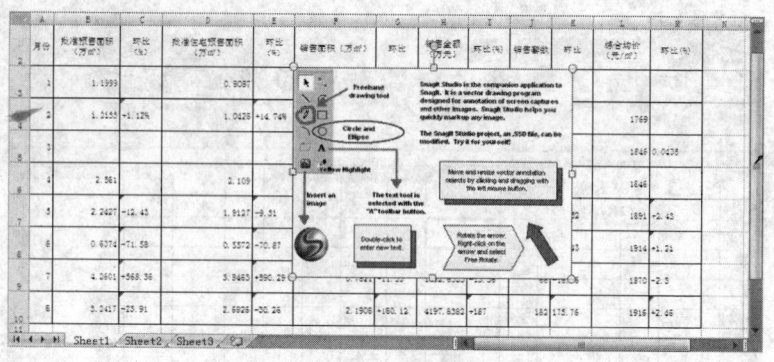

图 4—38　插入的图片

> **提示**
> 在"插入图片"对话框中同时选中多个图片后单击"插入"按钮,可以一次性插入多张图片。

二、编辑图片

插入图片后,还可以对图片相应格式进行设置,以美化工作表。

1. 设置图片大小

插入的图片可能比较大,用户可以根据实际需要将其调整为合适的大小。在此以"素材 4‑3.xlsx"为例进行说明。

(1) 打开"素材"文件夹中的"素材 4‑3.xlsx"电子表格文件。双击图片,切换到"格式"选项卡,单击"大小"选项组右下角的"大小和属性"启动按钮,如图 4—39 所示。

(2) 在弹出的"大小和属性"对话框中选择"大小"选项卡,在"缩放比例"选项区中分别调整"高度"及"宽度"文本框中的数值,设置图片大小,最后单击"关闭"按钮完成设置,如图 4—40 所示。

图4—39 "格式"选项卡

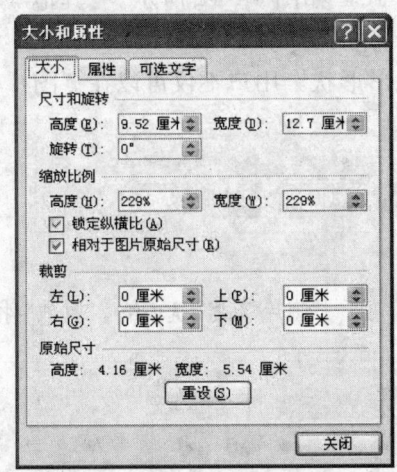

图4—40 "大小和属性"对话框-"大小"选项卡

提示

1. 在如图4—40所示的"大小和属性"对话框中若勾选"锁定纵横比"复选按钮,则调整高度或宽度数值时,其宽度或高度会同时发生变化,即对图片是按比例进行放大或缩小。

2. 单击选中图片后,图片四边的中间会出现小矩形,四个角会出现小圆圈,将鼠标指针指向这些矩形或圆圈处,指针会变成双向箭头,此时按住左键进行拖曳,也可以调整图片大小。

2. 设置图片显示样式

(1)"其他"样式。对于所插入的图片,可以调整显示区域样式。

双击选中图片,切换到"格式"选项卡。单击"图片样式"选项组中的"其他"按钮,在弹出的"其他"下拉列表中选择图片显示样式,如图 4—41 所示。"其他"样式如图 4—42 所示。

(2)设置图形形状。用户不仅可以在"图片样式"选项组中

图 4—41 "图片样式"选项组-"其他"按钮

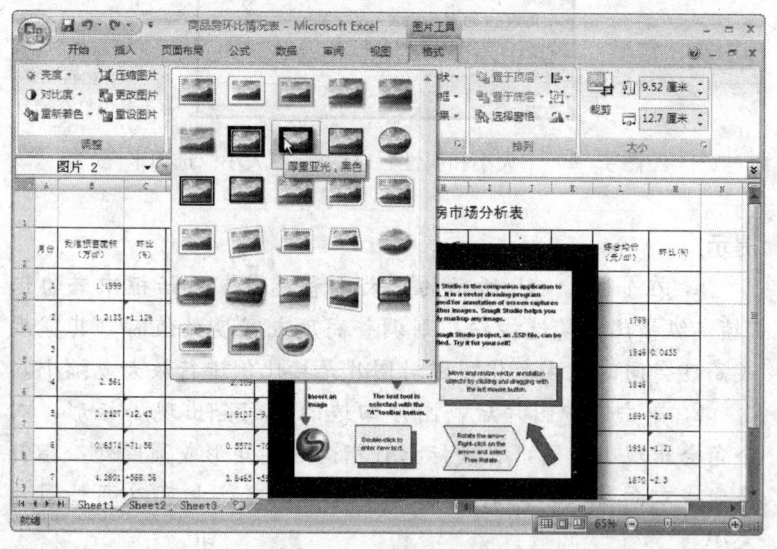

图 4—42 "其他"样式

的"其他"列表中选择满意的样式,而且还可以将图片的显示区域设置成自选图形。以"素材4-3.xlsx"为例进行说明。

1)打开"素材"文件夹中的"素材4-3.xlsx"电子表格文件,双击选中图片,切换到"格式"选项卡。

2)单击"图片样式"选项组中的"图片形状"按钮,在其下拉列表中选择图形形状,如图4—43所示。则所选图片就具有当前所选图形形状。

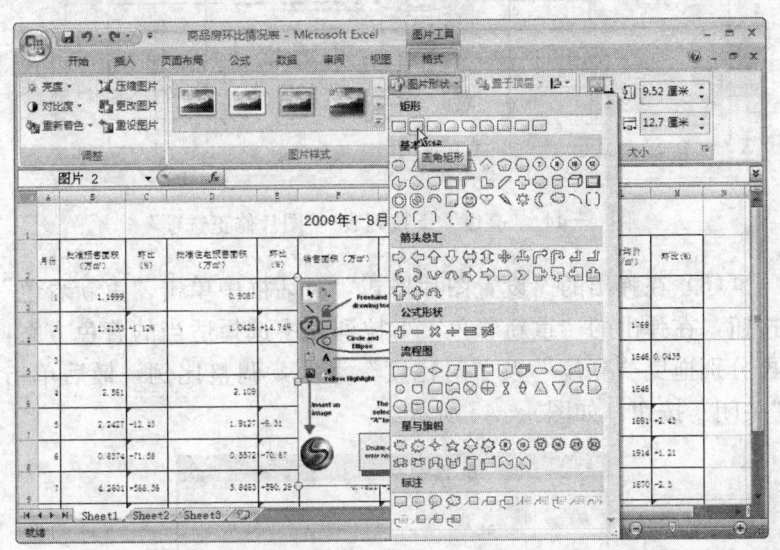

图4—43 选择图形形状

3. 调整图片亮度和对比度

对于所插入的图片,可以调整亮度、对比度,还可以为图片重新着色。以"素材4-3.xlsx"为例进行说明。

(1)打开"素材"文件夹中的"素材4-3.xlsx"电子表格文件,双击选中图片,切换到"格式"选项卡。

(2)单击"调整"选项组中的"亮度"按钮,在弹出的"亮度"下拉列表中选择"图片修正选项"选项,如图4—44所示。

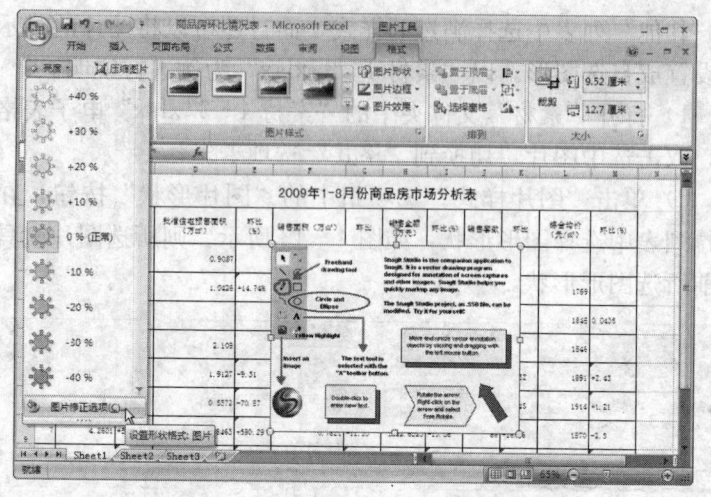

图 4—44 "亮度"下拉列表-"图片修正选项"

(3) 在弹出的"设置图片格式"对话框中单击"重新着色"按钮,在弹出的"重新着色"下拉列表中选择适当的着色方案,再分别拖曳"亮度"及"对比度"滑块,调整比例,最后单击"关闭"按钮,如图 4—45 所示。

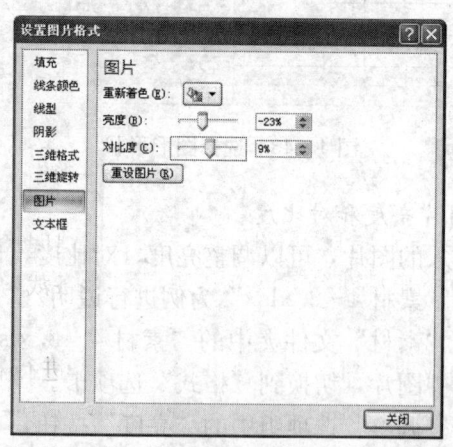

图 4—45 "设置图片格式"对话框

4. 裁剪图片

(1) 粗略裁剪。对于插入的图片,可以对其进行裁剪,只保留图片的局部。以"素材 4-3.xlsx"为例进行说明。

1) 打开"素材"文件夹中的"素材 4-3.xlsx"电子表格文件,双击选中图片,切换到"格式"选项卡。

2) 单击"大小"选项组中的"裁剪"按钮,如图 4—46 所示。

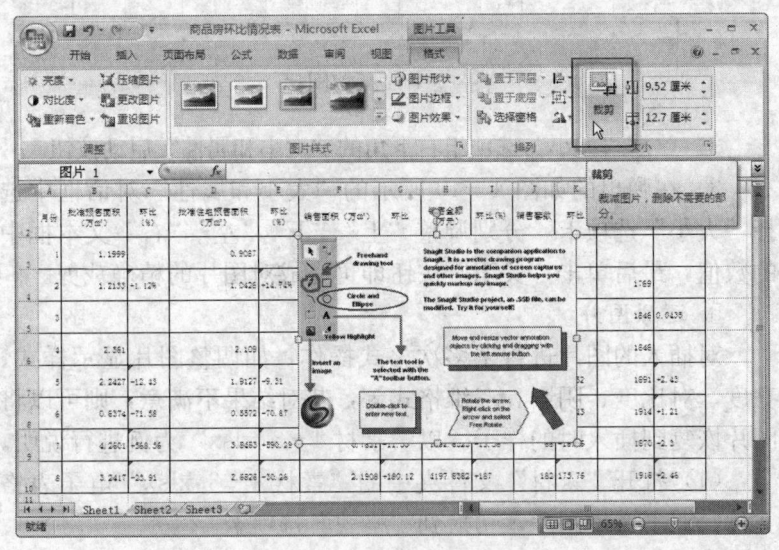

图 4—46 选择图片-"裁剪"选项

3) 将鼠标指针指向裁剪控点,按住左键向图片内侧拖曳,至合适的位置松开左键即可完成对图片的粗略裁剪,如图 4—47 所示。

(2) 精确裁剪。对于插入的图片还可以进行精确裁剪。以"素材 4-3.xlsx"为例进行说明。

1) 打开"素材"文件夹中的"素材 4-3.xlsx"电子表格文件,双击选中图片,切换到"格式"选项卡。

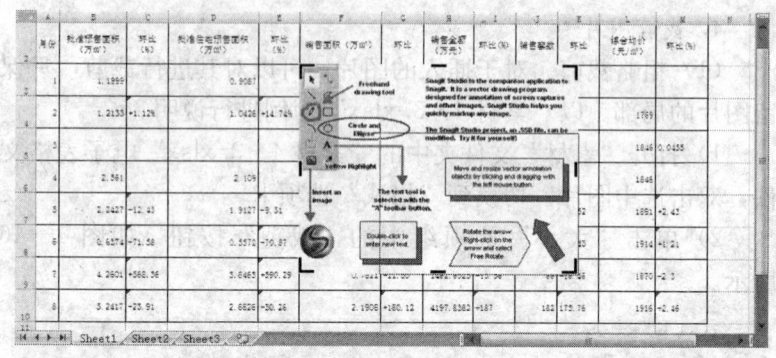

图 4—47 裁剪图片

2）单击"大小"选项组右下角的"大小和属性"启动按钮。

3）在弹出的如图 4—40 所示的"大小和属性"对话框中选择"大小"选项卡，分别调整"上""下""左""右"文本框中的数值，最后单击"关闭"按钮即可完成对图片的精确裁剪。

5．还原图片

对插入的图片进行了多次格式操作，如调整图片显示样式、亮度、对比度、阴影、三维格式等，若对结果不满意，则可以将图片恢复到插入时的样子。以"素材 4-3.xlsx"为例进行说明。

（1）打开"素材"文件夹中的"素材 4-3.xlsx"电子表格文件，双击选中图片，切换到"格式"选项卡。

（2）单击"调整"选项组中的"重设图片"按钮，如图 4—48 所示，即可完成还原图片的操作。

6．更改图片

若用户对当前所插入的图片不满意，可以直接将该图片更换成其他图片。以"素材 4-3.xlsx"为例进行说明。

（1）打开"素材"文件夹中的"素材 4-3.xlsx"电子表格文件，双击选中图片，切换到"格式"选项卡。

（2）单击"调整"选项组中的"更改图片"按钮，如图 4—49 所示。

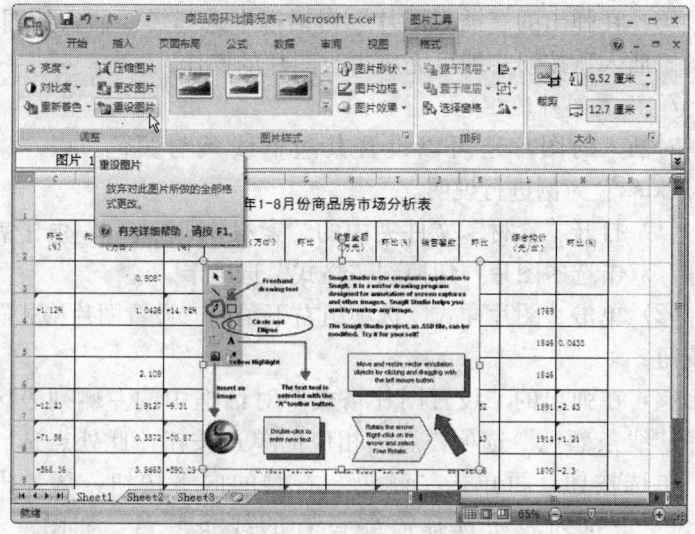

图 4—48 还原图片操作

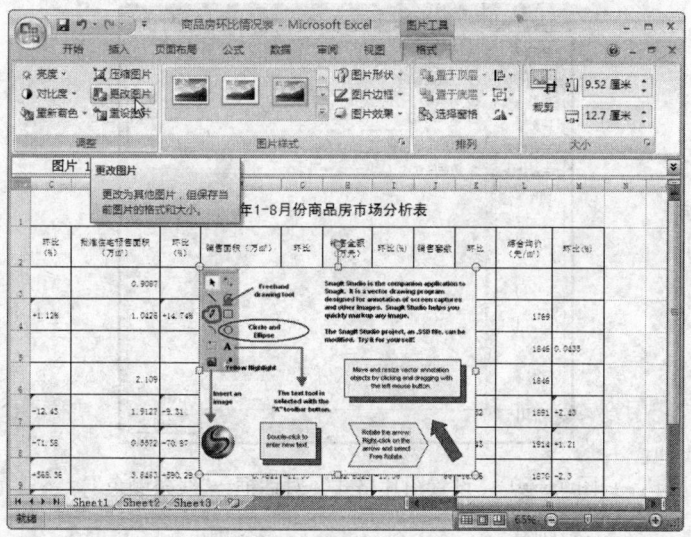

图 4—49 更改图片操作

· 149 ·

(3)在弹出的"插入图片"对话框中选择需要插入的图片,单击"插入"按钮,即可完成更改图片的操作。

7. 设置图片边框

对插入的图片还可以设置其边框线条与颜色。以"素材4-3.xlsx"为例进行说明。

(1)打开"素材"文件夹中的"素材4-3.xlsx"电子表格文件,双击选中图片,切换到"格式"选项卡。

(2)单击"图片样式"选项组右下角的"设置图片格式"启动按钮。

(3)在弹出的"设置图片格式"对话框中的左侧列表区域选择"线条颜色"选项,点选相应的单选按钮,此处点选"实线"单选按钮,再单击"颜色"右侧的向下按钮,从弹出的"颜色"下拉列表中选择需要设置的线条颜色,如图4—50所示。

图4—50 "设置图片格式"对话框-"线条颜色"

(4)选择"线型"选项,然后在"线型"选区中设置线条宽度、类型等内容,最后单击"关闭"按钮,如图4—51所示。

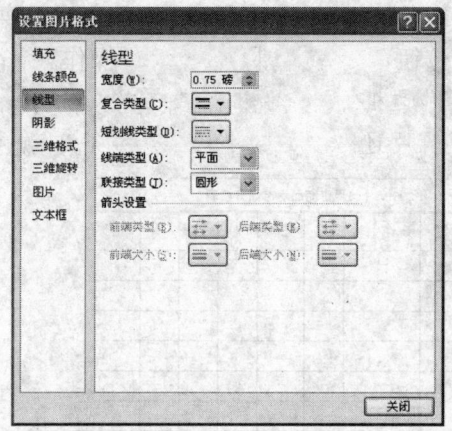

图 4—51 "设置图片格式"对话框-"线型"

三、插入艺术字

在工作表中插入艺术字,能够美化工作表,增强视觉效果。在此以"素材 4-3.xlsx"为例进行说明。

(1) 打开"素材"文件夹中的"素材 4-3.xlsx"电子表格文件。

(2) 单击"插入"选项卡上"文本"选项组中的"艺术字"按钮,在弹出的"艺术字"下拉列表中单击选择艺术字样式,如图 4—52 所示。

(3) 输入插入艺术字的文字内容,如在此输入"2009年1—8月份商品房市场分析表",结果如图 4—53 所示。

四、编辑艺术字

1. 添加、修改或删除艺术字

插入艺术字后,有时还要进行修改或删除部分艺术字或全部文字。在此以"素材 4-3.xlsx"为例进行说明。

(1) 打开"素材"文件夹中的"素材 4-3.xlsx"电子表格文件。

(2) 将鼠标指针指向添加、修改或删除文字的位置,左击确

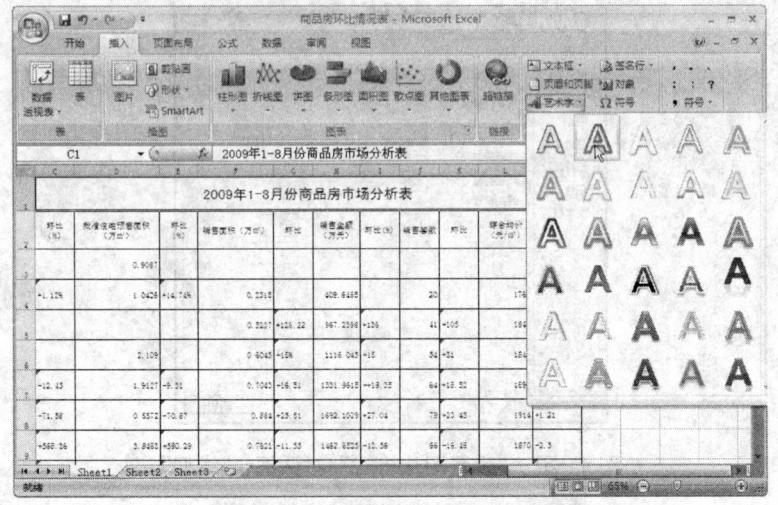

图 4—52 选择艺术字

图 4—53 插入艺术字

定插入点,如图 4—54 所示。

(3)可在插入点上添加、修改、删除艺术字内容,修改完成后,在艺术字范围外的任意单元格中左击即可完成添加、修改或删除艺术字操作。

2. 设置艺术字效果

可以将艺术字中各部分文字设置成不同的效果。以"素材

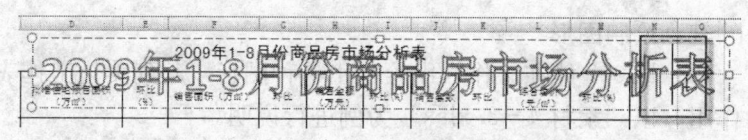

图 4—54　光标定位

4-3.xlsx"为例进行说明。

（1）打开"素材"文件夹中的"素材 4-3.xlsx"电子表格文件，选择艺术字中的部分文字，单击"格式"选项卡。

（2）单击"艺术字样式"选项组中的"其他"按钮，在弹出的"艺术字样式"下拉列表的"应用于所选文字"区域中选择相应的选项，即完成设置艺术字效果的操作，如图4—55所示。

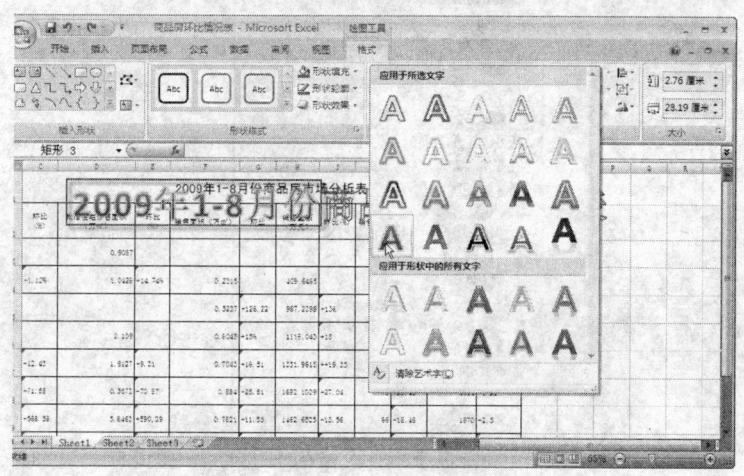

图 4—55　设置艺术字

提示

艺术字也是一种图形，可以将其当成一个图形进行处理，如可对其设置形状填充、形状轮廓、形状效果、旋转、阴影、三维等格式的操作。

五、绘制图形

Excel 2007 能在工作表中绘制出各种图形,起到美化工作表的作用。以"素材 4-3.xlsx"为例进行说明。

(1)打开"素材"文件夹中的"素材 4-3.xlsx"电子表格文件。

(2)单击"插入"选项卡上"插图"选项组中的"形状"按钮,在弹出的"形状"下拉列表中选择相应的图形选项,如图 4—56 所示。

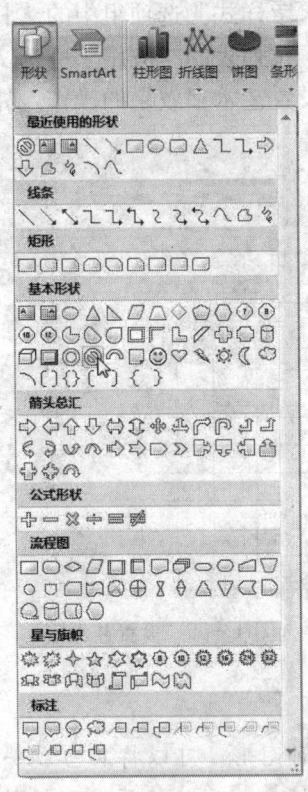

图 4—56 "形状"下拉列表

(3) 按住左键在工作表内进行拖曳即可绘制出一个图形,如图 4—57 所示。

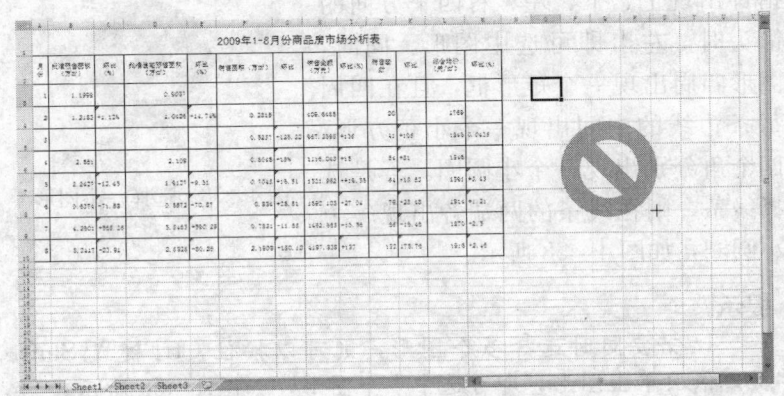

图 4—57 绘制自选图形

提示

1. 单击"插入"选项卡上"插图"选项组中"形状"按钮,在弹出的"形状"下拉列表中单击某个图形选项后,鼠标指针变成"十"形状,此时在工作表中左击,也可以绘制出一个相应的图形。

2. 在弹出的"形状"下拉列表中可以看出,自选图形分为"线条""矩形""基本形状""箭头总汇""公式形状""流程图""星与旗帜"及"标注"八种类型,列表顶端"最近使用的形状"中显示的是最近使用过的图形选项。

六、编辑图形

对于绘制的各种自选图形,既可以设置大小、旋转,以及对多个图形进行叠放层次的设置、对齐方式的设置,还可以将多个图形组合成一个图形。

1. 选中图形

将鼠标指针指向图形范围，鼠标指针出现上、下、左、右四个方向的箭头时，左击即可选中图形。同时，图形四周出现一个矩形框，且在四周每条边线的中间出现一个小正方形，四个角分别出现一个小圆圈。若是选择线条，则在线条的两端各出现一个小圆圈，如图4—58所示。

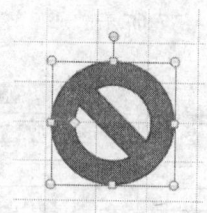

图4—58 选择一个图形

提示

1. 若要同时选择多个图形，则可以按住Ctrl键或Shift键，依次单击图形，即可选中多个图形，如图4—59所示。

2. 按住Ctrl键或Shift键，再单击已经被选中的图形，则可以取消对该图形的选择。

3. 若对所有图形都取消选择，则在图形区域外单击任意一个单元格即可。

2. 移动图形

图形也可以像数据一样进行移动。可以在同一张工作表之间进行移动，也可以在不同工作表之间进行移动。以"素材4-3.xlsx"为例进行说明。

（1）打开"素材"文件夹中的"素材4-3.xlsx"电子表格文件，选择工作表Sheet1。选中要移动的图形。

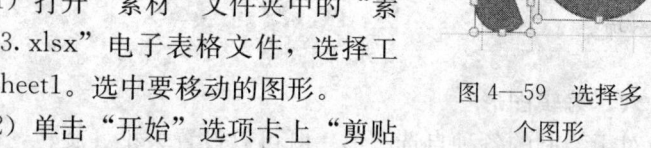

图4—59 选择多个图形

（2）单击"开始"选项卡上"剪贴板"选项组中的"剪切"按钮，如图4—60所示。

（3）单击选择要放置图形的新工作表或新位置，在此选择工作

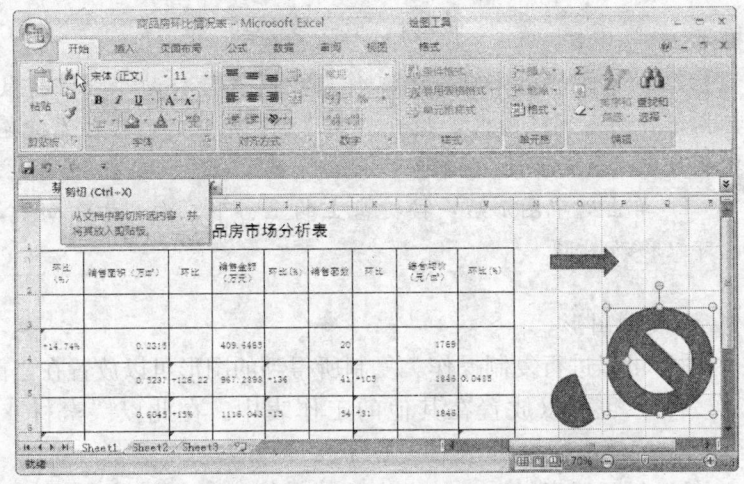

图 4—60　图形"剪切"操作

表 Sheet2，单击"剪贴板"选项组中的"粘贴"按钮，则在工作表 Sheet1 中的图形就被移动到了工作表 Sheet2，如图 4—61 所示。

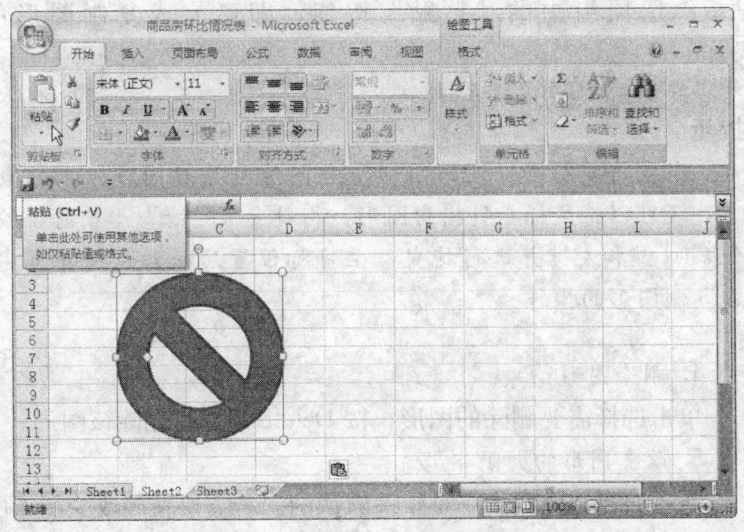

图 4—61　图形"粘贴"操作

> **提示**
> 1. 如果图形是在同一张工作表之间进行移动,可以将鼠标指针指向图形范围内,指针变成"十"形状时,按住左键拖曳至目标位置后松开左键即可。
> 2. 单击选中图形后,按键盘上的上、下、左、右方向键,也可以移动图形。

3. 复制图形

图形可以进行复制操作。复制所得到的图形可以放置在当前工作表中,也可以放置在其他的工作表中。在此以"素材4-3.xlsx"为例进行说明。

(1) 打开"素材"文件夹中的"素材4-3.xlsx"电子表格文件,选中要复制的图形。

(2) 单击"开始"选项卡"剪贴板"选项组中的"复制"按钮。确定要放置图形的位置,再单击"开始"选项卡"剪贴板"选项组中的"粘贴"按钮,即可完成复制图形的操作。

> **提示**
> 若要将复制所得到的图形与原图形放置在同一张工作表中,还可以将鼠标指针指向图形,指针变成"十"形状时,按住Ctrl键和左键并进行拖曳,至目标位置后松开左键即可完成复制图形的操作。

4. 删除图形

单击选择需要删除的图形,按Delete键即可删除该图形。

5. 改变图形的大小

插入的自选图形大小是软件默认的。若需要精确改变图形的高度与宽度,则需要对图形设置大小。

(1) 双击选中图形,单击"格式"选项卡上"大小"选项组右下角的"大小和属性"启动按钮,弹出如图 4—40 所示的"大小和属性"对话框,选择"大小"选项卡。

(2) 在"尺寸和旋转"选区中分别调整"高度"及"宽度"文本框中的数值,单击"关闭"按钮即可完成改变图形大小的操作。

> **提示**
>
> 1. 若只需要将图形在现有的基础上稍稍调大或调小,不用精确设置,可单击选中图形,让图形四边及四个角出现方框及圆圈控点,将鼠标指针指向这些控制点,当鼠标变成左右或上下或倾斜的双向箭头时,按住左键进行拖曳即可调整图形大小。
>
> 2. 通过鼠标拖曳调整图形大小时,按住 Ctrl 键,则图形以中心为原点,向四周伸缩;按住 Shift 键,则图形按比例进行放大或缩小。

6. 旋转图形

对于绘制的自选图形,用户可以进行水平、垂直、向左或向右的旋转。对图形进行旋转操作,让其更符合用户的实际需要。

(1) 双击选中要求进行旋转操作的图形。

(2) 单击"格式"选项卡上"排列"选项组中的"旋转"按钮,在弹出的"旋转"下拉菜单中选择相应的旋转选项即可完成旋转图形的操作,如图 4—62 所示。

> **提示**
>
> 1. 在如图 4—62 所示的"旋转"下拉菜单中,用户若选择"其他旋转选项"选项,则会弹出"大小和属性"对话框,在

"尺寸和旋转"选项区的"旋转"文本框中输入相应的数值,或单击"旋转"文本框右侧的微调按钮,都可以设置图形的任意角度旋转。

2. 如果对图形旋转角度没有明确要求,还可以用鼠标直接拖曳图形旋转。当单击选中图形时,会出现一个绿色的小圆圈,鼠标指向该小圆圈,指针就会变成半圆形状,此时按住左键进行拖曳,也可对图形进行旋转。

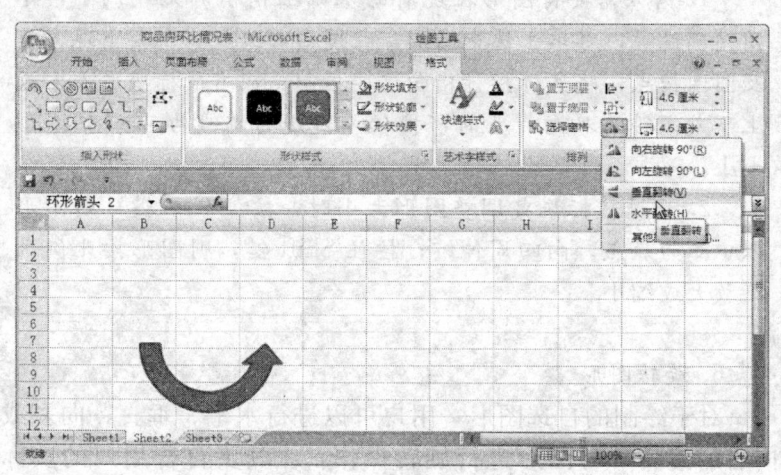

图 4—62 设置旋转图形

7. 设置图形叠放层次

插入多个图形后,每一个图形都处于一个层次,最先插入的图形在底层,最后插入的图形在顶层。若要将下一层的图形移至上层,就需要设置图形的叠放层次。

(1) 双击要调整叠放层次的图形,选中图形,切换到"格式"选项卡。

(2) 单击"排列"选项组中的"置于顶层"按钮右侧的向下

按钮 ，在弹出的下拉菜单中选择"置于顶层"或"上移一层"选项,如图4—63所示,调整后的结果如图4—64所示。

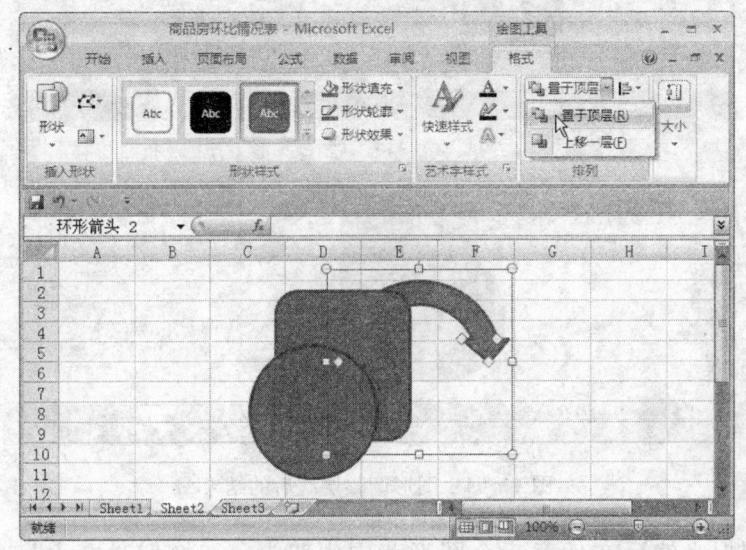

图4—63 调整图形叠放层次

提示

1. 若将图形向下层移动,则在"排列"选项组中单击"置于底层"右侧的向下按钮,并在弹出的下拉菜单中选择相应选项。

2. 若将选中的图形置于顶层或底层,则可以直接选择"排列"选项组中的"置于顶层"或"置于底层"选项。

8. 对齐图形

当工作表中插入多个图形时,这些图形的排列可能是杂乱无章的,用户可以设置对齐方式,使其排列整齐。

(1) 按住 Ctrl 键或 Shift 键,依次单击要设置对齐方式的

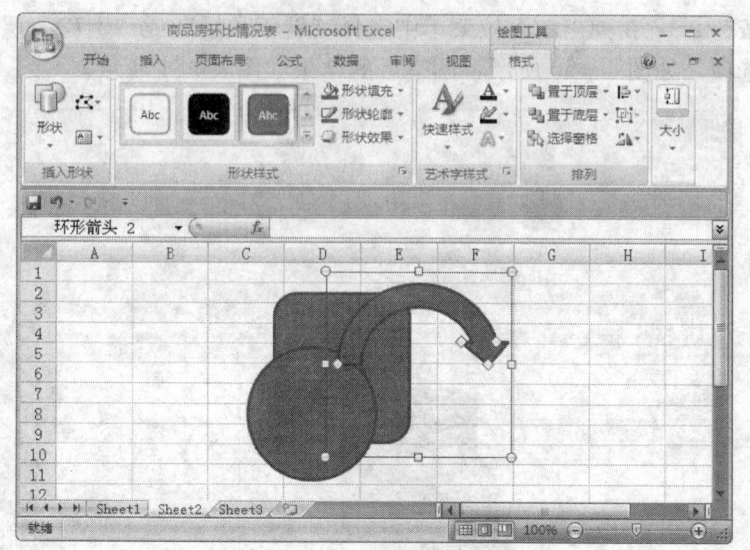

图 4—64　图形调整层次后的结果

图形，然后在任意一个图形范围内双击，切换到"格式"选项卡。

（2）单击"排列"选项组中的"对齐"按钮，在弹出的"对齐"下拉菜单中选择相应的对齐方式选项即可使图形按照相应要求进行对齐，如图 4—65 所示。

9. 组合图形

用户可以将多个相同或不相同的图形组合在一起，以得到一个整体图形。

（1）按住 Ctrl 键或 Shift 键，依次单击选择需要组合的图形，然后在任意一个图形范围内双击，切换到"格式"选项卡。

（2）单击"排列"选项组中的"组合"按钮，在弹出的"组合"下拉菜单中选择"组合"选项即可使所选择的图形组合成一个整体图形，如图 4—66 所示。

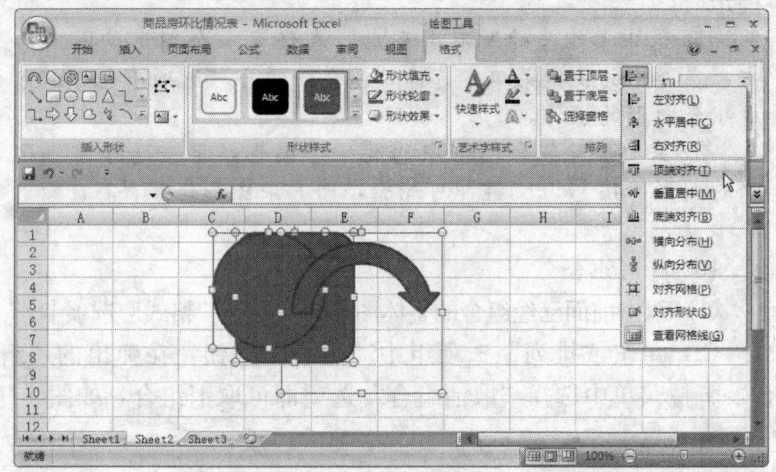

图 4—65 设置图形对齐方式

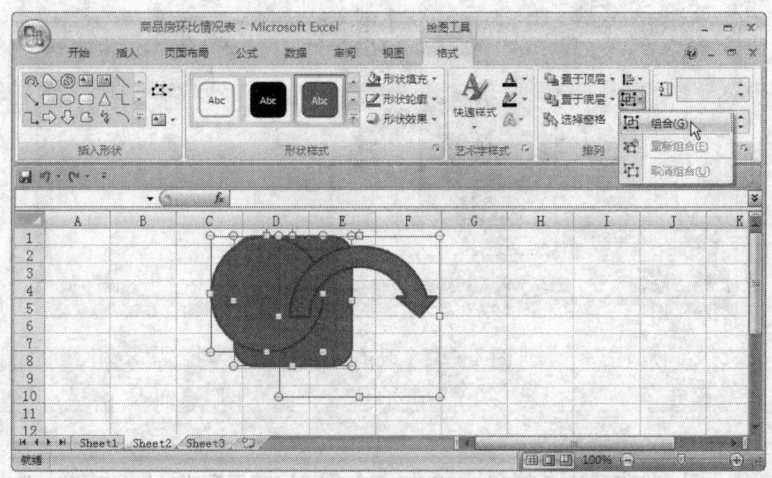

图 4—66 组合图形

> **提示**
> 1. 选中要组合的所有图形后,在任意一个图形范围内右击,在弹出的快捷菜单中选择"组合→组合"选项,也可以完成组合图形的操作。
> 2. 若要删除组合图形中的某一个图形,单击选择需要删除的图形,按 Delete 键即可删除,而其余图形仍然存在。

10. 取消组合

(1) 双击前面已经组合的整体图形,切换到"格式"选项卡。

(2) 单击"排列"选项组中"组合"按钮,在弹出的"组合"下拉菜单中选择"取消组合"选项即可取消组合,如图4—67所示。

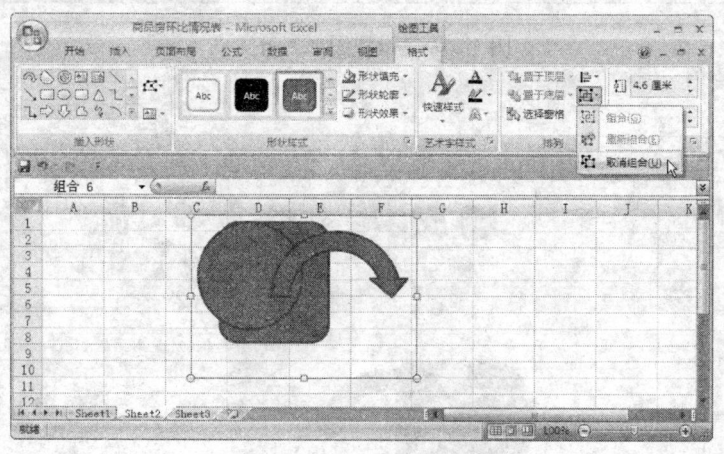

图 4—67 取消图形组合

> **提示**
> 用户还可以直接单击选中组合图形,然后右击,在弹出的快捷菜单中选择"组合→取消组合"选项,也可以取消图形的组合。

综合实例　美化成绩表模板

学习目标：
使用本单元所学内容制作美化表模板。

一、制作思路
结合本单元讲述内容分别对设置文本与数字的字符格式、对齐方式、表格边框、套用表格样式、添加艺术字等进行一个综合练习。

二、制作步骤
1. 打开 Excel 成绩表模板。
2. 设置文本与数字的字符格式、对齐方式、表格的边框等，如图 4—68 所示。

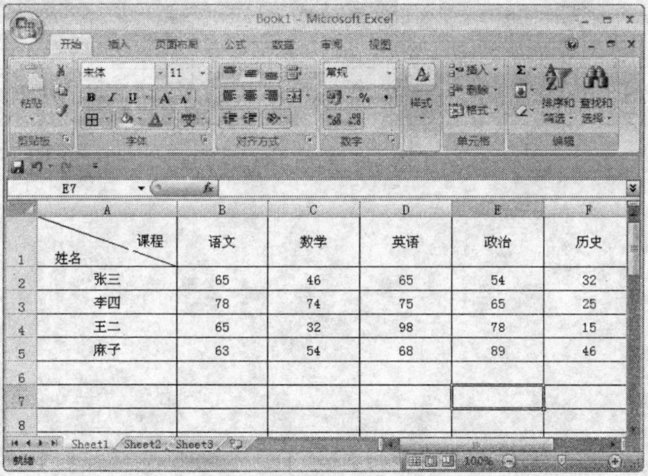

图 4—68　设置完成后的工作表

3. 如果用户不喜欢此工作表的样式，也可以套用表格样式或单元格样式。

4. 可以使用条件格式命令显示出分值的情况。

5. 可以为表头添加艺术字或自选图形来美化表格，最终设置结果如图4—69所示。

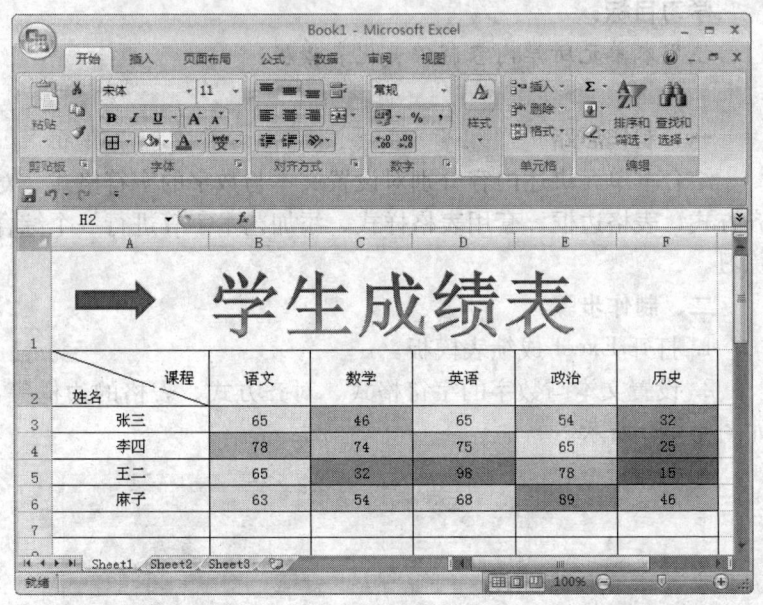

图4—69 美化后的成绩表

第五单元 统计表中公式与函数的使用

模块一 平均分的计算

学习目标：
1. 掌握运算符类型。
2. 掌握 Excel 执行公式运算的次序。

一、公式中的运算符

运算符可用于指定公式中的元素执行的计算类型。计算时有一个默认的次序，但可以使用括号更改计算次序。运算符可分为算术、比较、文本连接和引用等四种类型。

1. 算术运算符

要完成基本的数学运算（如加法、减法、乘法）、合并数字以及生成数值结果，需使用算术运算符，这些运算符及含义见表5—1。

表 5—1　　　　　　　　算术运算符

算术运算符	含义	示例
＋（加号）	加法	3＋4
－（减号）	减法或负数	9－1或－1
＊（星号）	乘法	3＊5
／（正斜杠）	除法	6/3
％（百分号）	百分比	20％
︿（脱字号）	乘方	3︿2

2. 比较运算符

可以使用比较运算符来比较两个值。当用此运算符比较两个值时,结果为逻辑值 TRUE 或 FALSE,这些运算符及含义见表 5—2。

表 5—2　　　　　　　　　　比较运算符

比较运算符	含义	示例
=（等号）	进行等于运算比较	A1=B1
＞（大于号）	进行大于运算比较	A1＞B1
＜（小于号）	进行小于运算比较	A1＜B1
＞=（大于等于号）	进行大于等于运算比较	A1＞=B1
＜=（小于等于号）	进行小于等于运算比较	A1＜=B1
＜＞（不等号）	进行不等于运算比较	A1＜＞B1

3. 文本连接运算符

文本连接运算符是与号（&），可以使用其连接一个或多个文本字符串,以生成一段文本。

例如,"计算机"&"应用"=计算机应用。

4. 引用运算符

可以使用引用运算符对单元格区域进行合并计算,这些引用运算符及含义见表 5—3。

（1）单元格引用。用于表示单元格在工作表上所处位置的坐标集。例如,显示在第 B 列和第 3 行交叉处的单元格,其引用形式为 B3。

（2）绝对单元格引用。公式中单元格的精确地址与包含公式的单元格的位置无关。绝对引用采用的形式为 A1。

（3）相对单元格引用。在公式中,基于包含公式的单元格与被引用的单元格之间的相对位置的单元格地址。如果复制公式,相对引用将自动调整。相对引用采用 A1 样式。

表 5—3　　　　　　　　引用运算符

引用运算符	含　义	示例
:（冒号）	区域运算符，生成对两个引用之间的所有单元格的引用，包括这两个引用	B5：B15
,（逗号）	联合运算符，将多个引用合并为一个引用	SUM（B5：B15,D5：D15）
（空格）	交叉运算符，生成对两个共同引用的单元格的引用	B7：D7，C6：C8

二、运算符优先级

在某些情况中，执行计算的次序会影响公式的返回值。因此，了解如何确定计算次序以及如何更改次序以获得所需结果都非常重要。

1. 计算次序

Excel 2007 中的公式始终以等号（＝）开头，这个等号告诉 Excel 2007 随后的字符组成了一个公式。等号后面是要计算的元素（即操作数），各操作数之间由运算符分隔。Excel 2007 按照公式中每个运算符的特定次序从左到右计算公式。

2. Excel 2007 运算符优先级

如果一个公式中有若干个运算符，Excel 2007 将按表 5—4 中从上到下的次序进行计算。如果一个公式中的若干个运算符具有相同的优先顺序（例如，如果一个公式中既有乘号又有除号），Excel 2007 将从左到右进行计算。

表 5—4　　　　　　　　运算符优先级

运算符	说　明
:（冒号） （单个空格） ,（逗号）	引用运算符
—	负数（如—1）

续表

运算符	说明
%	百分比
^	乘方
*和/	乘和除
+和-	加和减
&	连接两个文本字符串（串连）
=	
<	
>	比较运算符
<=	
>=	
<>	不等号

3. 使用括号

若要更改求值的顺序，可以将公式中要先计算的部分用括号括起来。例如，=5+2*3 公式的结果是 11，因为 Excel 2007 先进行乘法运算后进行加法运算。将 2 与 3 相乘，然后再加上 5，即得到结果。

但是，如果用括号对该公式更改为=(5+2)*3，Excel 2007 将先求出 5 加 2 之和，再用结果乘以 3 得 21。

在公式=(B4+25)/SUM(D5：F5)中，公式第一部分的括号强制 Excel 2007 先计算 B4+25，然后再除以单元格 D5、E5 和 F5 中数值的和。

三、创建和编辑公式

1. 创建包含常量和计算运算符的简单公式

公式中包含运算符和常量（不进行计算的值，因此也不会发生变化）。例如，输入公式=(5+2)*3 的步骤如下：

(1) 单击需输入公式的单元格。

(2) 键入=(等号)。

(3) 输入公式内容 (5+2)*3。

(4) 按 Enter 键。

2. 创建包含函数的公式

函数是预先编写的公式,可以对一个或多个值执行运算,并返回一个或多个值。函数可以简化和缩短工作表中的公式,尤其是用公式执行很长或复杂的计算时更显其优点。

下面以"素材"文件夹中的"素材 5-1.xlsx"电子表格文件为例进行说明。例如,通过函数公式 = AVERAGE(B3:B20)计算区域中数字的平均值。

(1) 打开"素材"文件夹中的"素材 5-1.xlsx"电子表格文件。

(2) 单击需输入公式的 B21 单元格,如图 5—1 所示。单击编辑栏上的插入函数按钮 fx。

图 5—1 选中单元格

（3）在弹出的"插入函数"对话框的"选择函数"下拉列表中选择要使用的函数 AVERAGE，如图 5—2 所示，单击"确定"按钮，弹出如图 5—3 所示的"函数参数"对话框。

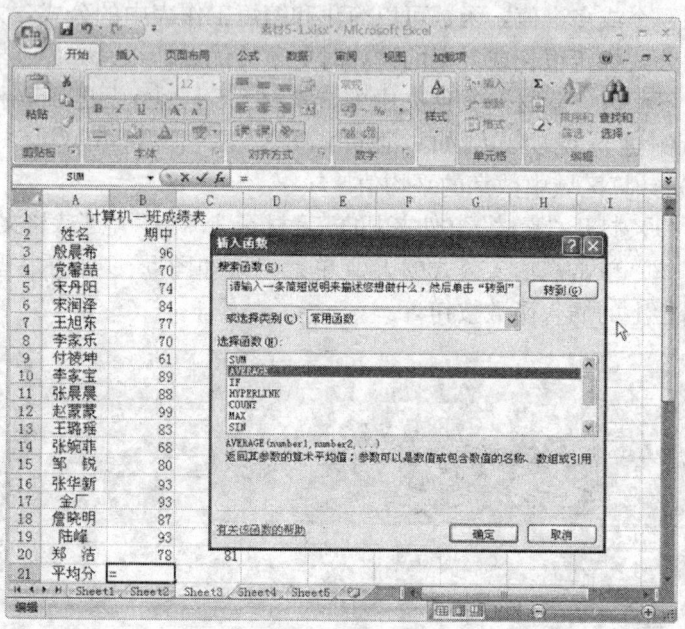

图 5—2　选择函数

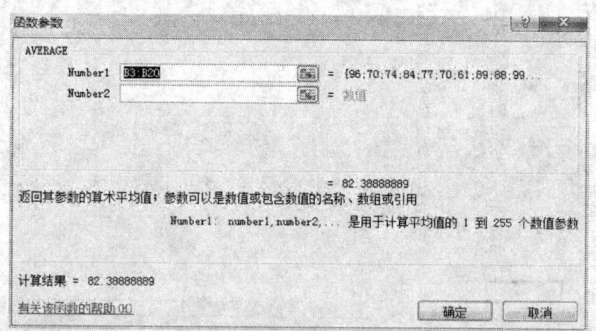

图 5—3　"函数参数"对话框

（4）将单元格引用作为参数输入，单击压缩对话框按钮，可暂时压缩该对话框，如图 5—4 所示，在工作表上选择单元格 B3：B20，然后单击展开对话框按钮。

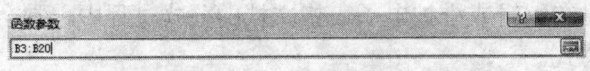

图 5—4　压缩的"函数参数"对话框

（5）单击"确定"按钮或按 Enter 键，即可在 B21 单元格中显示 B3：B20 的平均值。

3. 修改公式

将上一操作中输入的函数公式改为 = AVERAGE（B3：B6），以此为例介绍修改公式的步骤。

（1）单击上一操作中存放结果的单元格 B21。

（2）拖曳选择编辑栏上的"B20"改为"B6"，如图 5—5 所示。

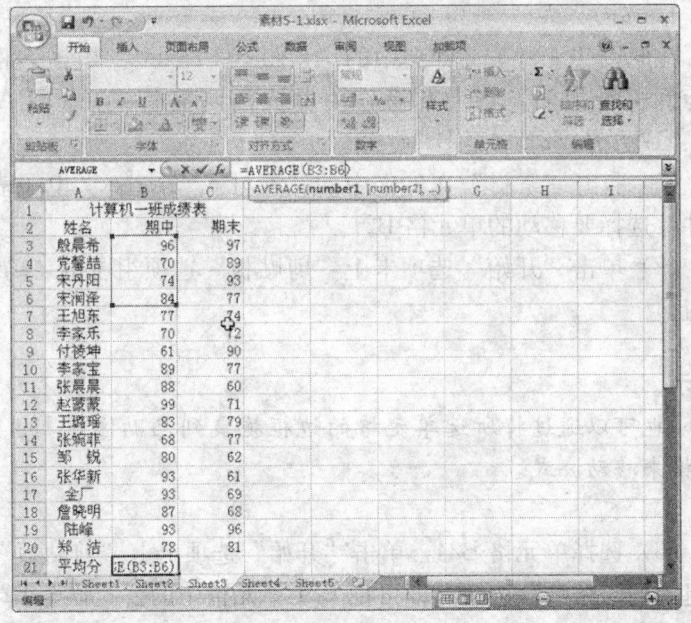

图 5—5　修改函数公式

(3) 按 Enter 键，单元格 B21 中就改为单元格 B3 到单元格 B6 的平均值。

4. 删除公式

有时在编辑或维护电子表格文档的公式过程中，常会需要删除某些公式。

单击要删除包含公式的单元格，按 Delete 键即可将其删除。

四、移动和复制公式

通过剪切和粘贴操作的方法来移动公式或者通过复制和粘贴操作的方法来复制公式时，无论单元格引用是绝对引用还是相对引用，都要注意其所发生的变化。

在移动公式时，无论使用哪种单元格引用，公式内的单元格引用都不会更改。在复制公式时，单元格引用会根据所用单元格引用的类型而变化。

1. 移动公式

在此以"素材"文件夹中的"素材 5-1. xlsx"电子表格文件为例进行说明。将上一操作中输入的函数公式 AVERAGE (B3：B6) 从 B21 移至 B24。

(1) 打开"素材"文件夹中的"素材 5-1. xlsx"电子表格文件，选择要移动的单元格 B21。

(2) 单击"开始"选项卡上"剪贴板"选项组中的"剪切"按钮。

> **提示**
> 也可以通过将所选单元格的边框拖曳到粘贴区域 B24 单元格来移动公式。

(3) 选择单元格 B24，单击"开始"选项卡上"剪贴板"选项组中的"粘贴"按钮，即可把 B21 单元格中的公式移至 B24。

提示

若仅仅是粘贴公式,可单击"开始"选项卡上"剪贴板"选项组中的"粘贴"按钮,在弹出的"粘贴"下拉菜单中选择"选择性粘贴"选项(见图5—6),弹出"选择性粘贴"对话框。然后在该对话框的"粘贴"选项区中选中其中的"公式"单选按钮,单击"确定"按钮(见图5—7)即可实现以上操作。

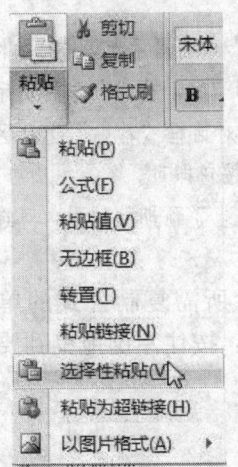
图5—6 "粘贴"下拉菜单

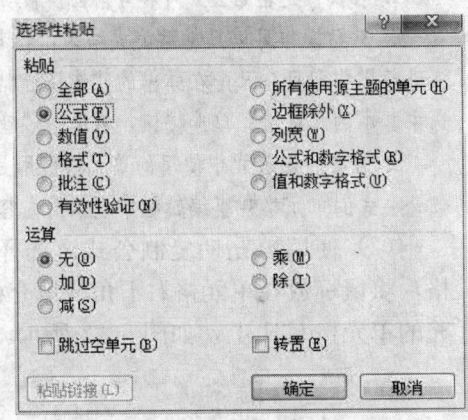
图5—7 "选择性粘贴"对话框

注意

上述操作可以替换现有的任何数据和任何格式。

2. 复制公式

(1) 使用按钮复制公式

1) 选择包含要复制公式的单元格。

2) 单击"开始"选项卡上"剪贴板"选项组中的"复制"按钮。

> **提示**
> 也可通过将所选单元格的边框拖曳到粘贴区域单元格来移动公式。

3）选择存放结果的单元格，若要粘贴公式和所有格式，单击"开始"选项卡上"剪贴板"选项组中的"粘贴"按钮即可完成复制公式的操作。

注意

1. 若仅仅是粘贴公式可参考前面"移动公式"中的提示步骤进行操作。

2. 粘贴操作可以只粘贴公式结果，参考前面"移动公式"中的提示步骤进行操作即可。只是在弹出的"选择性粘贴"对话框"粘贴"选项区中选中其中的"数值"单选按钮，再单击"确定"按钮即可。

3. 若要验证公式中使用的单元格引用是否产生了预期的结果，可选择包含公式的单元格观察编辑栏中显示的内容。

（2）使用填充柄复制公式。选择包含所需复制公式的单元格，将鼠标放在单元格右下角的填充柄时，按住左键拖曳到要填充的单元格 C21 上，如图 5—8 所示。

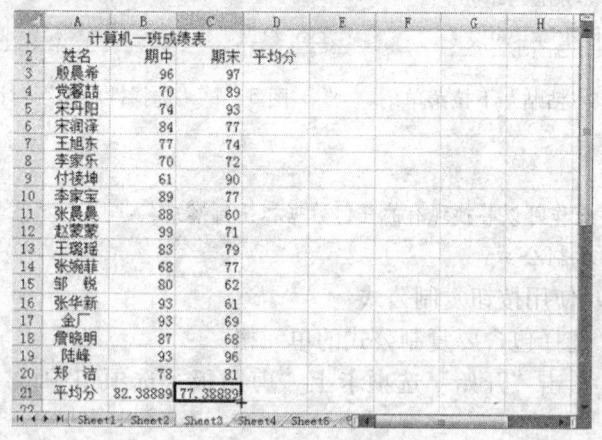

图 5—8　用填充柄复制公式

> 提示
> 1. 当用鼠标指向填充柄时,鼠标的指针变为黑色十字形,即为填充柄。
> 2. 默认情况下,Excel 2007 中填充柄和拖曳式编辑处于打开状态,可以通过执行下列操作拖曳鼠标来移动和复制单元格:
> (1) 通过将鼠标指针放在单元格或单元格区域边框上使其变为移动指针,然后将该单元格拖曳到另一位置,可移动该单元格或单元格区域。
> (2) 通过将鼠标指针放在单元格或单元格区域边框上以使其变为复制指针,同时按住 Ctrl 键,然后将该单元格或单元格区域拖曳到另一位置,可复制该单元格或单元格区域。
> (3) 拖曳填充柄可复制数据或在相邻单元格中填充一系列数据。

模块二 比例计算

学习目标:

1. 掌握公式中的引用,包括相对引用、绝对引用和混合引用的使用。

2. 掌握 Excel 2007 运算使用不同工作表间的单元格、不同工作簿间的单元格的方法。

一、公式中的引用

前面对单元格引用有所提及,在这里还要对此进一步说明。单元格引用地址的作用在于唯一表示工作簿上的单元格或区域。公式中引入单元格、引用地址,其目的在于指明所使用数据的存放位置。通过单元格引用地址可以在公式中使用工作簿中不同部分的数据,或者在多个公式中使用同一个单元格的数据。

1. 相对引用地址

相对引用地址是指在公式移动或复制时,该地址相对目的单元格发生变化,此类型地址由列号、行号来表示,例如 A1。

如图 5—8 所示的例子,单元格 B21 中的公式内容在被复制到单元格 C21 后,内容发生了变化。其原因是目的位置相对源位置发生了右移一列的变化,导致参加运算的对象都做了右移一列的调整,最后得到 = AVERAGE(C3:C20)公式的复制结果。

2. 绝对引用地址

绝对引用地址表示该地址不随复制或移动目的单元格的变化而变化。绝对引用地址的表示方法是在相对地址的列号和行号前分别加上一个美元符号"$",例如 A1。美元符号"$"就像一把"小锁",锁住了参加运算的单元格,使其不会因为复制或移动目的位置的变化而变化。

以"素材"文件夹中的"素材 5 - 2.xlsx"电子表格文件为例进行说明。计算每个人的"应发工资=基本工资+工龄+职务津贴+降温补贴",其中降温补贴每人都是 300 元。

(1) 打开"素材"文件夹中的"素材 5 - 2.xlsx"电子表格文件。

(2) 单击需要输入公式的单元格 G3,在其编辑栏内输入=D3+E3+F3+E13 等内容,如图 5—9 所示,按 Enter 键。

(3) 选择单元格 G3,将填充柄一直拖曳到单元格 G11 上,如图 5—10 所示。

(4) 在 G3 到 G11 任意单元格上单击,可以看到编辑栏内公式中 E13 不会因为复制目的位置的变化而变化,如图 5—11 所示。

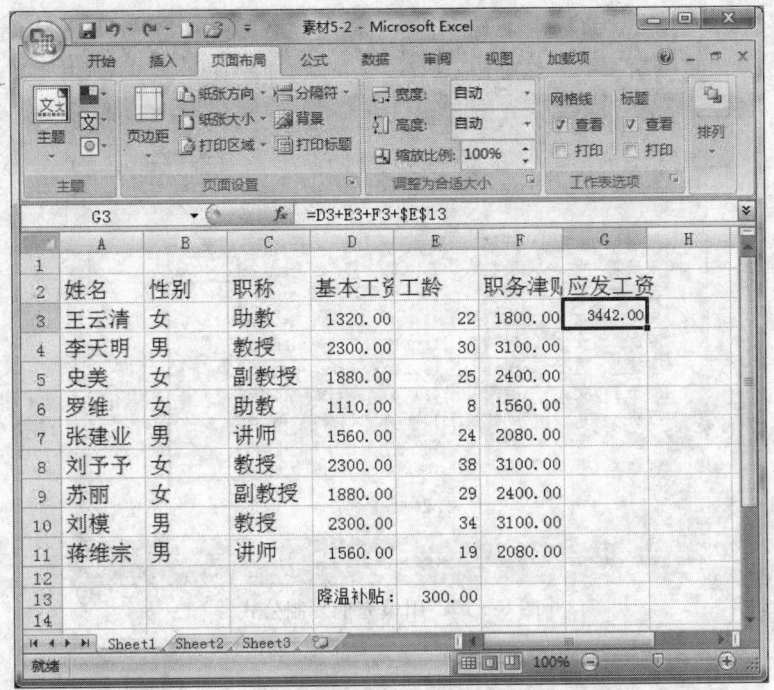

图5—9 选中单元格

3. 混合地址

如果单元格引用地址的一部分为绝对引用地址,另一部分为相对引用地址,例如＄A1或A＄1,就称为混合地址。

在实际应用中,可以通过以上三种类型的单元格地址表示法,创建出灵活多样的公式。如在上例中,相对地址的变化只体现在行号上,其中的＄E＄13也可用E＄13混合地址来代替,结果一样。

二、使用不同工作表间的单元格

不同工作表的地址表示是指在当前工作表的单元格中引用其他工作表中的单元格地址。

(1)要输入被引用的工作表名和一个感叹号"！"。

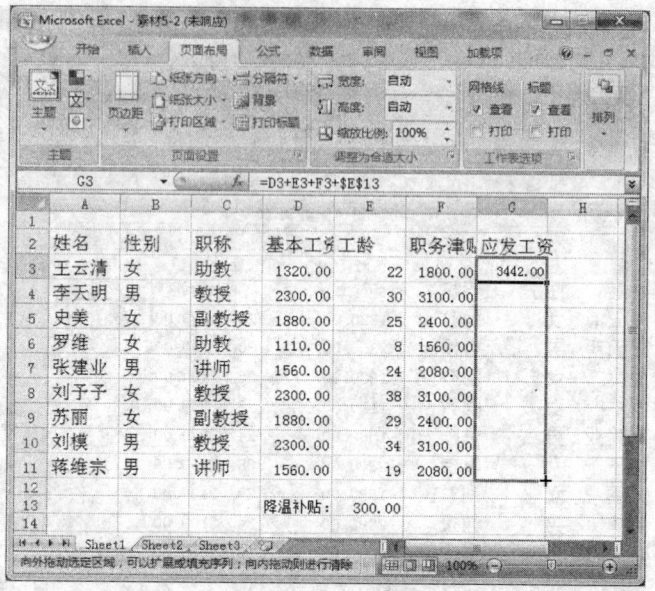

图 5—10 用填充柄复制公式

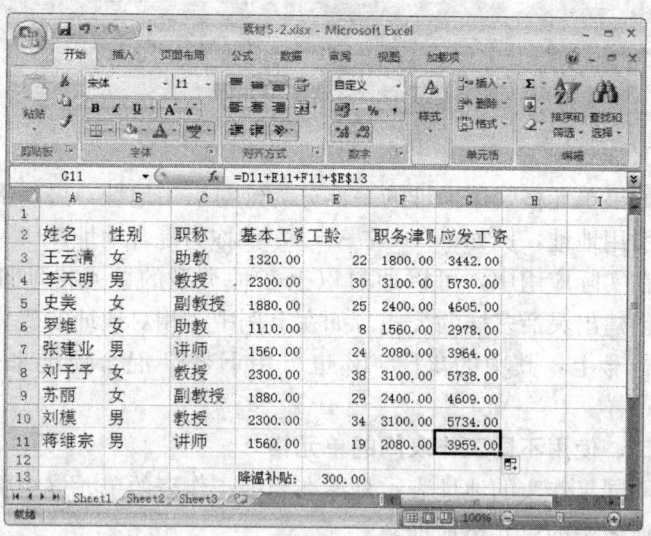

图 5—11 G3 到 G11 单元格的结果

(2) 输入那个工作表的单元格地址。如在当前工作表单元格 A3 中输入公式"＝A1＋Sheet2! A2"，在 A3 单元格中显示的就是当前工作表中的 A1 与 Sheet2 工作表中的 A2 单元格中的数相加后产生的结果。

> **提示**
> 引用当前工作表的单元格地址可以省略工作表名。

三、使用不同工作簿间的单元格

不同工作簿间的单元格的地址表示要通过创建外部引用，引用另一个工作簿中的单元格的内容。外部引用（也称为链接）是对另一个 Excel 2007 工作簿中工作表的单元格或单元格区域的引用。当需要在几个工作簿之间处理大量数据或复杂公式时，可使用外部引用。当源工作簿打开时，外部引用包含用方括号括起的工作簿名称，然后是工作表名称和感叹号（!），接着是公式要计算的单元格。

在此以"素材"文件夹中的"素材 5‐3.xlsx"和"素材 5‐4.xlsx"电子表格文件为例进行说明。如在"素材 5‐3.xlsx"电子表格文件中的工作表 Sheet1 中有每人的年度总工资，"素材 5‐4.xlsx"电子表格文件的工作表 Sheet1 中是七月份的工资，求七月份的工资占全年工资的比例，结果放在"素材 5‐4.xlsx"工作簿的工作表 Sheet1 的 H 列单元格中。要解决这个问题就用到了不同工作簿间的单元格。

(1) 打开"素材"文件夹中的"素材 5‐3.xlsx"电子表格文件（目标工作簿）。

(2) 打开"素材"文件夹中的"素材 5‐4.xlsx"电子表格文件（源工作簿）。

(3) 在源工作簿中，选择工作表 Sheet1 的单元格 H3。

(4) 在该单元格中输入＝G3/'［素材 5‐3.xlsx］Sheet1'!

B3,按 Enter 键。

(5) 选定单元格 H3,用填充柄拖曳填充至单元格 H11。

(6) 将单元格 H3 至 H11 选定,单击"开始"选项卡上"单元格"选项组中的"格式"按钮,在弹出的"格式"下拉菜单中选择"设置单元格格式"选项,如图 5—12 所示。

(7) 在弹出的"设置单元格格式"对话框的"数字"选项卡中的"分类"选区中选择"百分比"选项,小数位数设置为"2",单击"确定"按钮,如图 5—13 所示,即可完成操作要求。

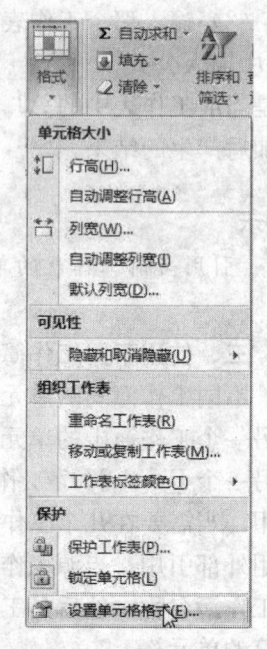

图 5—12 "格式"下拉菜单

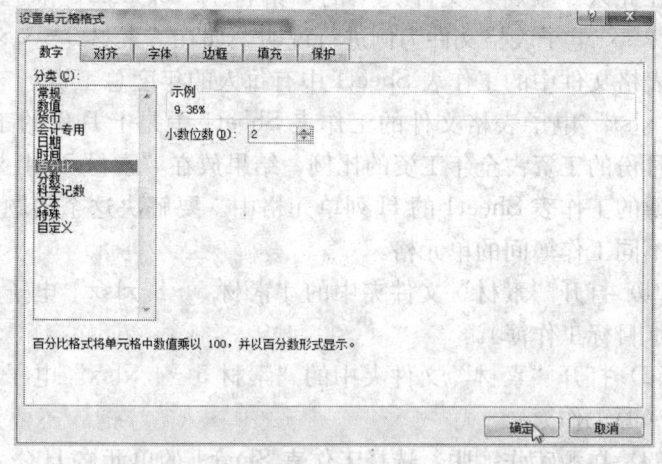

图 5—13 "设置单元格格式"对话框-"数字"选项卡

模块三 审核得分计算

学习目标：
1. 了解公式的常见错误和审核方法。
2. 了解公式中返回的错误代码含义及解决方法。

一、输入公式时的常见错误和审核

1. 输入公式时避免错误需注意的事项

（1）所有左括号和右括号匹配。创建公式时，Microsoft Office Excel 在输入括号时会用彩色来显示括号。

（2）用冒号表示区域。引用单元格区域时，使用冒号（:）分隔单元格区域中第一个单元格的引用和最后一个单元格的引用。

（3）输入所有必需参数，确保没有输入过多的参数。

（4）函数的嵌套不能超过 64 层，可以在某个函数中输入或嵌套 64 层以下的函数。

（5）将其他工作表名称包含在单引号中，如果公式中引用了其他工作表或工作簿中的值或单元格，并且这些工作簿或工作表的名称中包含非字母字符，那么必须用单引号（'）将其名称引起来。

（6）包含外部工作簿的路径，要确保每个外部引用（外部引用是对其他 Excel 2007 工作簿中的工作表单元格或区域的引用，或对其他工作簿中的定义名称的引用）都包含工作簿的名称和路径。

（7）输入无格式的数字。在公式中输入数字时，不要为数字设置格式。例如，即使要输入的值是￥1,000，也应在公式中输入 1 000。

2. 公式审核

当单元格在工作表上不可见时，可以在"监视窗口"工具栏中监视这些单元格及其公式。使用"监视窗口"可以方便地在大型工作表中检查、审核或确认公式计算及其结果。使用"监视窗口"无须反复滚动或定位到工作表的不同部分。

该工具栏可像其他任何工具栏一样进行移动和固定。例如，可将其固定到窗口的底部。该工具栏可以跟踪单元格的一些属性，如工作簿、工作表、名称、单元格、值以及公式。

（1）向"监视窗口"中添加单元格。以"素材"文件夹中的"素材 5 - 5.xlsx"电子表格文件为例进行说明。

1）打开"素材"文件夹中的"素材 5 - 5.xlsx"电子表格文件，选择要监视的单元格 D5。

2）单击"公式"选项卡上"公式审核"选项组中的"监视窗口"按钮。

3）在弹出的"监视窗口"对话框中单击"添加监视"按钮，弹出"添加监视点"对话框，如图 5—14 所示。

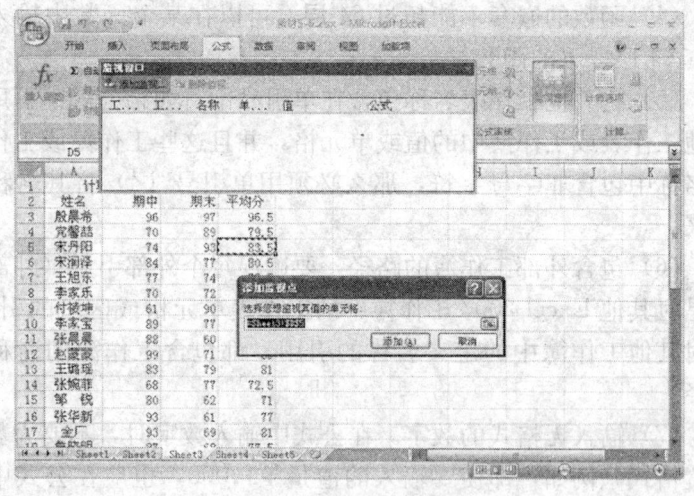

图 5—14　添加监视点

4）单击"添加"按钮，这时就在"监视窗口"对话框中添加了监视点，如图5—15所示。

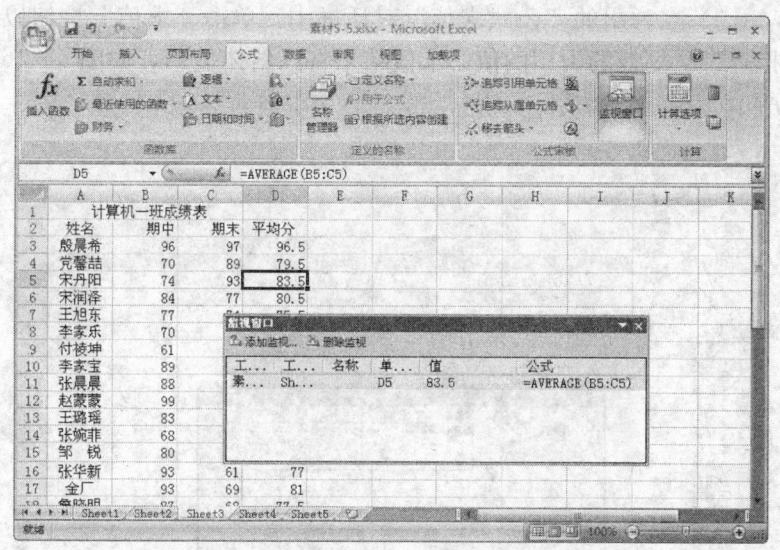

图5—15 "监视窗口"对话框添加监视点

注意

1."监视窗口"工具栏可以通过拖曳的方法移动到窗口的顶部、底部、左侧或右侧。

2.若要显示"监视窗口"工具栏中的条目引用的单元格，双击该条目即可。

（2）从"监视窗口"中删除单元格

1）选择要从"监视窗口"对话框中删除的单元格（若选择多个单元格，可在按住Ctrl键的同时单击所选单元格）。

2）单击"删除监视"按钮即可从"监视窗口"删除单元格。

（3）使用"公式求值"

1）选择要求值的单元格。一次只能对一个单元格进行求值。

2）单击"公式"选项卡上"公式审核"选项组中"公式求值"按钮 。

3）在弹出的"公式求值"对话框中，单击"求值"按钮以检查带下划线的引用的值。求值结果将以斜体显示，如图5—16所示。

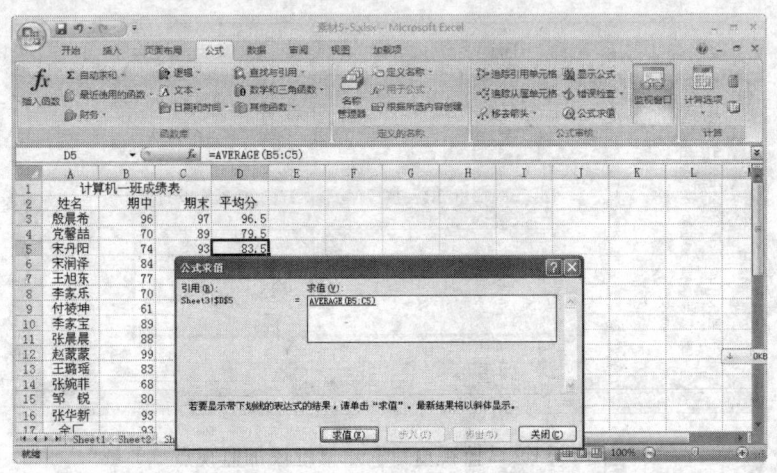

图5—16 "公式求值"对话框

4）如果公式的下划线部分是对其他公式的引用，当单击"步入"按钮时，可在"求值"框中显示其他公式，若单击"步出"按钮，将返回以前的单元格和公式，继续操作直到公式的每一部分都已求值完毕。

注意

要结束求值，单击"关闭"按钮。

（4）显示公式与单元格之间的关系。有时，当公式使用引用单元格或从属单元格时，检查公式的准确性或查找错误的根源会很困难。

1）引用单元格。是由其他单元格中的公式引用的单元格。例如，如果单元格D10包含公式＝B5，那么单元格B5就是单元格 D10 的引用单元格。

2）从属单元格。包含引用其他单元格的公式。例如，如果单元格 D10 包含公式＝B5，那么单元格 D10 就是单元格 B5 的从属单元格。

为了检查公式，可以使用"追踪引用单元格"和"追踪从属单元格"命令以图形方式显示或追踪这些单元格与包含追踪箭头（该箭头显示活动单元格与其相关单元格之间的关系）的公式之间的关系。

3）追踪为公式提供数据的引用单元格

①选择包含需要找到其引用单元格的公式的单元格。

②单击"公式"选项卡上"公式审核"选项组中的"追踪引用单元格"按钮，即可完成追踪引用单元格的操作。

4）跟踪引用特殊单元格（从属单元格）的公式

①选择要对其标志从属单元格的单元格。

②单击"公式"选项卡上"公式审核"选项组中的"追踪从属单元格"按钮，即可完成追踪从属单元格的操作。

注意

1. 如果单击"追踪从属单元格"或"追踪引用单元格"时 Excel 2007 发出蜂鸣声，则可能是 Excel 2007 已经对所有级别的公式进行了追踪，或者是正在试图追踪无法追踪的项目。

2. 由提供数据的单元格指向其他单元格时，追踪箭头为蓝色；若单元格中包含错误值，如♯DIV/0!，追踪箭头则为红色。

5）移去工作表上的所有追踪箭头。单击"公式"选项卡上"公式审核"选项组中的"移去箭头"按钮即可。

提示

当单击"移去箭头"按钮右侧的倒三角按钮，在弹出的"移去箭头"下拉菜单中选择相应的选项也可以移去不同的箭头，如图 5—17 所示。

(5) 检查公式中的错误。单击"公式"选项卡"公式审核"选项组中的"错误检查"按钮 ，即可检查公式中的错误。

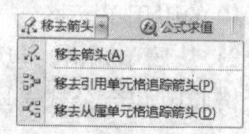

图 5—17 "移去箭头"下拉菜单

> **提示**
>
> 在检查出错误的单元格中，可以用显示的选项解决错误，也可以忽略该错误。如果忽略错误，则在以后的错误检查中就不会出现。不过，可以重新设置所有以前被忽略的错误，以便再次显示。

(6) 常见的错误

1) 公式没有使用正确的语法、参数或数据类型。错误值包括 #DIV/0!、#N/A、#NAME?、#NULL!、#NUM!、#REF!和#VALUE!。每个错误值有不同的原因和不同的解决方法。

2) 文本格式单元格包含以两位数表示的年份。例如，公式＝YEAR("1/1/31")中的日期可能为 1931 或 2031。

3) 数字为文本格式，或者其前面有撇号。以文本形式存储的数字可能导致意外的排序行为，所以最好将其转换为数字。

4) 相邻公式使用的引用不一致。例如，公式＝SUM（A1：F1）和＝SUM（A10：F10）相邻，后者会被标注成错误。

5) 公式忽略区域中的单元格。如果公式引用一个单元格区域，而后又向该区域的底部或右侧添加了单元格，则引用可能就不正确。此规则将公式中的引用与相邻单元格进行比较。如果相邻单元格包含更多数字（不是空白单元格），则会标注成错误。

例如，此规则会将公式＝SUM（A2：A4）标注成错误，因为 A5、A6 和 A7 相邻且包含数据。

6)公式引用空单元格。公式包含对空单元格的引用,这会导致意外结果。

例如,要计算下列数字的平均值=AVERAGE(A2:A6)。A2=24,A3=12,A4=45,A5=10,如果单元格 A6 为空白,则结果为 22.75。如果单元格 A6 为 0,则结果为 18.2。

7)表格中输入的数据无效。表格中存在有效性错误,需检查单元格的有效性设置,方法是单击"数据"选项卡上"数据工具"选项组中"数据有效性"下拉菜单按钮,在弹出的"数据有效性"下拉菜单中选择相应的选项即可,如图 5—18 所示。

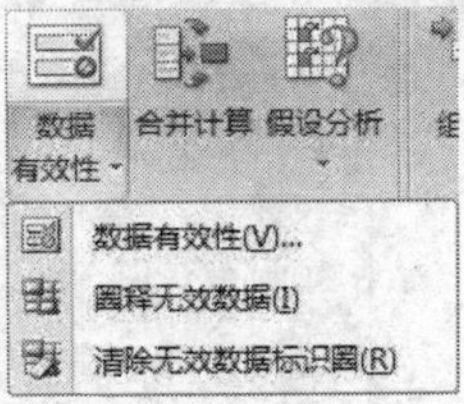

二、公式中返回的错误代码含义及解决方法

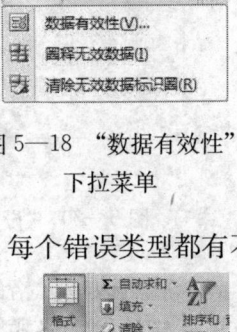

图 5—18 "数据有效性"下拉菜单

如果公式不能正确计算出结果,Microsoft Office Excel 将显示一个错误值。每个错误类型都有不同的原因和解决方法。

1. 更正 ##### 错误

原因:当列不够宽,或者使用了负日期或时间时,会出现此错误。

(1)增加列宽。通过单击列号选择该列,单击"开始"选项卡上"单元格"选项组中的"格式"按钮,在弹出的"格式"下拉菜单中选择"自动调整列宽"选项即可解决此错误,如图 5—19 所示。

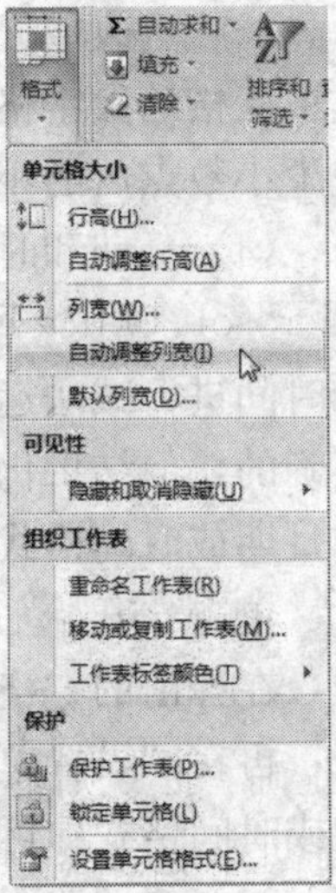

(2)缩小内容以适合列宽。选择该列,单击"开始"选项卡上"单元格"选项组中的"格式"按钮,在弹出的"格式"下拉菜单中选择"设置单元格格式"选项,在弹出的"设置单元格格式"对话框中选

图 5—19 "格式"下拉菜单

择"对齐"选项卡,在"文本控制"选区中勾选其中的"缩小字体填充"复选框,单击"确定"按钮,如图5—20所示。

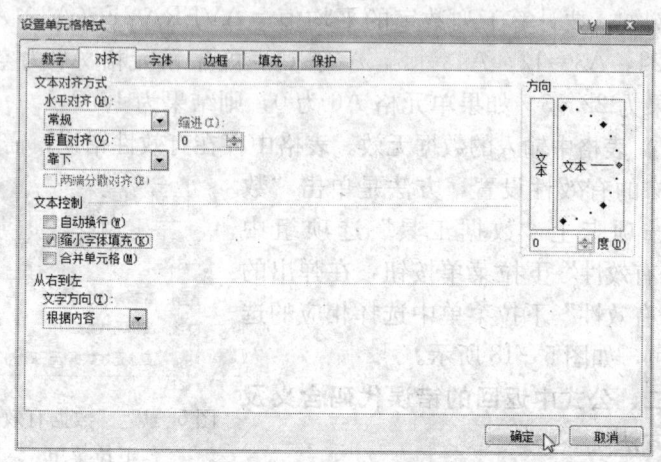

图5—20 "设置单元格格式"对话框-"对齐"选项卡

(3)更改单元格的数字格式。如果单元格中是数字,可以更改单元格的数字格式,使数字适合现有单元格宽度。例如,可以减少小数点后的小数位数。

(4)日期和时间格式。如果使用的是1900日期系统,那么Microsoft Office Excel中的日期和时间必须为正值。如果对日期和时间进行减法运算,应确保建立的公式是正确的。如果公式是正确的,但结果仍然是负值,可以通过将该单元格的格式设置为非日期或时间格式来显示该值。

单击"开始"选项卡上"单元格"选项组中的"格式"按钮,在弹出的"格式"下拉菜单中选择"设置单元格格式"选项,再在"设置单元格格式"对话框"数字"选项卡中选择非日期或时间格式即可。

2. 更正#DIV/0!错误

原因:当数字除以零时,会出现此错误。

(1) 公式中包含除以零（0）的计算。输入的公式中包含明显的除以零（0）的计算（如"＝5/0"）时，将除数更改为非零值。

(2) 空白单元格将解释为零。如果操作数是一个空白单元格，则 Microsoft Office Excel 将其解释为零。可以在单元格中输入一个非零值作为除数。

3. 更正♯N/A 错误

原因：当数值对函数或公式不可用时，将出现此错误。

(1) 缺少数据。缺少数据或在该位置输入了♯N/A 或 NA()，用新数据替换♯N/A。

(2) 数组公式中行数或列数不一致。数组公式中使用的参数的行数或列数与包含数组公式的区域的行数或列数不一致。

如果已在多个单元格中输入数组公式，要确保公式所引用的区域具有相同的行数和列数，或者将数组公式输入到更少的单元格中。例如，如果在高为 15 行的区域（C1：C15）中输入了数组公式，但公式引用的区域（A1：A10）高为 10 行，则单元格区域 C11：C15 中将显示♯N/A。要更正此错误，在较小的区域（如 C1：C10）中输入公式，或将公式所引用的区域更改为相同的行数（如 A1：A15）即可。

(3) 省略了一个或多个必需参数。内置或自定义工作表函数中省略了一个或多个必需参数。

输入函数中的所有参数，包括数字、文本、单元格引用和名称等。

(4) 工作表函数不可用。使用的自定义工作表函数不可用，要确保包含工作表函数的工作簿已经打开且函数工作正常。

4. 更正♯NAME? 错误

原因：当 Microsoft Office Excel 不能识别公式中的文本时，会出现此错误。

(1) 不存在的名称。确保名称（代表单元格、单元格区域、公式或常量值的单词或字符串）确实存在，不要使用不存在的名称。

（2）名称拼写错误。确认拼写是否正确。

（3）函数名称拼写错误。更正拼写错误，在公式中插入正确的函数名称。

（4）在公式中输入文本时没有用双引号将文本括起来。将公式中的文本用双引号括起来。例如，将文本"The total amount is"与单元格 B50 中的值连接起来的公式为：="The total amount is " &B50。

（5）区域引用中漏掉了冒号（:）。确保公式中的所有区域引用都使用了冒号（:），例如，SUM（A1：C10）。

（6）引用另一张工作表时未使用单引号括起来。如果公式中引用了其他工作表或工作簿中的值或单元格，且这些工作簿或工作表的名字中包含非字母字符或空格，那么必须用单引号（'）将这个字符括起来。

5. 更正 #NULL! 错误

原因：如果指定两个并不相交的区域的交点，会出现此错误。

（1）使用了不正确的区域运算符。要引用连续的单元格区域，应使用冒号（:）分隔引用区域中的第一个单元格和最后一个单元格。例如，SUM（A1：A10）引用的区域为单元格 A1 到 A10，包括 A1 和 A10 这两个单元格。

若要引用不相交的两个区域，应使用联合运算符，即逗号（,）。例如，如果公式是对两个区域求和，用逗号分隔这两个区域 [SUM（A1：A10，C1：C10）]。

（2）区域不相交

1）更改对非命名区域的引用

①双击包含要更改的公式的单元格。Microsoft Office Excel 会使用不同的颜色突出显示每个单元格或单元格区域。

②将单元格或区域引用移到另一个单元格或单元格区域，需

将单元格或单元格区域用颜色标记的边框拖曳到新的单元格或单元格区域。

③要在引用中包括更多或更少的单元格,拖曳边框的一角或者在公式中选择引用,并键入新的引用,按 Enter 键。

2) 更改对命名区域的引用

①选择要将其中的引用替换为名称的公式所在的单元格区域。

②选择单个单元格,以便为工作表上所有公式中的引用更改名称。

③单击"公式"选项卡上"定义的名称"选项组中"定义名称"旁的倒三角按钮,在弹出的"定义名称"下拉菜单中选择"应用名称"选项。

④在弹出的"应用名称"对话框中,单击选择一个或多个名称即可。

6. 更正♯NUM! 错误

原因:公式或函数中使用了无效的数值,会出现此错误。

(1) 在需要数字参数的函数中使用了无法接受的参数。确保函数中使用的参数是数字。例如,即使要输入的值是￥1 000,也应在公式中输入 1 000。

(2) 输入公式所得出的数字太大或太小,无法在 Excel 2007 中表示。更改公式,使其结果介于-10 307 到 10 307 之间。

7. 更正♯REF! 错误

原因:当单元格引用无效时,会出现此错误。

(1) 使用了其他公式所引用的单元格。删除其他公式所引用的单元格,或将已移动的单元格粘贴到其他公式所引用的单元格上。

(2) 使用的对象链接和嵌入(OLE)链接所指向的程序未运行。启动该程序。

(3) 运行的宏程序所输入的函数返回♯REF!。检查函数以确定参数是否引用了无效的单元格或单元格区域。例如,如果宏程序所输入的函数试图引用其上面的单元格,而该函数所在的单元格为工作表的第一行,这时函数将返回♯REF!,因为第一行上面没有单元格。

8. 更正♯VALUE! 错误

原因:当使用的参数或操作数的类型不正确时,会出现此错误。

(1) 当公式需要数字或逻辑值(例如 TRUE 或 FALSE)时,却输入了文本。确保公式或函数所需的操作数或参数正确无误,并且公式引用的单元格中包含有效的值。例如,如果单元格 A5 中包含数字且单元格 A6 中包含文本"Not available",则公式=A5+A6 将返回错误♯VALUE!。

(2) 输入或编辑数组公式。选择包含数组公式的单元格或单元格区域,按 F2 键编辑公式,然后按"Ctrl+Shift+Enter"组合键即可。

(3) 将单元格引用、公式或函数作为数组常量输入。确保数组常量不是单元格引用、公式或函数。

(4) 运行的宏程序所输入的函数返回 VALUE!。确保函数未使用不正确的参数。

模块四 出现次数最多的分数计算

学习目标:
1. 理解函数的分类。
2. 掌握函数的使用方法。

一、Excel 2007 函数的分类

如图 5—21 所示,Excel 2007 中的函数主要分为自动求和、财务、逻辑、文本、日期和时间、查找与引用、数学和三角函数

图 5—21 "公式"选项卡"函数库"选项组

以及其他函数等。

二、函数的使用方法

以"素材"文件夹中的"素材 5-6.xlsx"电子表格文件为例进行说明。计算区域中出现次数最多的得分数值。

(1) 打开"素材"文件夹中的"素材 5-6.xlsx"电子表格文件,选中需输入公式的单元格 D3,如图 5—22 所示。

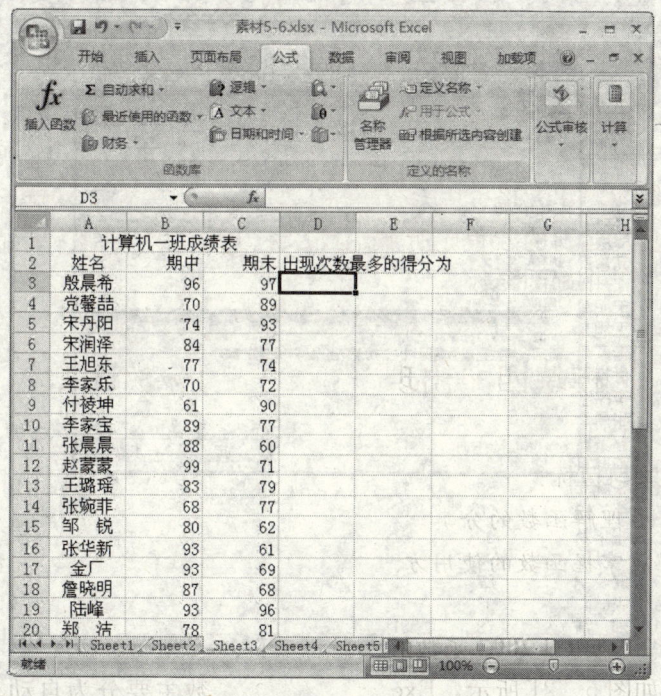

图 5—22 选中单元格

(2) 单击编辑栏上的"插入函数"按钮 fx。

(3) 在弹出的"插入函数"对话框中选择"或选择类别"下拉列表中的"统计"选项,在"选择函数"列表中选择要使用的函数"MODE",如图 5—23 所示,单击"确定"按钮。

(4) 将单元格引用作为参数输入,单击压缩对话框按钮 ,暂时压缩该对话框,在工作表上拖曳选择单元格 B3:C20,如图 5—24 所示,然后单击展开对话框按钮 。

(5) 单击"确定"按钮或按 Enter 键。此时在单元格 D3 中显示 93,即出现次数最多的得分数值为 93。

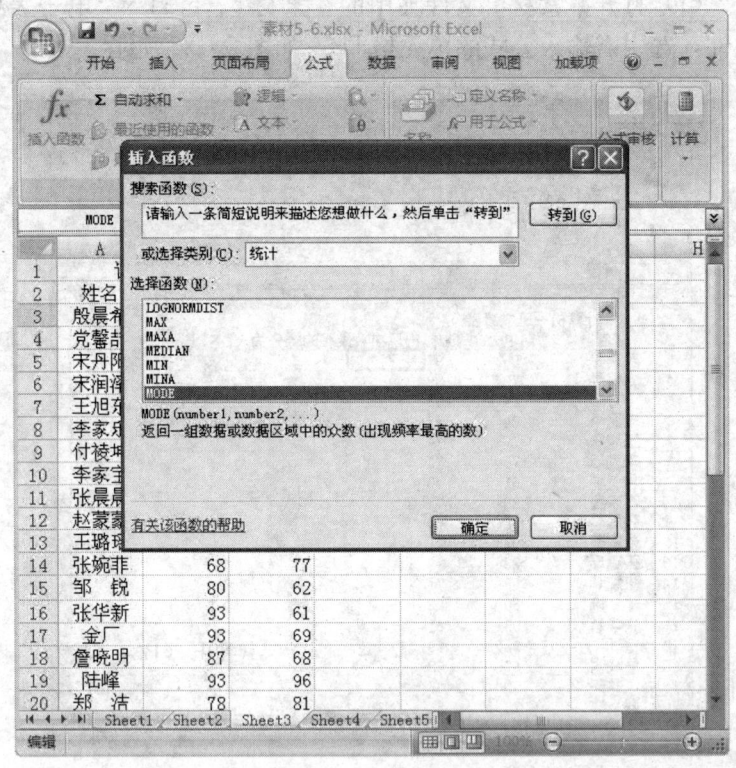

图 5—23 选择函数

图5—24 拖曳选择区域

> **提示**
> 也可以在单元格D3中输入公式＝MODE（B3：C20），按Enter键。

模块五　其他计算及其应用

学习目标：
1. 掌握数组公式的建立方法。
2. 了解使用数组公式的规则。

一、数组公式的建立方法

1. 认识数组

数组公式是一种专门用于数组的公式类型。数组公式可以产生单个结果，也可以同时分列显示多个结果。数组可以在单个单元格中使用，也可以同时在一批单元格中使用。

一个数组其实就是一组同类型的数据，可以当成一个整体来处理。数组公式可对一组或多组数值执行多重计算，并返回一个或多个结果。数组公式括于大括号（ {} ）中。按"Ctrl＋Alt＋Delete"组合键可以结束数组公式的输入。

2. 实例

（1）实例1。以"素材"文件夹中的"素材5-7.xlsx"电子表格文件为例进行说明。分别计算各商品的销售额。

1）打开"素材"文件夹中的"素材5-7.xlsx"电子表格文件，拖曳选择需输入公式的单元格D3到D5。

2）输入公式＝B3：B5＊C3：C5。

3）按"Ctrl＋Alt＋Delete"组合键结束数组公式的输入，结果如图5—25所示。

（2）实例2。以"素材"文件夹中的"素材5-7.xlsx"电子表格文件为例进行说明。计算所有商品的销售总额。

1）打开"素材"文件夹中的"素材5-7.xlsx"电子表格文件，选中需要输入公式的单元格E3。

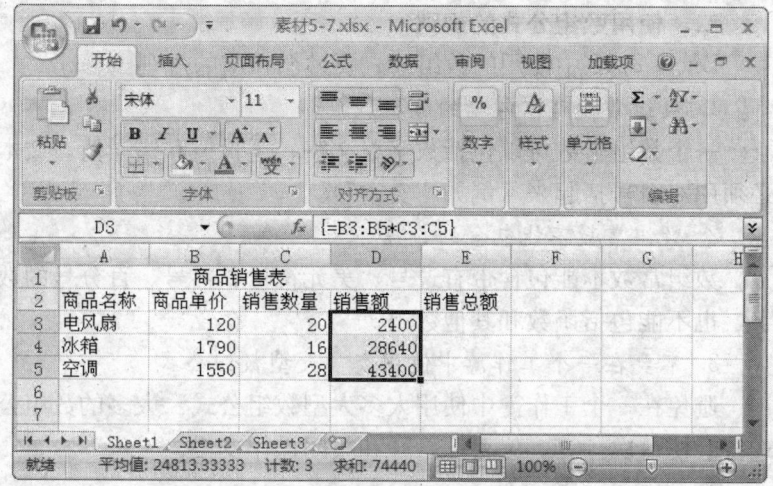

图 5—25 各商品的销售额

2）输入公式＝SUM（B3：B5＊C3：C5）。

3）按"Ctrl＋Alt＋Delete"组合键结束数组公式的输入，结果如图 5—26 所示。

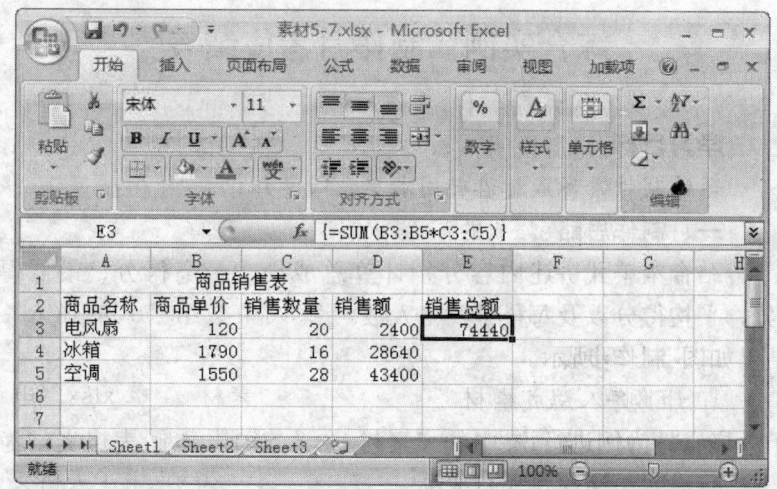

图 5—26 所有商品的销售总额

二、使用数组公式的规则

Excel 2007 中使用的数组公式要遵循相应的规则。

1. 数组常数可以包括的数据

一个数组常数可以包括数字、文字、逻辑值和错误值。文本必须用双引号括起来（例如"文本"）。

2. 数组常数不能包含的数据

数组常数不能包含带有逗号、美元符号、括号、百分号的数字，也不能包括函数和其他数组。

3. 不要在一个工作簿中使用太多大型数组公式

避免在一个工作簿中使用太多大型数组公式。太多的数组公式将会使再次计算、保存、打开和关闭操作变慢。

4. 数组公式输入结束

数组公式是通过按"Ctrl+Alt+Delete"组合键结束的。如果键入数组公式之后，没有按"Ctrl+Alt+Delete"组合键，那么公式就会返回不正确的结果或者返回#VALUE!。

综合实例　制作月考成绩表

学习目标：

通过制作月考成绩表巩固本单元所学知识。

一、制作思路

结合本单元讲述内容分别计算总成绩、最高得分、最低得分、平均得分以及每科不及格人数。

二、制作步骤

1. 计算每人总成绩

以"素材"文件夹中的"素材 5-8.xlsx"电子表格文件为例进行说明。计算每人总成绩。

（1）打开"素材"文件夹中的"素材 5-8.xlsx"电子表格

文件，选中单元格F2，输入"总成绩"。

（2）选中需要输入公式的单元格F3。

（3）单击"公式"选项卡上"函数库"选项组的"自动求和"旁的倒三角按钮，在弹出的"自动求和"下拉列表中选择"求和"选项，如图5—27所示。

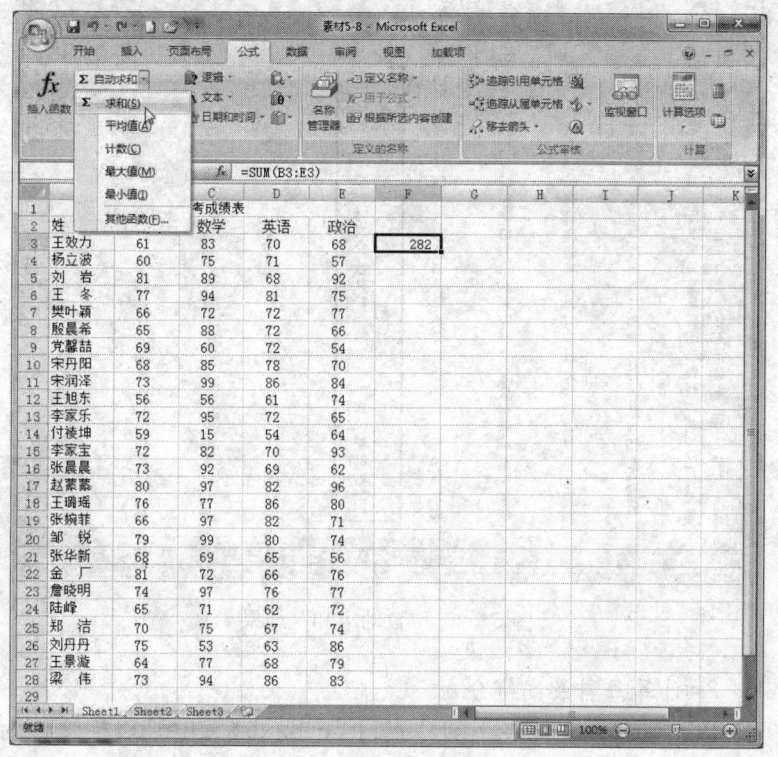

图5—27 选择"自动求和"-"求和"

（4）单击输入按钮✓或按Enter键，在单元格F3中显示第一个人的总成绩为282。

（5）将鼠标放在该单元格右下角的填充柄上，按住左键从单元格F3拖曳到单元格F28，即可将每个人的总成绩求出，如图

5—28 所示。

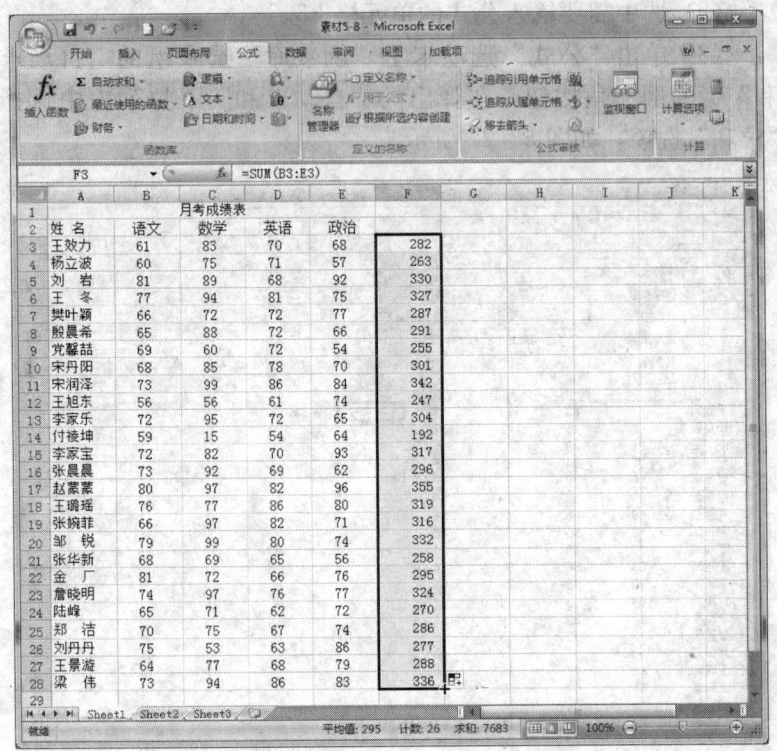

图 5—28 "自动求和"结果

2. 计算每科最高得分

以"素材"文件夹中的"素材 5-8.xlsx"电子表格文件为例进行说明。计算每科最高得分。

（1）方法 1

1）打开"素材"文件夹中的"素材 5-8.xlsx"电子表格文件，选中单元格 A29，输入"最高分"。

2）选中需要输入公式的单元格 B29。

3）单击"公式"选项卡上"函数库"选项组中的"自动求

和"旁的倒三角按钮,在弹出的"自动求和"下拉列表中选择"最大值"选项,如图5—29所示。

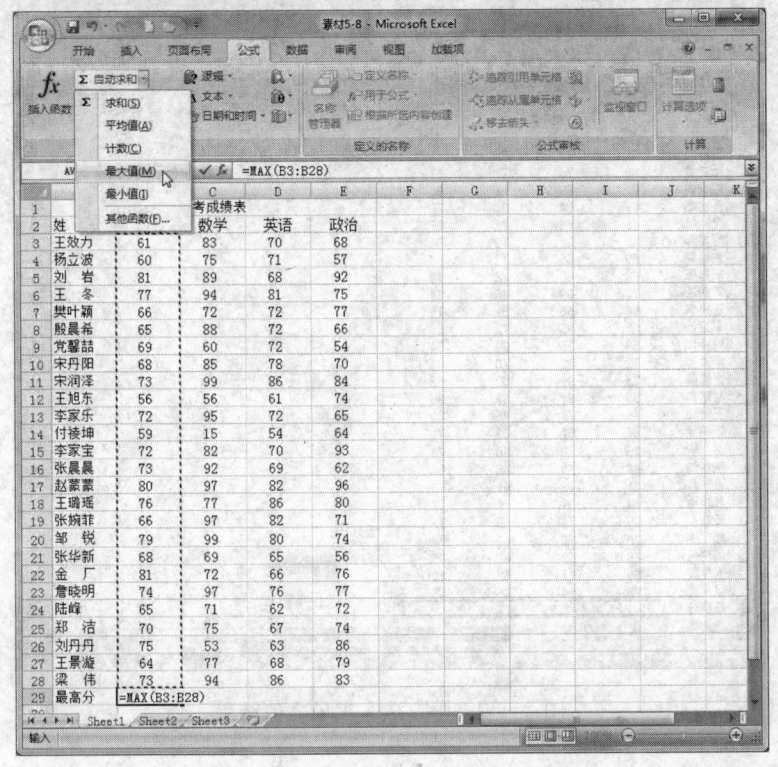

图5—29 用方法1求最大值的公式

4)在编辑栏中弹出公式,单击输入按钮✓或按Enter键,在单元格B29中显示语文的最高分为81。

5)将鼠标放在单元格B29右下角的填充柄上,按住左键从单元格B29拖曳到单元格E29,即可计算出每科最高分,其结果如图5—30所示。

(2)方法2

1)打开"素材"文件夹中的"素材5-8.xlsx"电子表格文

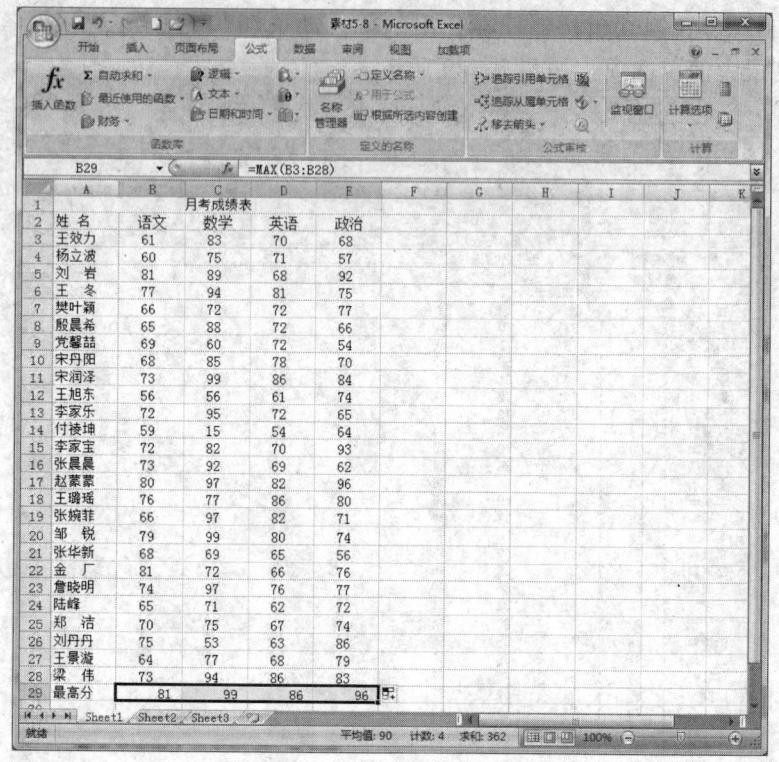

图 5—30 用方法 1 求最大值结果

件,选中单元格 A29,输入"最高分"。

2) 选中需要输入公式的单元格 B29。

3) 拖曳选择单元格 B29 到单元格 E29。

4) 单击"公式"选项卡上"函数库"选项组中的"自动求和"旁的倒三角按钮,在弹出的"自动求和"下拉列表中选择"最大值"选项,即可计算出每科最高分。

3. 计算每科最低得分

以"素材"文件夹中的"素材 5-8.xlsx"电子表格文件为例进行说明。计算每科最低得分。

（1）打开"素材"文件夹中的"素材 5-8.xlsx"电子表格文件，选中单元格 A30，输入"最低分"。

（2）选中需要输入公式的单元格 B30。

（3）单击"公式"选项卡上"函数库"选项组中的"自动求和"旁的倒三角按钮，在弹出的"自动求和"下拉列表中选择"最小值"选项。

（4）重新选择函数区域。图 5—31 所示为单元格 B3 到单元格 B28，单击输入按钮 或按 Enter 键，在单元格 B30 中显示语文的最低分为 56。

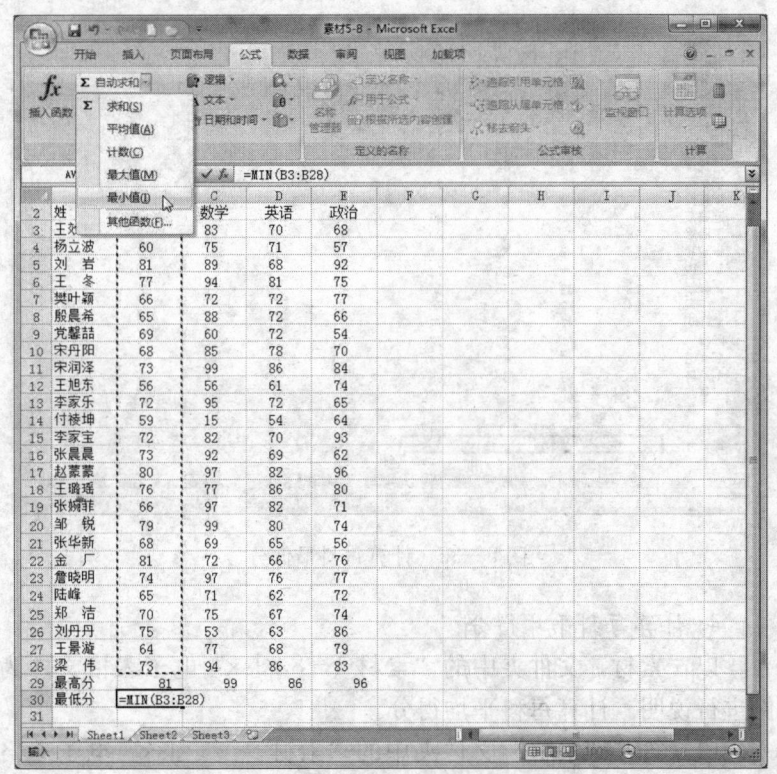

图 5—31 最小值公式

（5）将鼠标放在单元格 B30 右下角的填充柄上，按住左键从单元格 B30 拖曳到单元格 E30，即可计算出每科最低分，结果如图 5—32 所示。

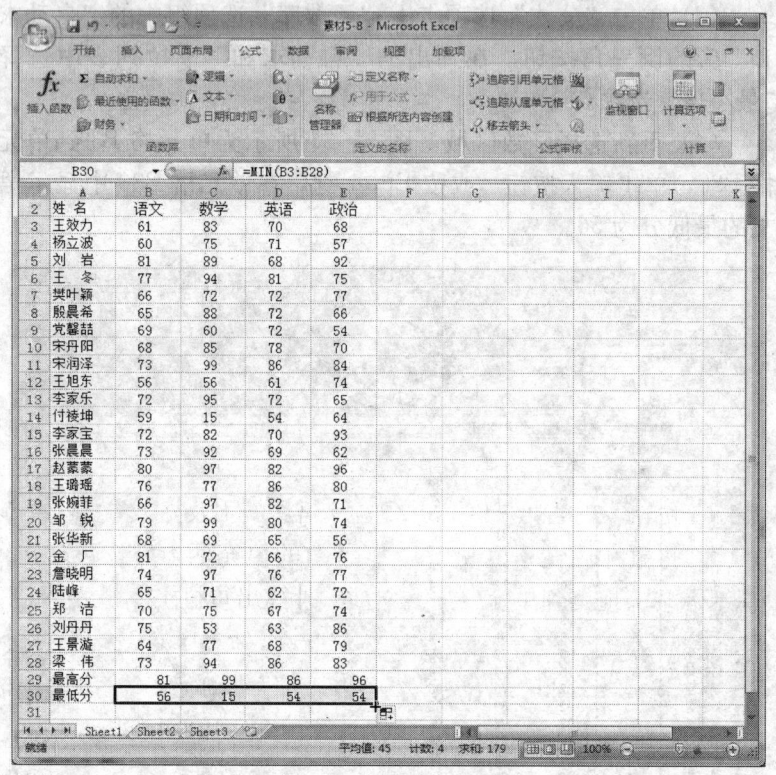

图 5—32　计算每科最低分

4. 计算每科平均得分

以"素材"文件夹中的"素材 5 - 8.xlsx"电子表格文件为例进行说明。计算每科平均得分。

（1）打开"素材"文件夹中的"素材 5 - 8.xlsx"电子表格文件，选中单元格 A31，输入"平均分"。

(2) 选中需要输入公式的单元格 B31。

(3) 单击"公式"选项卡上"函数库"选项组中的"自动求和"旁的倒三角按钮,在弹出的"自动求和"下拉列表中选择"平均值"选项。

(4) 重新选择函数区域为单元格 B3 到 B28,单击输入按钮 ✓,在单元格 B31 中显示语文的平均分为 70。

(5) 将鼠标放在单元格 B31 右下角的填充柄上,按住左键从单元格 B31 拖曳到单元格 E31,即可计算出每科平均分。

5. 统计每科不及格人数

以"素材"文件夹中的"素材 5 - 8.xlsx"电子表格文件为例进行说明。统计每科不及格人数。

(1) 打开"素材"文件夹中的"素材 5 - 8.xlsx"电子表格文件,选中单元格 A32,输入"不及格人数"。

(2) 选中需要输入公式的单元格 B32。

(3) 在编辑栏中输入"=COUNTIF(B3:B28,"<60")",单击输入按钮 ✓,在单元格 B32 中显示语文的不及格人数为 2。

(4) 将鼠标放在单元格 B32 右下角的填充柄上,按住左键从单元格 B32 拖曳到单元格 E32,即可计算出每科不及格人数。

第六单元 管理工作表中的数据

模块一 排序与筛选操作

学习目标:

1. 掌握简单排序、关键字排序、自定义排序方法和自动筛选、自定义筛选、高级筛选、取消筛选的操作方法。

2. 理解客户资料管理表排序、筛选客户资料管理表的操作方法。

一、工作表中数据排序

1. 数据清单

(1) 数据清单的概念。在 Excel 2007 中要对数据进行数据库方式的管理工作,就必须遵循一定的要求放置数据,数据清单就是在满足这些条件下所组成的数据表格形式。数据清单中的信息是按表格的方式存放的,这是一个二维数据库,而表格又是由行和列构成的,用列表示字段,用行表示记录。

(2) 数据清单的组成。数据清单是一种特殊的表格,需由两部分组成,即表结构和纯数据。表结构为数据清单中的第一行和第一列的标题,Excel 2007 将利用这些标题名对数据进行查找、排序以及筛选等。纯数据部分则是 Excel 2007 实施管理功能的对象。

2. 简单排序

(1) 排序的概念。排序是数据组织的一种手段。通过排序管理操作可将数据清单中的数据按字母顺序、数值大小以及时间的顺序进行排序。

当排序的约束条件只有一个时，可采用"升序"按钮和"降序"按钮来实现快速排序。如果需要设置两个以上的排序约束条件时，可使用"排序"对话框来进行排序条件的设定。

(2) 排序次序。Excel 2007 是根据单元格中的具体内容值进行排序的。在按升序排序时，是按以下次序进行排序的：

1) 数字从最小的负数到最大的正数进行排序。

2) 字母按英文字母顺序进行排序。对于中文信息则是按其拼音字符进行排序。

3) 文本以及包含数字的文本，按下列次序排序：

0 1 2 3 4 5 6 7 8 9 (空格) ! " # $ % & ( ) * , . / : ; ? @ [\ ] ^ _ ` { | } ~ + < = > A B C D E F G H I J K L M N O P Q R S T U V W X Y Z

撇号（'）和连字符（—）会被忽略。但是，如果两个字符串除了连字符不同外其余都相同，则带连字符的文本排在后面。

4) 逻辑值中，FALSE 排在 TRUE 之前。

5) 所有错误值的优先级相同。

6) 空格始终排在最后。

在按降序排序时，除了空格总是在最后外，其他的排序次序与升序相反。

另外，如果当前列或选定单元格区域的内容是公式，按公式的计算结果进行排序；如果两个关键字段的数据相同，原来在前面的数据排序后仍然排在前面，原来在后面的数据排序后仍然排在后面。

(3) 实例。以"素材"文件夹中的"素材 6-1.xlsx"电子表格文件为例进行说明。对工资进行升序排序。

1) 方法 1

①打开"素材"文件夹中的"素材 6-1.xlsx"电子表格文

件,选中"工资"单元格。

②单击"开始"选项卡上"编辑"选项组中的"排序和筛选"按钮,在弹出的"排序和筛选"下拉菜单(见图6—1)中选择"升序"选项,即可实现对工资的升序排序。

2)方法2

①打开"素材"文件夹中的"素材6-1.xlsx"电子表格文件,选中"工资"单元格。

②单击"数据"选项卡上"排序和筛选"选项组中的升序按钮,如图6—2所示。

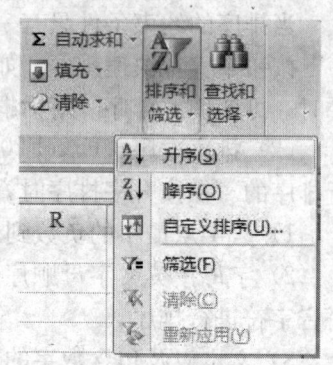

图6—1 "排序和筛选"下拉菜单

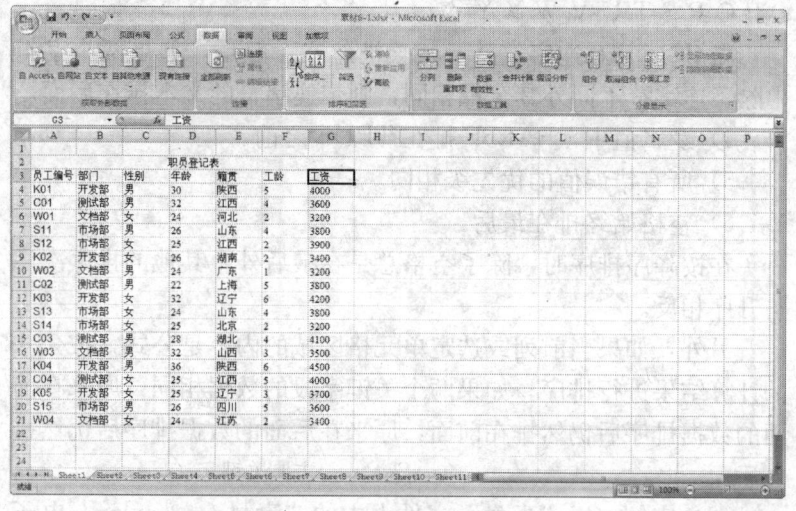

图6—2 升序排列

3.按关键字排序

排序的结果主要由当前设置的排序条件决定,如果此次排序无法明确区分数据的先后顺序,则由下一次设置的排序条件决定先后,以此类推,直至最后按要求定出先后顺序。

以"素材"文件夹中的"素材6-1.xlsx"电子表格文件为例进行说明。首先按"工资"进行降序排序,然后再按"性别"降序定出工资相同的员工的先后次序,最后按"工龄"升序排序。

说明:这里一共用到3个约束条件,即工资、性别、工龄。则在具体设置排序条件时,"主要关键字"应为工资,"次要关键字"为性别,第二个"次要关键字"为工龄。

(1)打开"素材"文件夹中的"素材6-1.xlsx"电子表格文件,选择单元格区域A3:G21。

(2)单击"数据"选项卡上"排序和筛选"选项组中"排序"按钮。

(3)在弹出的"排序"对话框中选择"主要关键字"为"工资",选择"次序"为"降序",如图6—3所示。

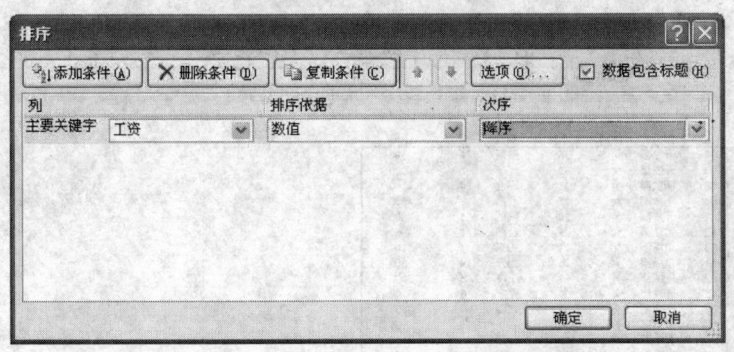

图6—3 "排序"对话框-主要关键字

(4)单击"添加条件"按钮,添加"次要关键字"并为其选择"性别"选项,选择"次序"为"降序"。

(5)单击"添加条件"按钮,添加第二个"次要关键字"并为其选择"工龄"选项,选择"次序"为"升序",如图 6—4 所示。

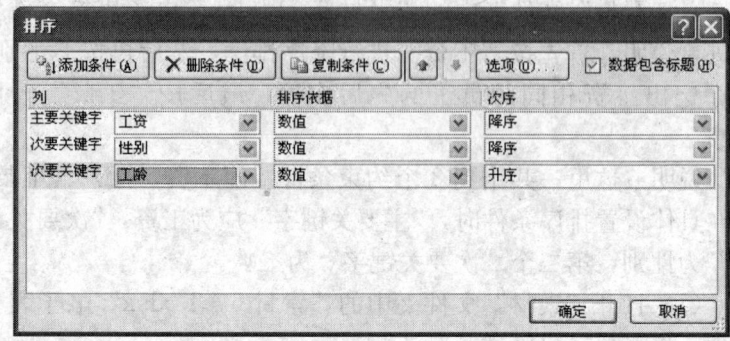

图 6—4 "排序"对话框-次要关键字

(6) 单击"确定"按钮,排序结果如图 6—5 所示。

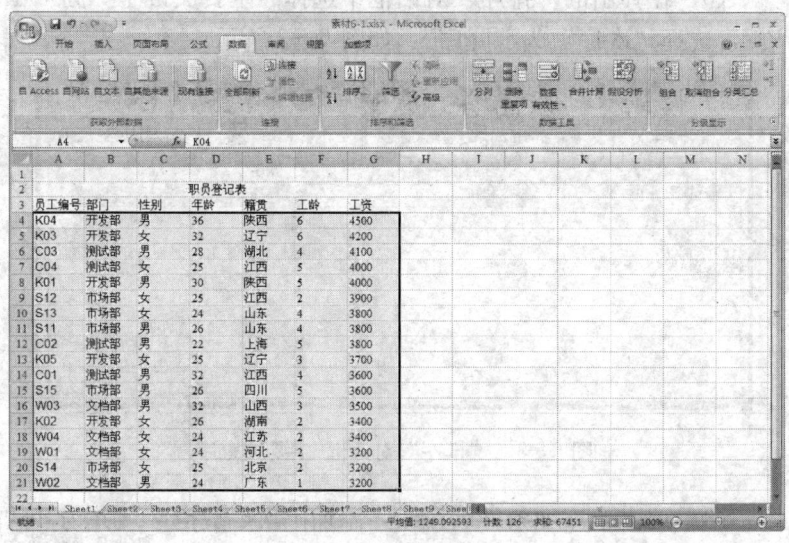

图 6—5 排序结果

4. 自定义排序

自定义排序是可以根据需要定义一个自定义排序序列,而不受 Excel 2007 对各种类型数据的排序规则的限制。

以"素材"文件夹中的"素材 6-1.xlsx"电子表格文件为例进行说明。按部门排列顺序为开发部、测试部、文档部和市场部,而不是按照字母顺序进行排序(升序方式为测试部、开发部、市场部和文档部,降序方式为文档部、市场部、开发部和测试部),可以在"排序"对话框中单击"选项"按钮,选择"主要关键字"的自定义排序顺序。

(1)打开"素材"文件夹中的"素材 6-1.xlsx"电子表格文件,选择单元格区域 A3:G21。

(2)单击"数据"选项卡上"排序和筛选"选项组中的"排序"按钮。

(3)在弹出的"排序"对话框中选择主要关键字为"部门",次序为"自定义序列",如图 6—6 所示。

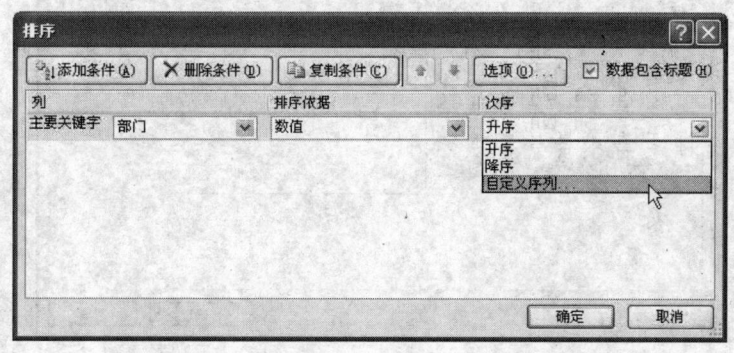

图 6—6 "排序"对话框-自定义序列

(4)在弹出的"自定义序列"对话框中输入新序列,即开发部、测试部、文档部和市场部,如图 6—7 所示,单击"添加"按钮。

(5)添加序列如图 6—8 所示,单击"确定"按钮。

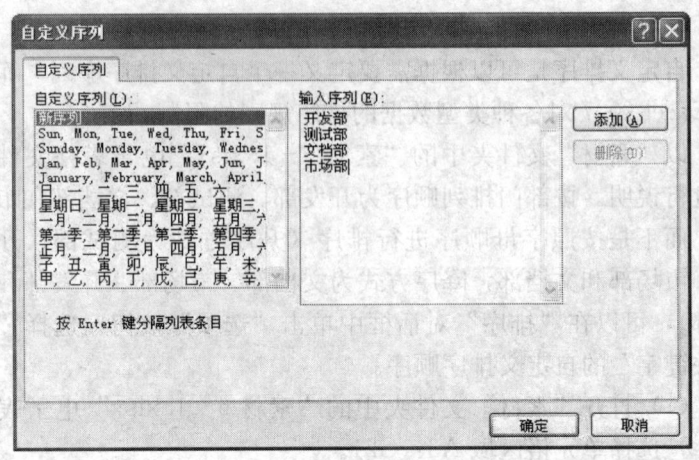

图 6—7 自定义序列排序-1

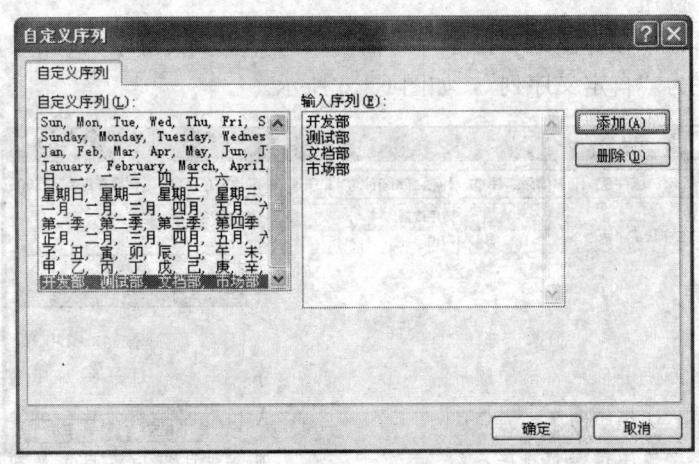

图 6—8 自定义序列排序-2

(6) 返回到"排序"对话框,单击"确定"按钮,排序结果如图 6—9 所示。

图6—9 自定义序列排序结果

注意

自定义排序顺序只能用于"主要关键字"下拉列表框中指定的数据列。如果要使用自定义排序顺序对多个数据列排序,需分别对每一对应数据列执行一次排序操作。例如,如果要依次对列 A 和列 B 进行排序,就要先按自定义顺序对列 B 排序,然后使用"排序选项"对话框指定自定义排序顺序,再对列 A 进行排序。

5. 客户资料管理表排序

以"素材"文件夹中的"素材 6-2.xlsx"电子表格文件为例进行说明。即对"客户资料管理表"工作簿按照"目前消费金额"降序排序,"目前消费金额"相同的按"最近消费金额"降序排序。

（1）打开"素材"文件夹中的"素材 6-2.xlsx"电子表格文件，选择单元格区域 A3：E22。

（2）单击"数据"选项卡上"排序和筛选"选项组中的"排序"按钮。

（3）在弹出的"排序"对话框的"主要关键字"列表中选择"目前消费金额"选项，在"次序"列表中选择"降序"选项。

（4）单击"添加条件"按钮，添加"次要关键字"为"最近消费金额"，在"次序"列表中选择"降序"选项。

（5）单击"确定"按钮，排序结果如图 6—10 所示。

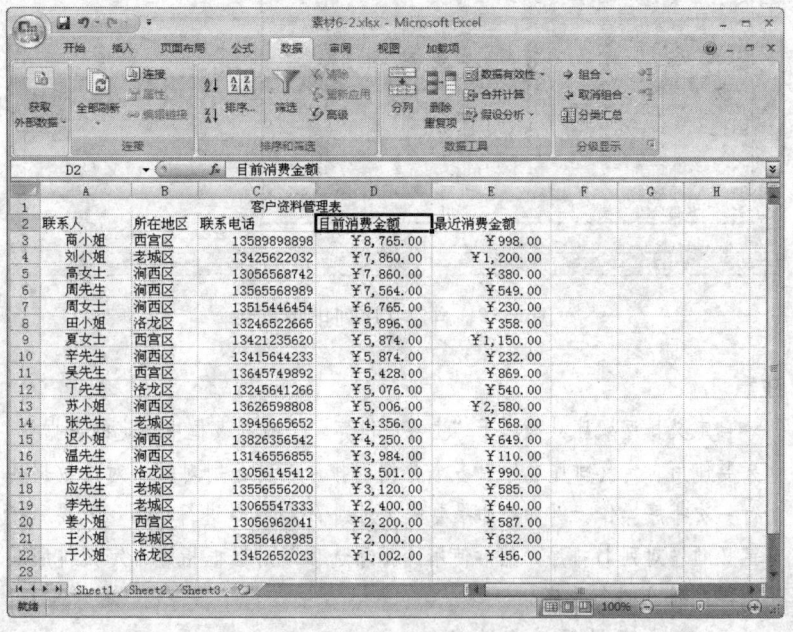

图 6—10 客户资料管理表排序结果

二、筛选管理工作表

筛选是指在数据清单中提取出满足条件的记录。

筛选功能可实现在数据清单中提取出满足筛选条件的数据，不满足条件的数据只是暂时被隐藏起来（并未真正被删除掉），一旦筛选条件被撤走，这些数据又会重新出现。

Excel 2007 提供的筛选清单的命令包括：自动筛选、按选定内容筛选，适用于简单条件；高级筛选，适用于复杂条件。

1. 自动筛选

自动筛选功能使用户能够快速地在数据清单的大量数据中提取有用的数据，隐藏暂时没用的数据。

以"素材"文件夹中的"素材 6-1.xlsx"电子表格文件为例进行说明。设置自动筛选并查看所有性别为"男"的表信息。

（1）方法 1

1）打开"素材"文件夹中的"素材 6-1.xlsx"电子表格文件，选择单元格区域 A3：G21。

2）单击"开始"选项卡上"编辑"选项组中的"排序和筛选"按钮，在弹出的"排序和筛选"下拉菜单中选择"筛选"选项，如图 6—11 所示。

3）单击"性别"旁的倒三角按钮，在弹出的列表中勾选"男"复选按钮，如图 6—12 所示，单击"确定"按钮完成此项筛选操作。

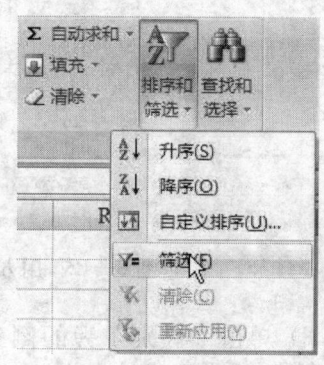

图 6—11 "排序和筛选"下拉菜单

（2）方法 2

1）打开"素材"文件夹中的"素材 6-1.xlsx"电子表格文件，选择单元格区域 A3：G21。

单击"数据"选项卡上"排序和筛选"选项组中的"筛选"按钮，如图 6—13 所示。

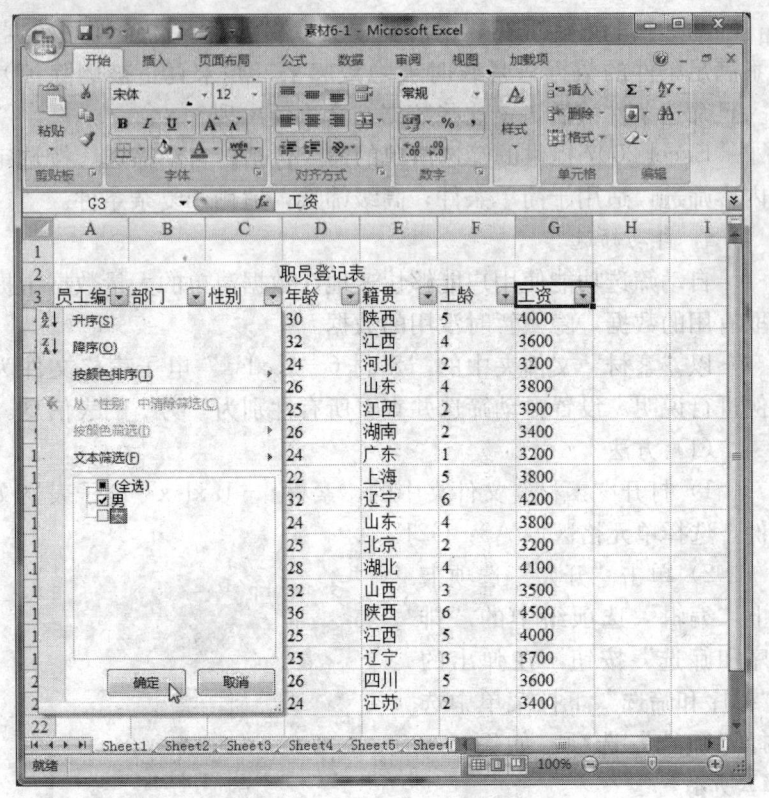

图6—12　用方法1自动筛选男性

　　2）单击"性别"旁的倒三角按钮，在弹出的列表中勾选"男"复选按钮，如图6—13所示，单击"确定"按钮完成此项筛选操作。

注意

　　1. 如果要取消某一个筛选条件，只需重新单击对应下拉列表，然后单击其中"全选"选项即可。

　　2. 从多个下拉列表中选定了条件后，这些被选中的条件之间将具有"与"的关系。

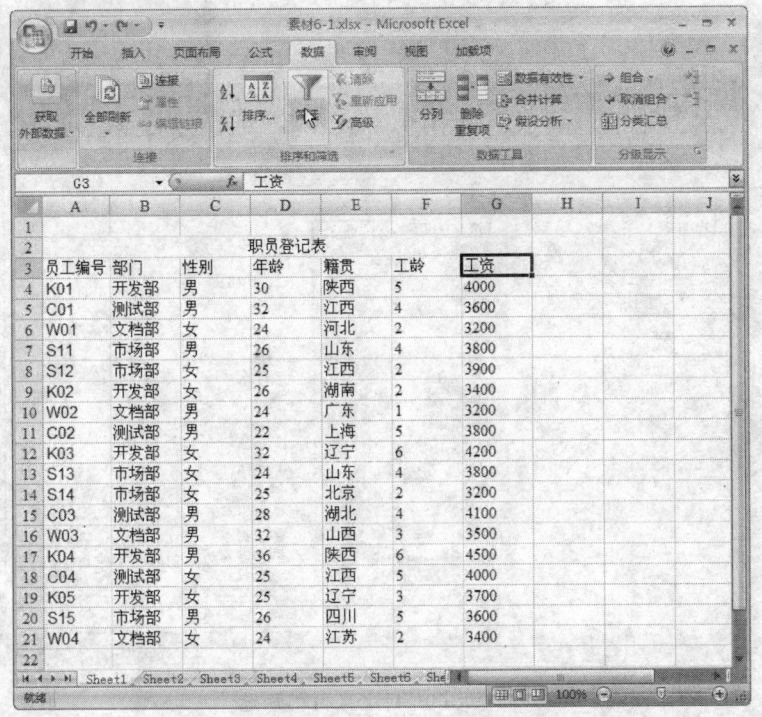

图 6—13 用方法 2 自动筛选男性

2. 自定义筛选

对于某些特殊条件，可以用自定义自动筛选来完成。

例如，上例中，要使用"自定义自动筛选"，筛选工资高于 3800 的男职工。

（1）在"工资"下拉列表中选择"数字筛选→大于或等于"选项，如图 6—14 所示。

（2）在弹出的"自定义自动筛选方式"对话框中，"显示行"选项区"工资"选项的下拉列表中选择"大于或等于"，右边输入"3800"，如图 6—15 所示，单击"确定"按钮。自定义自动筛选后的结果如图 6—16 所示。

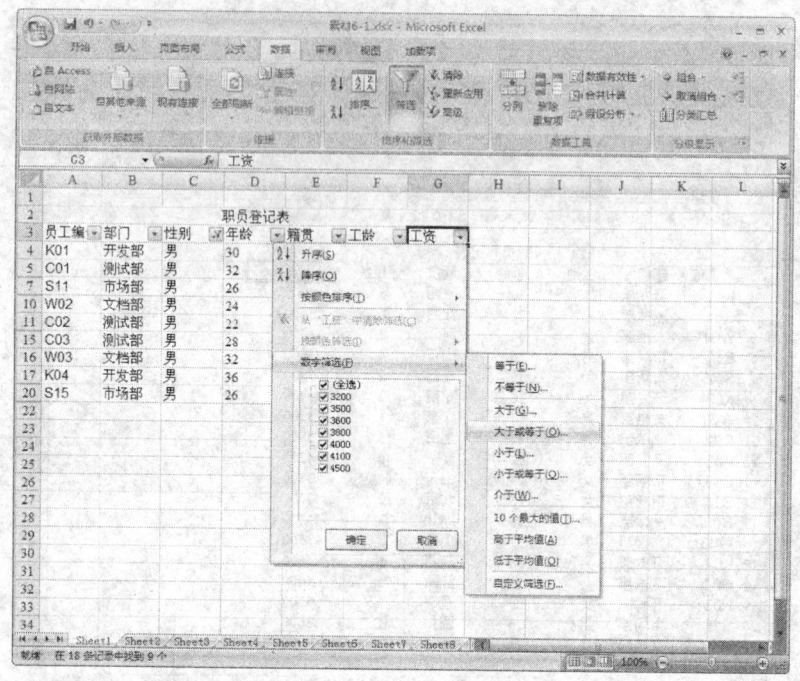

图 6—14　自定义自动筛选

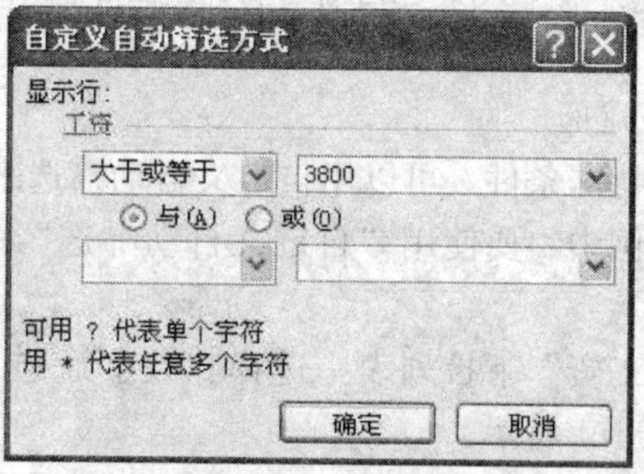

图 6—15　自定义自动筛选方式

3. 高级筛选

高级筛选命令能筛选那些需要匹配计算条件或筛选条件中包

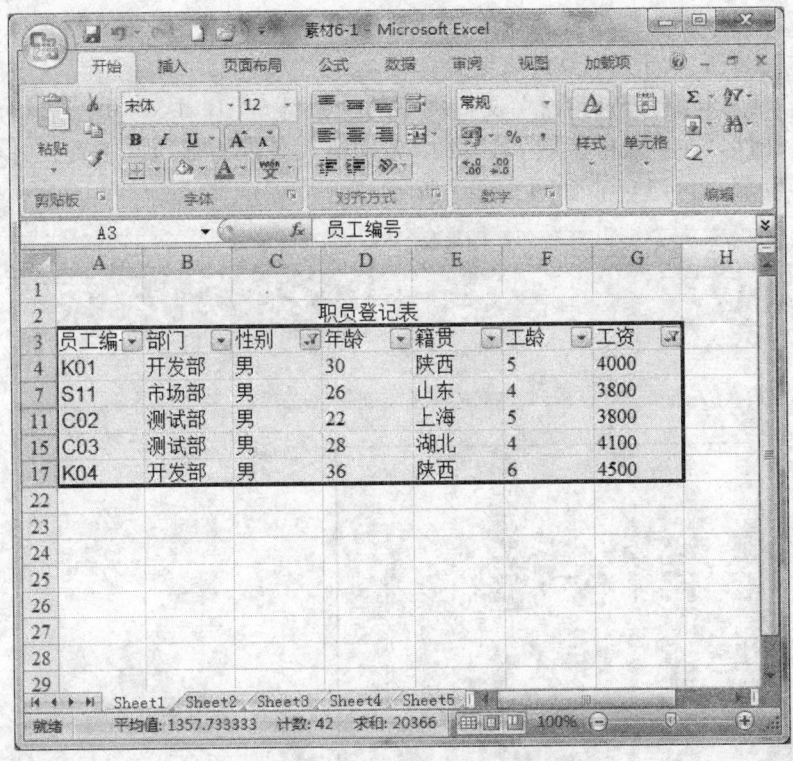

图6—16 自定义自动筛选后的结果

含复杂的"与"和"或"关系的数据。要使用高级筛选命令,必须先建立筛选条件区域,该区域用来指定筛选出的数据必须满足的条件。筛选条件区域类似于一个只包含条件的数据清单,由两部分构成:条件列标题和具体筛选条件,其中首行包含的列标题必须拼写正确,与数据清单中的对应列标题一模一样,具体条件区域中至少要有一行筛选条件。条件区域中"列"与"列"的关系是"与"的关系(即"并且"的关系),"行"与"行"的关系是"或"的关系(即"或者"的关系)。

以"素材"文件夹中的"素材6-1.xlsx"电子表格文件为

例进行说明。设置高级筛选，选出所有部门为“开发部”并且“工资”大于 4 000 的表信息。

（1）打开“素材”文件夹中的“素材 6－1. xlsx”电子表格文件，在单元格区域 I3：J4 中分别输入条件为部门、工资、开发部、>4 000，如图 6—17 所示。

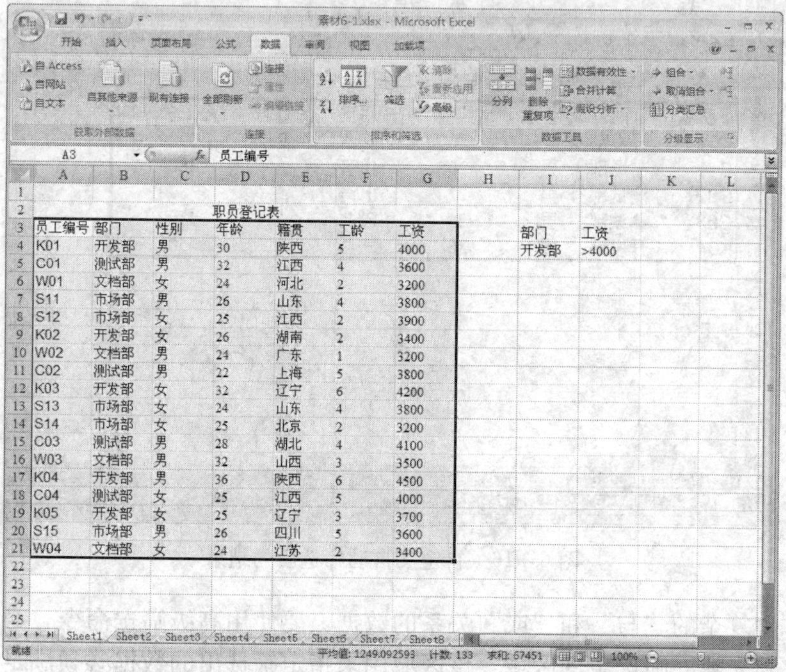

职员登记表

员工编号	部门	性别	年龄	籍贯	工龄	工资
K01	开发部	男	30	陕西	5	4000
C01	测试部	男	32	江西	4	3600
W01	文档部	女	24	河北	2	3200
S11	市场部	男	26	山东	4	3800
S12	市场部	女	25	江西	2	3900
K02	开发部	女	26	湖南	2	3400
W02	文档部	男	24	广东	1	3200
C02	测试部	男	22	上海	5	3800
K03	开发部	女	32	辽宁	6	4200
S13	市场部	女	24	山东	4	3800
S14	市场部	女	25	北京	2	3200
C03	测试部	男	28	湖北	4	4100
W03	文档部	男	32	山西	3	3500
K04	开发部	男	36	陕西	6	4500
C04	测试部	女	25	江西	5	4000
K05	开发部	女	25	辽宁	3	3700
S15	市场部	男	26	四川	5	3600
W04	文档部	女	24	江苏	2	3400

部门	工资
开发部	>4000

图 6—17　高级筛选

（2）选择单元格区域 A3：G21。

（3）单击“数据”选项卡上“排序和筛选”选项组中的“高级”按钮，如图 6—17 所示。

（4）如图 6—18 所示，在弹出的“高级筛选”对话框中，查看“列表区域”，如果不是单元格区域 A3：G21，则须重新选择。

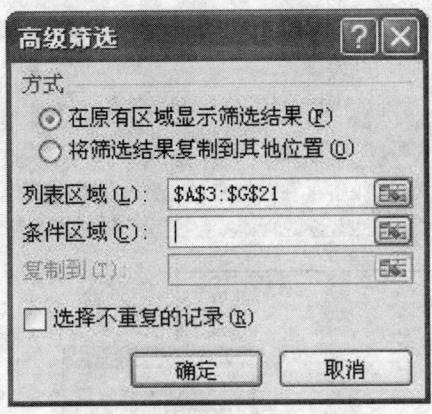

图6—18 "高级筛选"对话框

(5)单击折叠按钮,选择条件区域为单元格区域I3:J4,如图6—19所示。

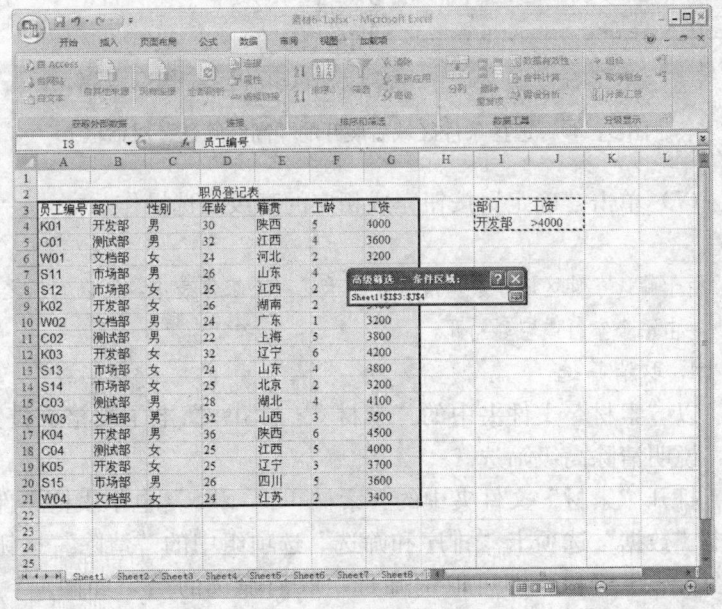

图6—19 选择条件区域

(6) 单击"展开"按钮,如图6—20所示。

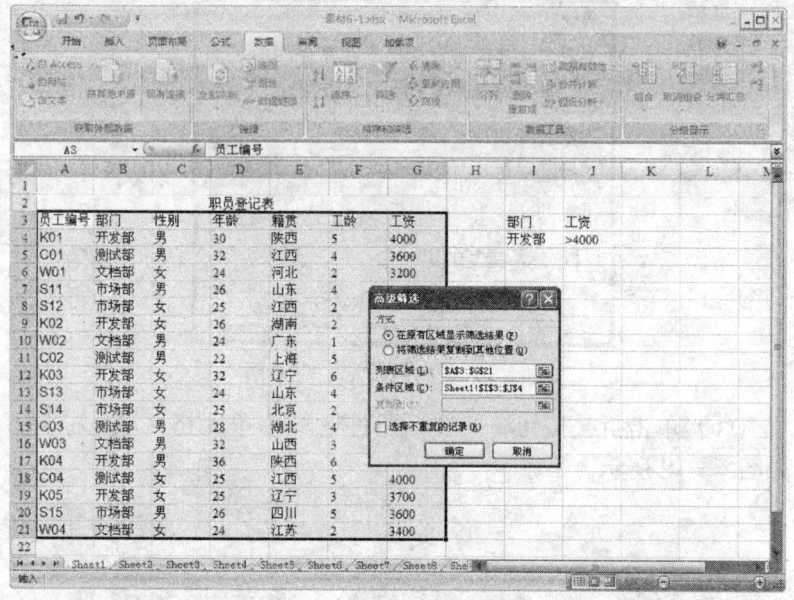

图6—20 选择条件区域后展开的"高级筛选"对话框

(7) 单击"确定"按钮完成相应的高级筛选操作。

注意

由于筛选条件区域和数据清单共处于同一个工作表中,所以它们之间至少要由一个空行或空列隔开。

4. 取消筛选

以"素材"文件夹中的"素材6-1.xlsx"电子表格文件为例,说明清除高级筛选。

打开"素材"文件夹中的"素材6-1.xlsx"电子表格文件,单击"数据"选项卡"排序和筛选"选项组中的"清除"按钮,如图6—21所示。即可取消筛选,取消筛选的结果如图6—17所示。

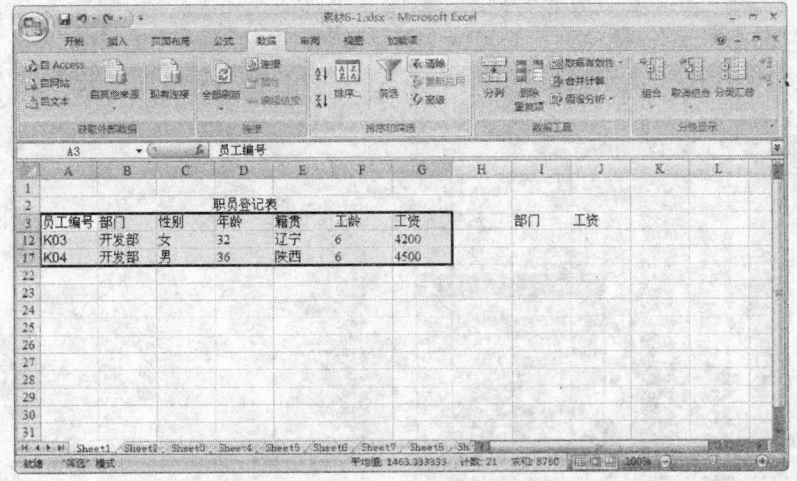

图 6—21 清除筛选前

5. 筛选客户资料管理表

以"素材"文件夹中的"素材 6-2.xlsx"电子表格文件为例进行说明,即对"客户资料管理表"工作簿,筛选出"所在地区"为"涧西区"并且"目前消费金额"在 5 000 元以上的客户。

(1) 用"高级"按钮操作

1) 打开"素材"文件夹中的"素材 6-2.xlsx"电子表格文件。

2) 在单元格区域 G2:H3 中输入条件为所在地区、目前消费金额、涧西区、>5 000。

3) 选择单元格区域 A2:E22。

4) 单击"数据"选项卡上"排序和筛选"选项组中的"高级"按钮。

5) 在弹出的"高级筛选"对话框中,查看"列表区域",如果不是单元格区域 A2:E22,则需重新选择该区域。

6) 单击"折叠"按钮,选择条件区域为单元格区域 G2:H3。

7) 单击"展开"按钮,如图 6—22 所示。

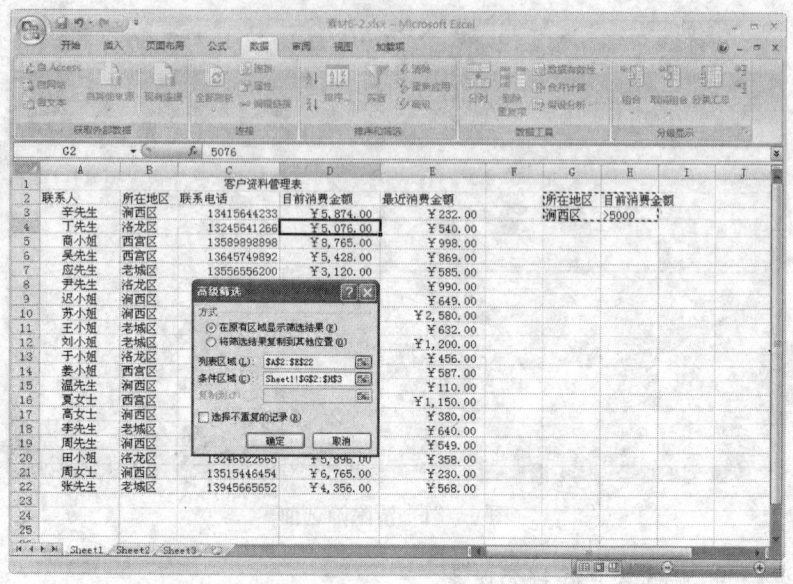

图6—22 客户资料管理表筛选

8)单击"确定"按钮即可完成筛选的操作,筛选结果如图6—23所示。

(2)用"筛选"按钮操作

1)打开"素材"文件夹中的"素材6-2.xlsx"电子表格文件。

2)选择A2:E22单元格。

3)在"数据"选项卡的"排序和筛选"选项组中单击"筛选"按钮。

4)选择"所在区域"为"涧西区"。

5)单击"目前消费金额"下拉列表中的"数字筛选"里的"大于"。

6)在弹出的"自定义自动筛选方式"对话框中,输入"大于""5000"。

7)单击"确定"按钮即可完成筛选的操作,筛选结果如图

6—23所示。

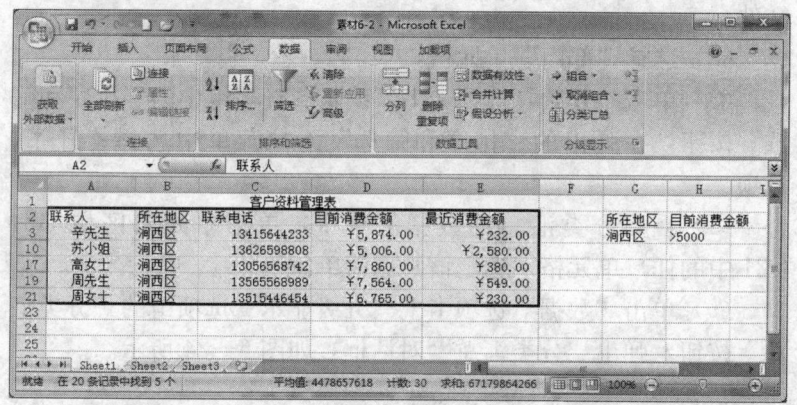

图6—23 筛选结果

模块二 汇总与合并操作

学习目标：
1. 掌握分类汇总方法。
2. 掌握合并数据的操作方法。

一、汇总统计表

分类汇总，顾名思义，就是首先将数据分类（排序），然后再按类进行汇总分析处理。这是在利用基本的数据管理功能将数据清单中大量数据明确化和条理化的基础上，利用Excel 2007提供的函数进行数据汇总。

1. 简单分类汇总

以"素材"文件夹中的"素材6-1.xlsx"电子表格文件为例进行说明，按部门分类汇总各部门工资总额。

（1）打开"素材"文件夹中的"素材 6-1.xlsx"电子表格文件。

（2）选择"部门"单元格。

（3）单击"开始"选项卡上"编辑"选项组中的"排序和筛选"按钮，在弹出的"排序和筛选"下拉菜单中选择"升序"选项。

（4）在要分类汇总的数据清单中，单击单元格区域 A3：G21 中的任一单元格，选定该数据清单。

（5）单击"数据"选项卡上"分级显示"选项组的"分类汇总"按钮，弹出"分类汇总"对话框，如图 6—24 所示。

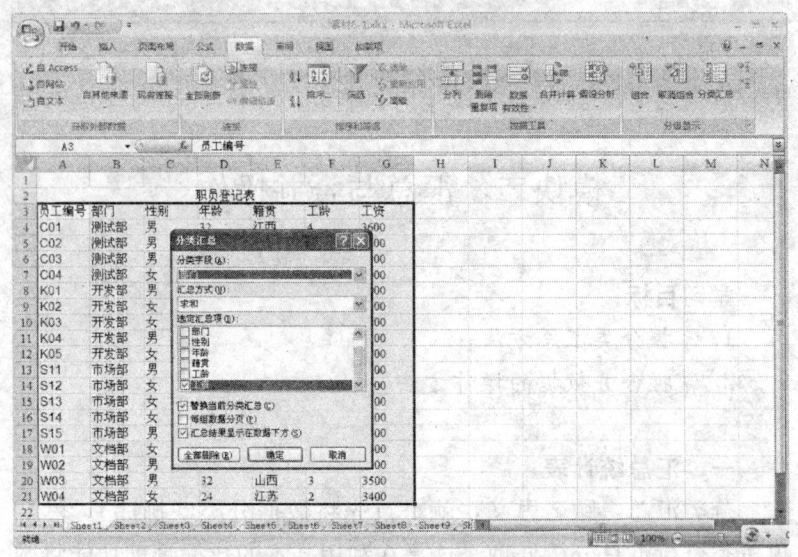

图 6—24 "分类汇总"对话框

（6）在该对话框的"分类字段"下拉列表中选择分类字段为"部门"。

（7）在"汇总方式"下拉列表中选择汇总方式为"求和"。

（8）在"选定汇总项"中勾选其中的"工资"复选按钮。

(9)单击"确定"按钮,简单分类汇总操作完成,结果如图6—25所示。

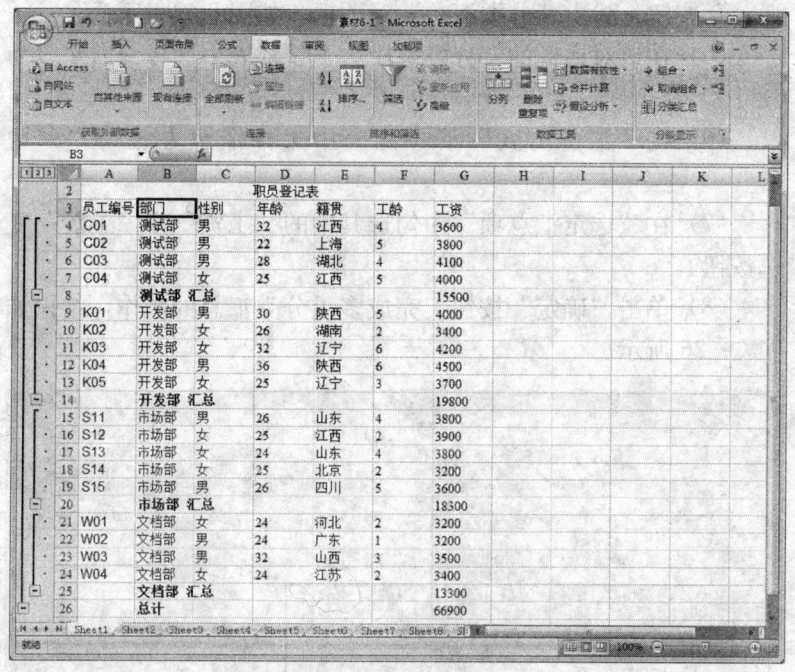

图6—25 简单分类汇总

2. 多重分类汇总

以"素材"文件夹中的"素材6-1.xlsx"电子表格文件为例进行说明,按部门分类汇总各部门工资和工龄的平均值。

(1)打开"素材"文件夹中的"素材6-1.xlsx"电子表格文件,选择"部门"单元格。

(2)单击"开始"选项卡上"编辑"选项组中的"排序和筛选"按钮,在弹出的"排序和筛选"下拉菜单中选择"升序"选项。

(3)在要分类汇总的数据清单中,单击单元格区域A3:

G21中的任一单元格,选定该数据清单。

(4)单击"数据"选项卡上"分级显示"选项组中的"分类汇总"按钮,弹出"分类汇总"对话框,如图6—24所示。

(5)在该对话框的"分类字段"下拉列表中选择分类字段为"部门"。

(6)在"汇总方式"下拉列表中选择汇总方式为"平均值"。

(7)在"选定汇总项"中勾选其中的"工资"和"工龄"复选按钮。

(8)单击"确定"按钮,完成多重分类汇总的操作,结果如图6—26所示。

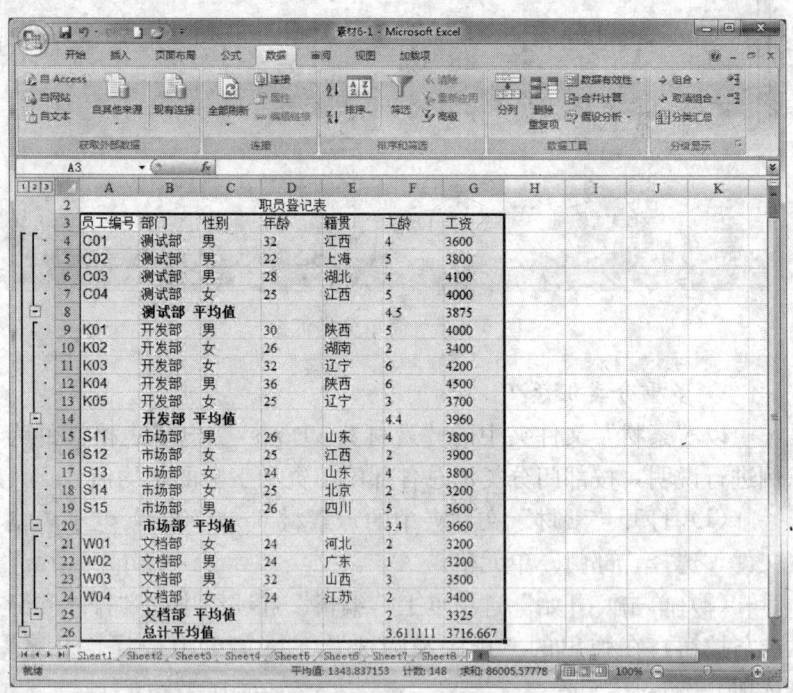

图6—26 多重分类汇总结果

3. 嵌套分类汇总

如果要在每组分类中附加新的分类汇总,即可创建两层分类汇总(嵌套汇总)。嵌套分类汇总命令的使用是在数据已按两个以上关键字排序的前提下进行的。

以"素材"文件夹中的"素材 6-1.xlsx"电子表格文件为例进行说明,要查看每一部门工资的平均值,而且还想细分到每一个部门不同性别的工资平均值,可以进一步使用"分类汇总"命令的实例进行较为详细的说明。

(1) 打开"素材"文件夹中的"素材 6-1.xlsx"电子表格文件,选择"性别"单元格。

(2) 单击"开始"选项卡上"编辑"选项组中的"排序和筛选"按钮,在弹出的"排序和筛选"的下拉菜单中选择"升序"选项。

(3) 选择"部门"单元格,单击"开始"选项卡上"编辑"选项组中"排序和筛选"按钮,在弹出的"排序和筛选"的下拉菜单中选择"升序"选项。

(4) 在要分类汇总的数据清单中,单击单元格区域 A3:G21 中的任一单元格,选定该数据清单。

(5) 单击"数据"选项卡上"分级显示"选项组中"分类汇总"按钮,弹出"分类汇总"对话框。

(6) 在该对话框的"分类字段"下拉列表中选择分类字段为"部门",在"汇总方式"下拉列表中选择汇总方式为"平均值",在"选定汇总项"选项中勾选其中的"工资"复选按钮,单击"确定"按钮。

(7) 单击"数据"选项卡"分级显示"选项组中的"分类汇总"按钮,弹出"分类汇总"对话框,如图 6—27 所示。

(8) 在该对话框中的"分类字段"下拉列表中选择分类字段为"性别",在"汇总方式"下拉列表中选择汇总方式为"平均值",在"选定汇总项"选项区中勾选其中的"工资"复

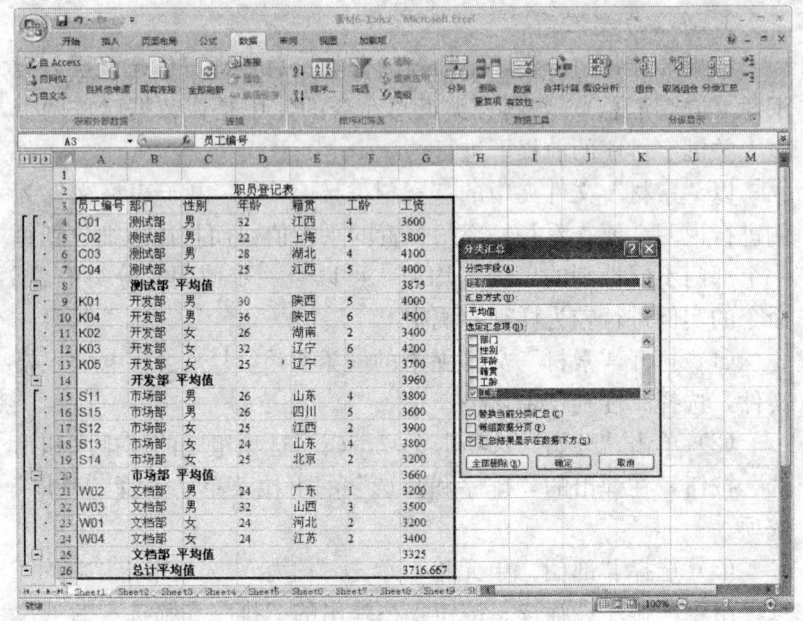

图 6—27 嵌套"分类汇总"对话框

选按钮。

（9）单击"确定"按钮，完成嵌套分类汇总的操作，结果如图 6—28 所示。

注意

要使用分类汇总的数据清单中必须包含带有标题的列，并且数据清单必须在要进行分类汇总的列上排序。

4．分级显示或隐藏汇总结果

（1）隐藏汇总结果。以"素材"文件夹中的"素材 6-1.xlsx"电子表格文件为例进行说明，隐藏测试部男性的汇总结果。

1）打开"素材"文件夹中的"素材 6-1.xlsx"电子表格文件，选择单元格 C7。

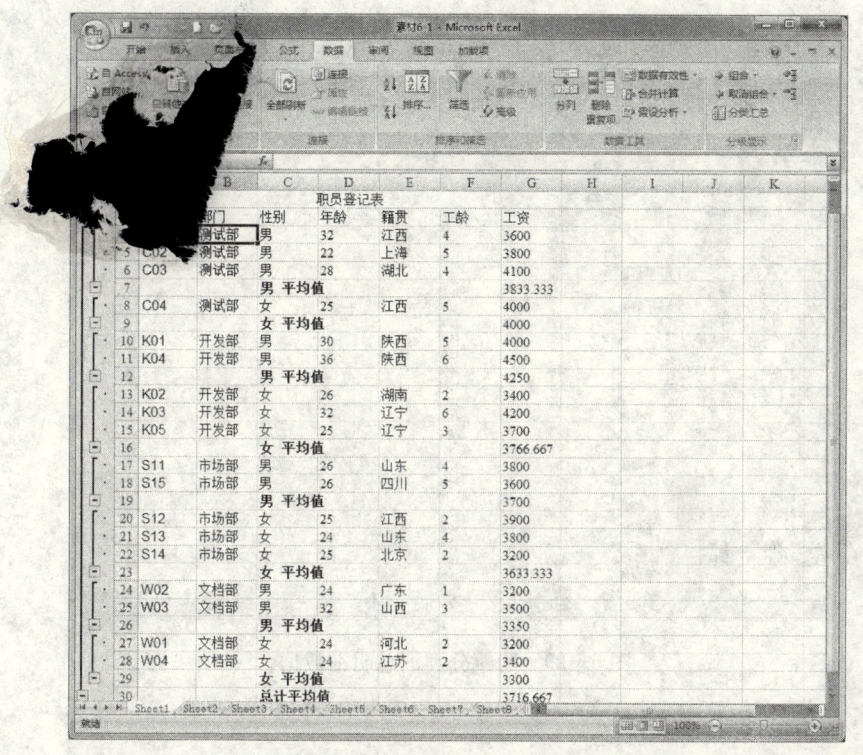

图 6—28 嵌套分类汇总结果

2) 单击"数据"选项卡上"分级显示"选项组中"隐藏明细数据"按钮，如图 6—29 所示，即可完成隐藏汇总结果的操作，如图 6—30 所示。

（2）显示汇总结果。以"素材"文件夹中的"素材 6‑1.xlsx"电子表格文件为例进行说明，将隐藏的测试部男性的汇总结果显示出来。

1) 打开"素材"文件夹中的"素材 6‑1.xlsx"电子表格文件，选择单元格 C7。

2) 单击"数据"选项卡上"分级显示"选项组中的"显示明细数据"按钮，即可完成显示汇总结果的操作。

· 233 ·

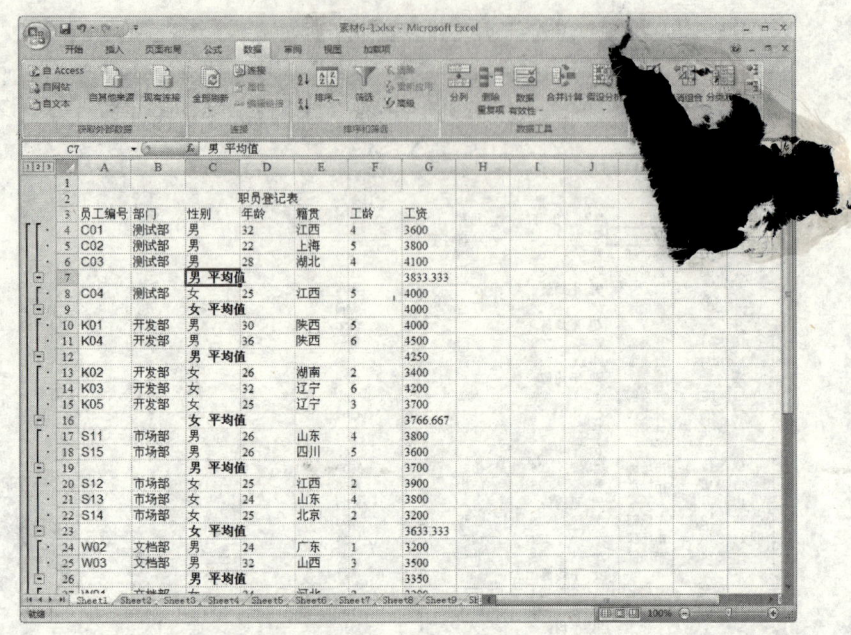

图 6—29 隐藏分类汇总明细数据

5. 取消分类汇总

在分类汇总表中能看到分类的数据报表，有时也会遇到取消分类汇总的操作。

（1）单击"数据"选项卡上"分级显示"选项组中的"分类汇总"按钮。

（2）在弹出的"分类汇总"对话框中单击"全部删除"按钮即可取消分类汇总。

6. 汇总销售业绩统计表

以"素材"文件夹中的"素材 6-1.xlsx"电子表格文件为例进行说明，按性别汇总最大销售数量。

（1）打开"素材"文件夹中的"素材 6-1.xlsx"电子表格文件，选择"性别"单元格。

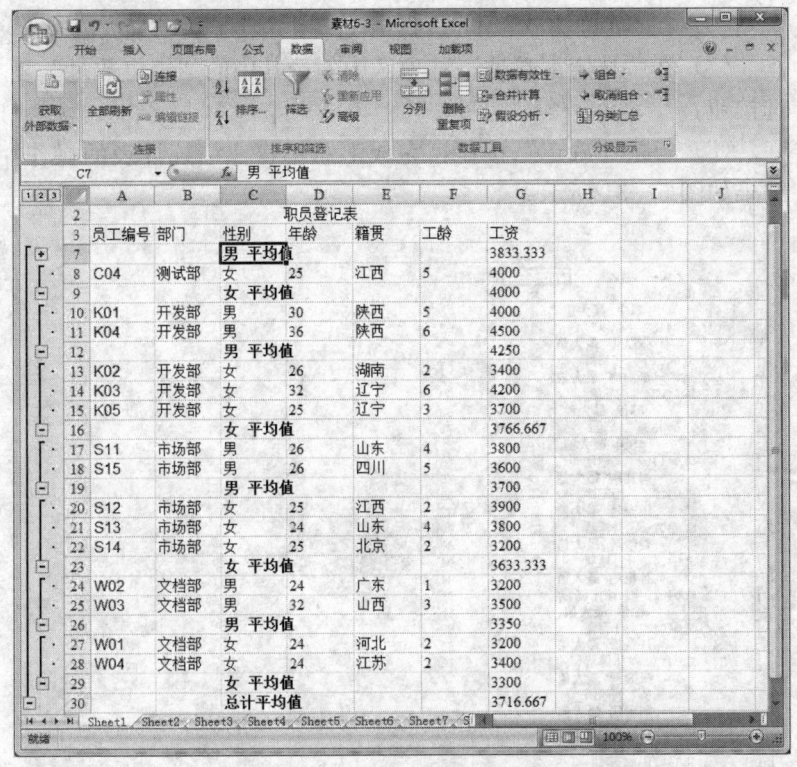

图 6—30 隐藏汇总结果

（2）单击"开始"选项卡上"编辑"选项组中的"排序和筛选"按钮，在弹出的"排序和筛选"的下拉菜单中选择"升序"选项。

（3）在要分类汇总的数据清单中，单击单元格区域 A2：D19 中的任一单元格，选定该数据清单。

（4）单击"数据"选项卡上"分级显示"选项组中的"分类汇总"按钮，弹出"分类汇总"对话框。

（5）在该对话框的"分类字段"下拉列表中选择分类字段为"性别"。

(6) 在"汇总方式"下拉列表中选择汇总方式为"最大值"。

(7) 在"选定汇总项"选项区中勾选其中的"销售数量"复选按钮。

(8) 单击"确定"按钮,完成汇总销售业绩统计表的操作,结果如图6—31所示。

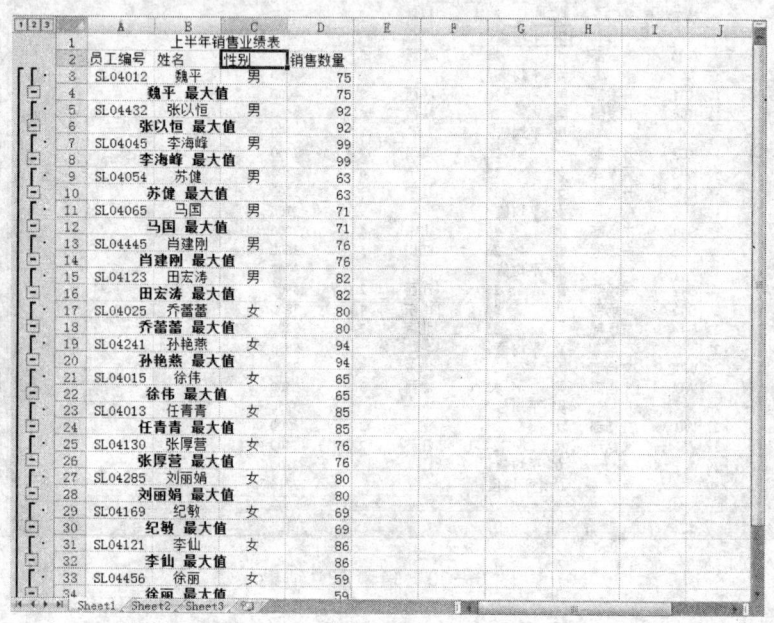

图6—31 汇总销售业绩统计表的结果

二、合并数据

1. 建立合并计算

若要汇总和报告多个单独工作表的结果,可以将每个单独工作表中的数据合并计算到一个主工作表中。这些工作表可以与主工作表在同一个工作簿中,也可以在其他工作簿中。对数据进行合并计算就是要进行组合数据,以便能够更容易地对数据进行定期或不定期的更新和汇总等数据的维护。

以"素材"文件夹中的"素材6-5.xlsx"电子表格文件为例进行说明,使用合并计算将Sheet1中的上半年"销售数量"和Sheet2中的下半年"销售数量"数据合并到Sheet3中的全年"销售数量"中。

(1)打开"素材"文件夹中的"素材6-5.xlsx"电子表格文件,选择Sheet3中的单元格D3。

(2)单击"数据"选项卡"数据工具"选项组中的"合并计算"按钮,弹出"合并计算"对话框,如图6—32所示。

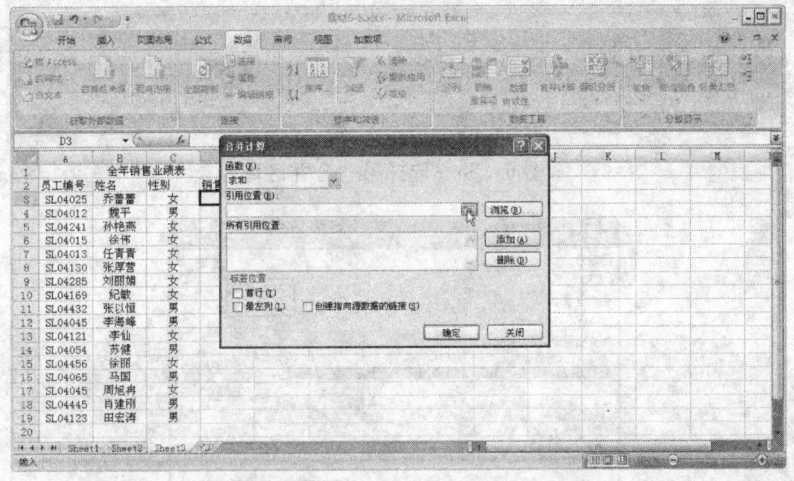

图6—32 弹出"合并计算"对话框

(3)在该对话框中,单击"折叠"按钮,选择Sheet1中的单元格区域D3:D19。

(4)单击"展开"按钮,返回"合并计算"对话框,再单击"添加"按钮,选择第一合并区域,如图6—33所示。

(5)单击"折叠"按钮,选择Sheet2中的单元格区域D3:D19。

(6)单击"展开"按钮,返回"合并计算"对话框,再单击"添加"按钮,如图6—34所示,选择两个合并区域。

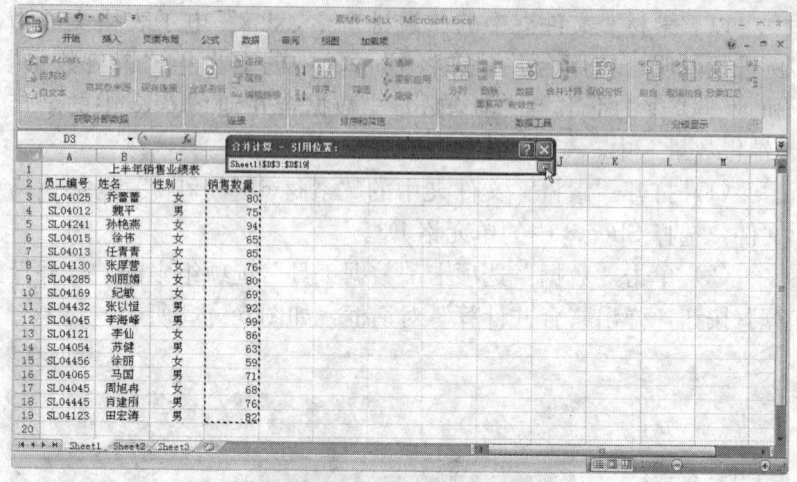

图 6—33 选择第一合并区域

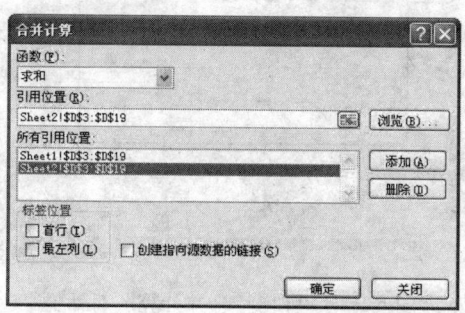

图 6—34 选择两个合并区域

(7)单击"确定"按钮,合并结果在 Sheet3 的单元格区域 D3:D19 中显示,如图 6—35 所示。

2. 更改合并计算

合并后的数据报表也常常会遇到更改合并计算的操作。

以"素材"文件夹中的"素材 6-6. xlsx"电子表格文件为例进行说明,更改合并计算将 Sheet1 中的上半年"销售数量"

	A	B	C	D	E	F	G	H
1			全年销售业绩表					
2	员工编号	姓名	性别	销售数量				
3	SL04025	乔蕾蕾	女	130				
4	SL04012	魏平	男	150				
5	SL04241	孙艳燕	女	194				
6	SL04015	徐伟	女	110				
7	SL04013	任青青	女	143				
8	SL04130	张厚营	女	139				
9	SL04285	刘丽娟	女	136				
10	SL04169	纪敏	女	138				
11	SL04432	张以恒	男	180				
12	SL04045	李海峰	男	200				
13	SL04121	李仙	女	174				
14	SL04054	苏健	男	128				
15	SL04456	徐丽	女	119				
16	SL04065	马国	男	168				
17	SL04045	周旭冉	女	102				
18	SL04445	肖建刚	男	163				
19	SL04123	田宏涛	男	180				
20								

图6—35 合并结果

和Sheet2中的下半年"销售数量"的所有数据合并到Sheet3中的全年"销售数量"中。

（1）打开"素材"文件夹中的"素材6-6.xlsx"电子表格文件。

（2）选择Sheet3中的单元格D3。

（3）单击"数据"选项卡上"数据工具"选项组中的"合并计算"按钮。

（4）在弹出的如图6—36所示的"合并计算"对话框中，选择要删除的源区域，单击"删除"按钮即可将第二合并区域删除。

（5）重新选择合并区域，单击"添加"按钮，即可更改合并区域。

（6）单击"确定"按钮完成更改合并计算的操作，更改结果如图6—37所示。

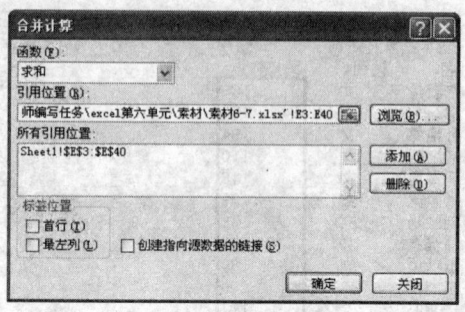

图6—36 选择删除第二个合并区域

	A	B	C	D	E	F	G	H
1		全年销售业绩表						
2	员工编号	姓名	性别	销售数量				
3	SL04025	乔蕾蕾	女	130				
4	SL04012	魏平	男	150				
5	SL04241	孙艳燕	女	194				
6	SL04015	徐伟	女	110				
7	SL04013	任青青	女	143				
8	SL04130	张厚营	女	139				
9	SL04285	刘丽娟	女	136				
10	SL04169	纪敏	女	138				
11	SL04432	张以恒	男	180				
12	SL04045	李海峰	男	200				
13	SL04121	李仙	女	88				
14	SL04054	苏健	男	65				
15	SL04456	徐丽	女	60				
16	SL04065	马国	男	97				
17	SL04045	周旭冉	女	34				
18	SL04445	肖建刚	男	87				
19	SL04123	田宏涛	男	98				
20								

图6—37 更改结果

3. 合并图书销售数据

以"素材"文件夹中的"素材6-7.xlsx""素材6-8.xlsx"电子表格文件为例进行说明,将图书销售数量合并到"素材6-8.xlsx"的工作簿F列中。

(1)打开"素材"文件夹中的"素材6-7.xlsx""素材6-8.xlsx"电子表格文件。

(2) 选择"素材 6-8.xlsx"工作簿的单元格 F2,输入"合并结果"。

(3) 选择单元格 F3,单击"数据"选项卡上"数据工具"选项组中的"合并计算"按钮,弹出"合并计算"对话框。

(4) 在该对话框中,单击"折叠"按钮,选择 Sheet1 中的单元格区域 E3:E40。

(5) 单击"展开"按钮,返回"合并计算"对话框,再单击"添加"按钮,添加第一数据区。

(6) 单击"浏览"按钮,选择"素材"文件夹中的"素材 6-7.xlsx",在感叹号(!)后输入 E3:E40,如图 6—36 所示。

(7) 单击"添加"按钮,如图 6—38 所示,添加第二个数据区。

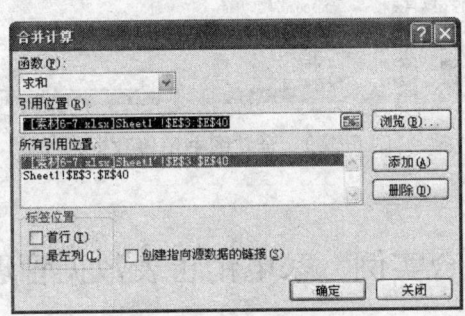

图 6—38 添加第二个数据区

(8) 单击"确定"按钮,合并结果在"素材 6-8.xlsx"中单元格区域 F3:F40 中显示,如图 6—39 所示。

	A	B	C	D	E	F
1	书销售情况表					
2	序号	图书名称	出版社	单价	数量	合并结果
3	1	学前教育学	北京师大	16.00	35	70
4	2	新概念英语	北外音像	16.00	2	4
5	3	新概念英语	北外音像	24.00	2	4
6	4	Flash MX 2	电子工业	45.00	39	78
7	5	现代广告设	复旦大学	48.00	54	108
8	6	健美操与体	高教沪	15.00	78	156
9	7	班级管理(李	高教京	21.10	260	520
10	8	电子琴弹奏	高教京	25.60	1	2
11	9	计算机组成	高教京	29.00	40	80
12	10	统计与概率	高教京	11.30	44	88
13	11	车尔尼钢琴	人民音乐	11.00	34	68
14	12	网页设计与	人民邮电	25.00	40	80
15	13	现代教育技	陕西人民	28.00	174	348
16	14	张道真英语	社科文献	20.00	104	208
17	15	新概念英语	外研社	23.90	74	148
18	16	新概念英语	外研社	29.90	324	648
19	17	哈农钢琴练	西南师大	19.00	34	68
20	18	外国音乐简	中央广播	30.00	36	72
21	19	小学英语教	高教京	22.80	38	76
22	20	小学综合实	高教京	20.80	261	522
23	21	新课程背景	高教京	26.00	405	810
24	22	信息技术课	高教京	17.60	38	76
25	23	艺术概论(编	高教京	20.10	36	72
26	24	英国文学选	高教京	29.30	35	70
27	25	计算机操作	清华大学	19.60	40	80
28	26	计算机操作	清华大学	11.00	40	80
29	27	邓小平理论	人民大学	20.00	401	802
30	28	儿童文学(于	人民教育	18.90	35	70
31	29	学前儿童音	人民教育	21.80	35	70
32	30	音乐(试用	人民教育	15.50	27	54
33	31	中师-美术	人民教育	27.30	27	54

Sheet1 Sheet2 Sheet3

图 6—39　合并图书销售数据

综合实例　家电销售表数据管理

学习目标：

结合本单元所学内容进一步掌握排序、筛选及汇总的操作方法。

一、制作思路

结合本单元讲述内容，通过对 2010 年的销售金额从小到大排序，筛选出 2010 年销售金额大于 100 000 的商品以及汇总不同商品类别的销售金额。

二、制作步骤

1. 对 2010 年的销售金额从小到大排序

以"素材"文件夹中的"素材 6-9.xlsx"电子表格文件为例进行说明,对 2010 年的销售金额从小到大排序。

(1) 打开"素材"文件夹中的"素材 6-9.xlsx"电子表格文件,选中"2010"单元格。

(2) 单击"数据"选项卡上"排序和筛选"选项组中的"升序"按钮,排序结果如图 6—40 所示。

图 6—40　2010 年的销售金额从小到大排序结果

2. 筛选出 2010 年销售金额大于 100 000 的商品

以"素材"文件夹中的"素材 6-9.xlsx"电子表格文件为例进行说明,筛选出 2010 年销售金额大于 100 000 的商品。

(1) 打开"素材"文件夹中的"素材 6-9.xlsx"电子表格文件。

(2)复制单元格区域 E2:E3 内容到单元格区域 G2:G3,将单元格 G3 内容改为">100 000"。

(3)选择单元格区域 A2:E13,单击"数据"选项卡上"排序和筛选"选项组中的"高级"按钮。

(4)在弹出的"高级筛选"对话框中,查看"列表区域",如果不是单元格区域 A2:E13,则须重新选择。

(5)单击"折叠"按钮,选择条件区域为单元格区域 G2:G3。

(6)单击"展开"按钮。最后单击"确定"按钮,筛选出 2010 年销售金额大于 100 000 的商品的操作完成,如图 6—41 所示。

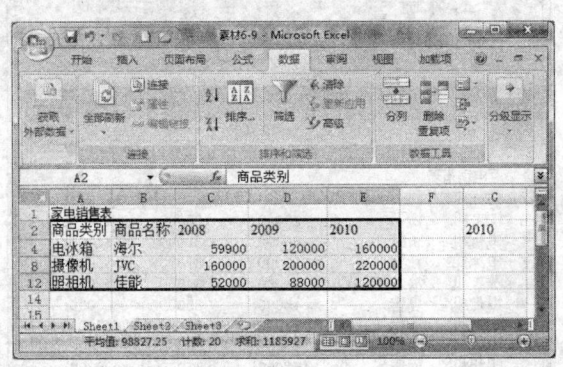

图 6—41　2010 年销售金额大于 100 000 的商品

3. 汇总不同商品类别的销售金额

以"素材"文件夹中的"素材 6-9.xlsx"电子表格文件为例进行说明,汇总不同商品类别的销售金额。

(1)打开"素材"文件夹中的"素材 6-9.xlsx"电子表格文件。

(2)选择"商品类别"单元格。

(3)单击"开始"选项卡上"编辑"选项组中"排序和筛选"按钮,在弹出的"排序和筛选"下拉菜单中选择"升序"选项。

(4) 在要分类汇总的数据清单中,单击单元格区域 A2:E13 中的任一单元格,选定该数据清单。

(5) 单击"数据"选项卡上"分级显示"选项组中的"分类汇总"按钮,弹出"分类汇总"对话框。

(6) 在该对话框的"分类字段"下拉列表中选择分类字段为"商品类别"。

(7) 在"汇总方式"下拉列表中选择汇总方式为"求和"。

(8) 在"选定汇总项"中依次勾选其中的"2008""2009""2010"复选按钮。

(9) 单击"确定"按钮,完成汇总不同商品类别的销售金额操作,如图 6—42 所示。

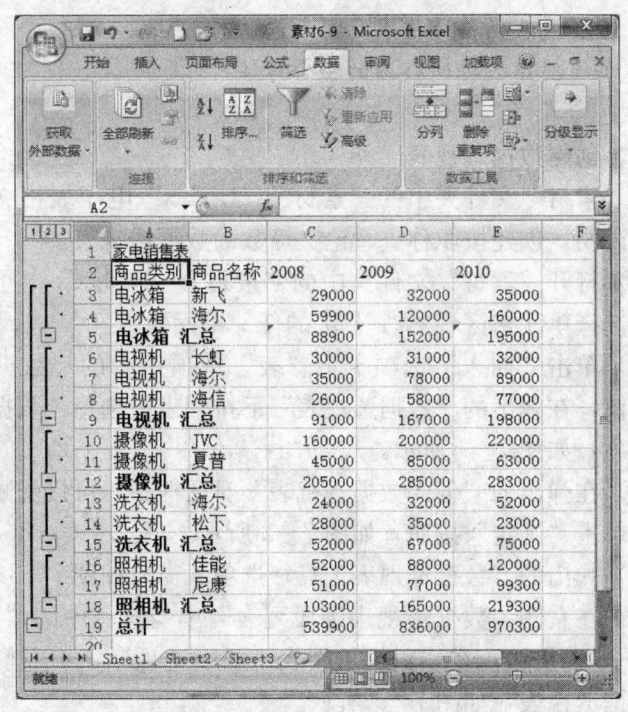

图 6—42 汇总不同商品类别的销售金额

第七单元 使用数据透视表和图表

模块一 创建和编辑数据透视表

学习目标:
1. 了解创建、编辑、设置数据透视表的方法。
2. 理解更改数据透视表数据源的操作方法。
3. 掌握创建数据透视图的操作方法。

一、创建数据透视表

以"素材"文件夹中的"素材 7-1.xlsx"电子表格文件为例进行说明,创建按职称查看论文篇数的数据透视表。

(1) 打开"素材"文件夹中的"素材 7-1.xlsx"电子表格文件,选择单元格区域 A2:F27 的任一单元格。

(2) 单击"插入"选项卡上"表"选项组中的"数据透视表"按钮,在弹出的"数据透视表"下拉列表中选择"数据透视表"选项,如图 7—1 所示。

(3) 在弹出的"创建数据透视表"对话框中,可接受默认的选项,单击"确定"按钮,如图 7—2 所示。

(4) 弹出的"数据透视表工具→选项"窗口如图 7—3 所示。

(5) 在右侧"数据透视表字段列表"中勾选其中的"职称""篇数"复选按钮,在"数据透视表工具→选项"窗口左侧即可出现数据透视表,如图 7—4 所示。

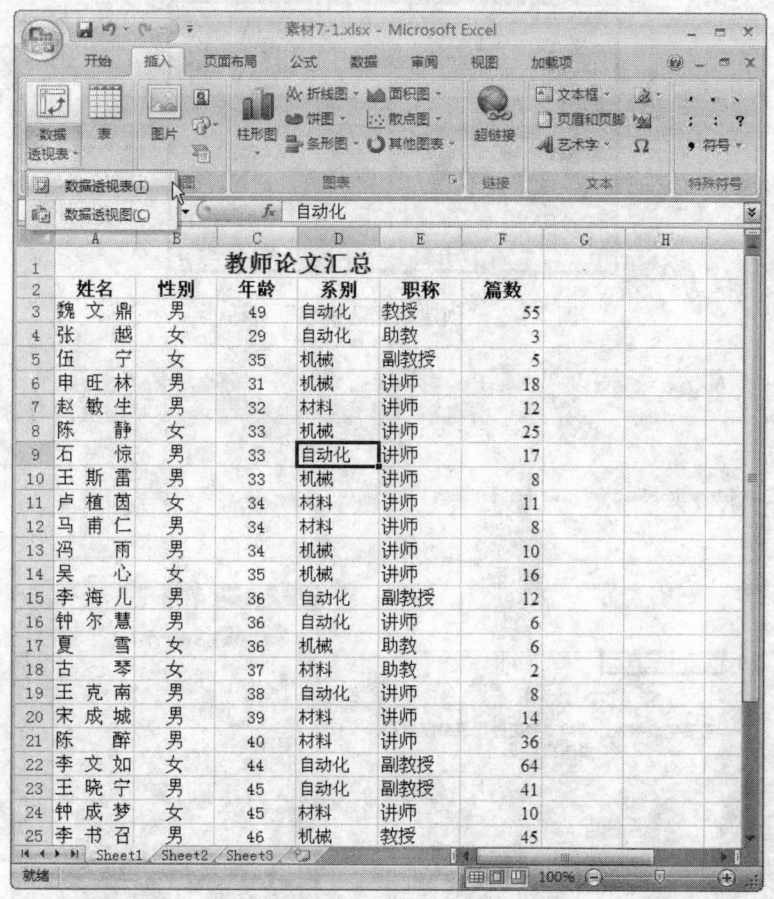

图7—1 选择"数据透视表"选项

二、编辑数据透视表

以"素材"文件夹中的"素材7-1.xlsx"电子表格文件为例进行说明,将创建的按职称查看论文篇数的数据透视表修改为按姓名查看论文篇数的数据透视表。

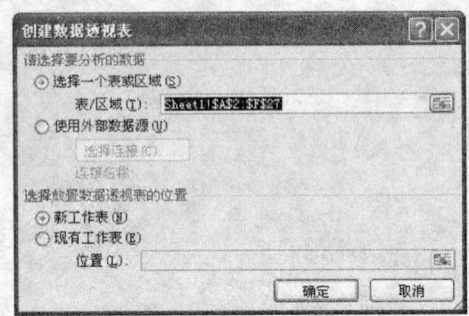

图7—2 "创建数据透视表"对话框

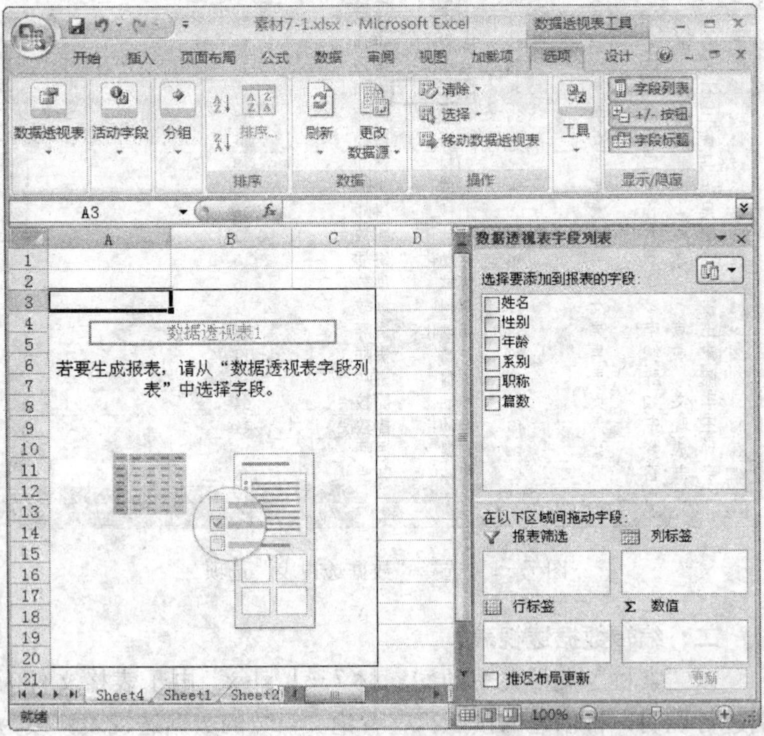

图7—3 "数据透视表工具→选项"窗口

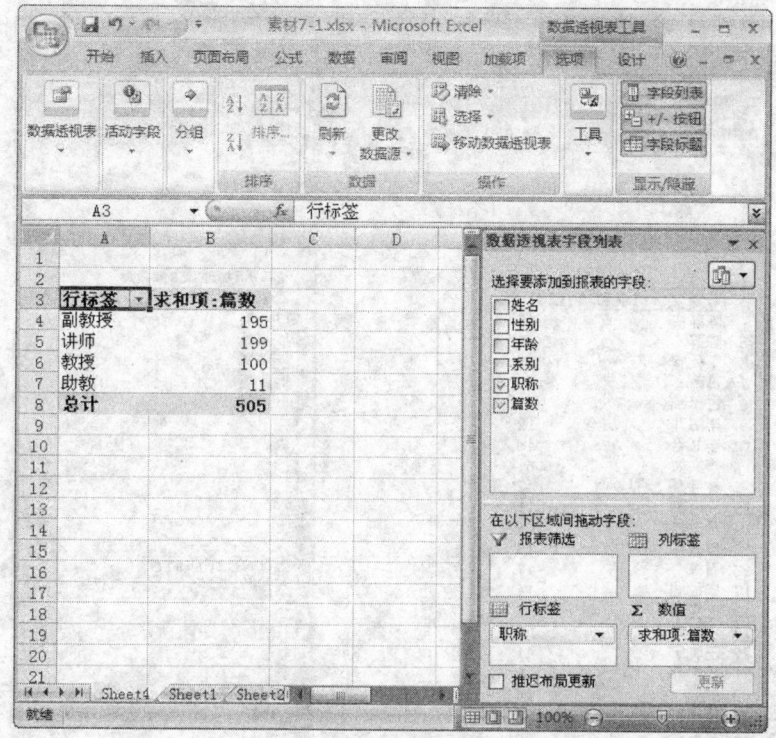

图 7—4 数据透视表 1

(1) 打开"素材"文件夹中的"素材 7 - 1.xlsx"电子表格文件。

(2) 用前面所述方法打开"数据透视表工具→选项"窗口。

(3) 在该窗口右侧"数据透视表字段列表"中去掉勾选的"职称""篇数"复选按钮。

(4) 重新勾选"姓名""篇数",在"数据透视表工具→选项"窗口左侧出现数据透视表,如图 7—5 所示。

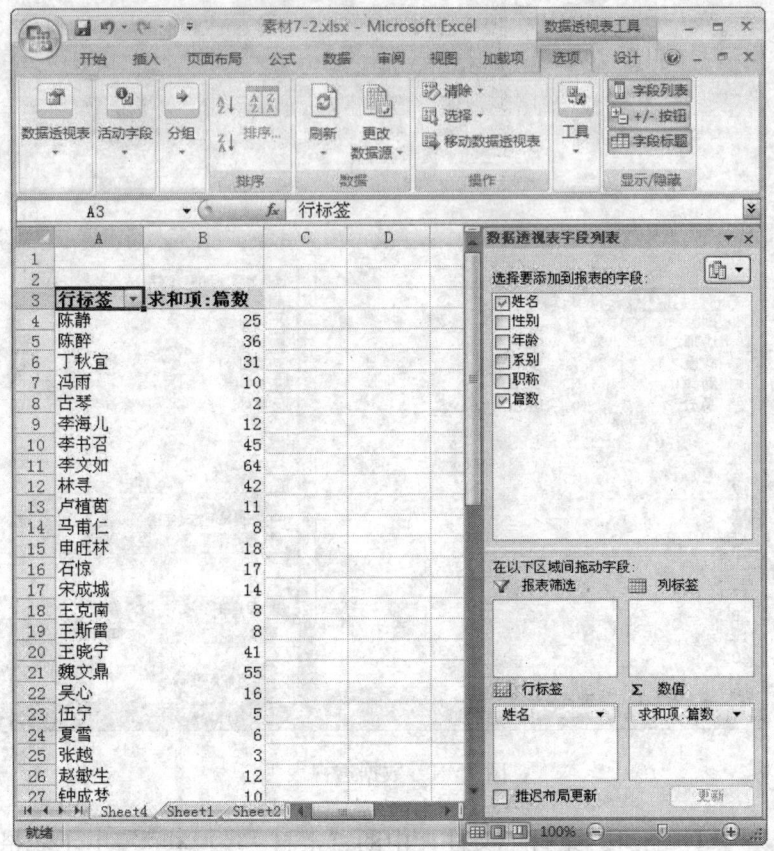

图 7—5 数据透视表 2

三、设置数据透视表样式

通过使用样式库可以轻松更改数据透视表的样式。Excel 2007 提供了大量可以用于快速设置数据透视表格式的预定义表样式。

1. 快速设置数据透视表格式的预定义表样式

（1）单击数据透视表。

（2）单击"设计"选项卡上"数据透视表样式"选项组中浏

· 250 ·

览样式库中的任意可见样式。

提示
若要查看所有可用样式,单击滚动条底部的"其他"按钮。

2. 创建自定义数据透视表样式

在数据透视表的操作中还可以创建自定义数据透视表样式。

(1) 单击数据透视表。

(2) 单击"设计"选项卡上"数据透视表样式"选项组中样式库底部的"新建数据透视表样式",如图7—6所示。

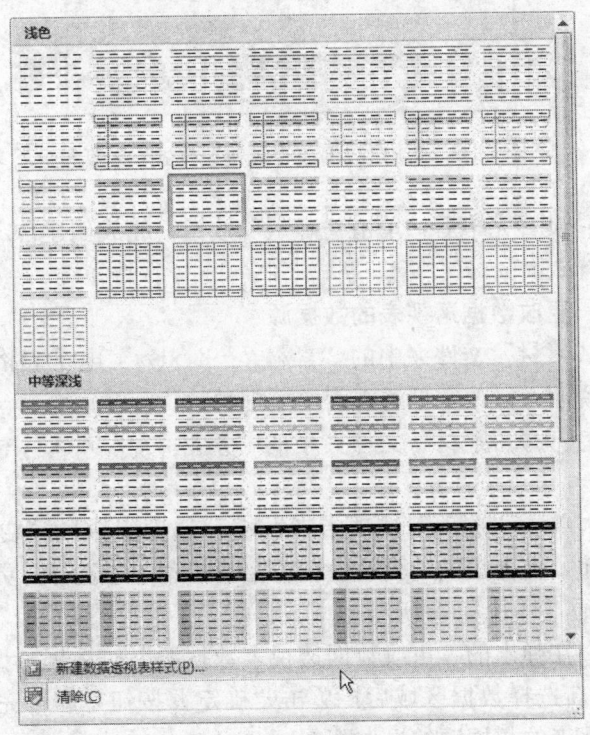

图7—6 数据透视表样式

(3) 在弹出的如图 7—7 所示的 "新建数据透视表快速样式" 对话框中进行设置。

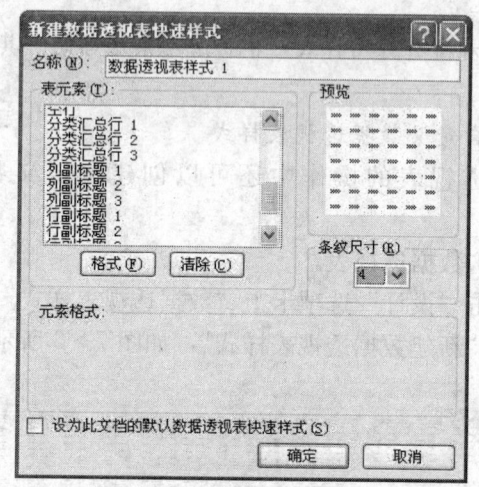

图 7—7 "新建数据透视表快速样式" 对话框

(4) 设置完毕后，单击 "确定" 按钮，完成创建自定义数据透视表样式。

四、更改数据透视表的数据源

以 "素材" 文件夹中的 "素材 7 - 2. xlsx" 电子表格文件为例进行说明，更改数据透视表的数据源。

(1) 打开 "素材" 文件夹中的 "素材 7 - 2. xlsx" 电子表格文件。

(2) 单击 "选项" 选项卡 "数据" 选项组中的 "更改数据源" 按钮，在弹出的 "更改数据源" 下拉菜单中选择 "更改数据源" 选项，如图 7—8 所示。

(3) 在弹出的 "更改数据透视表数据源" 对话框（见图 7—9）中重新选择数据区域后，单击 "确定" 按钮，即可完成更改数据透视表的数据源的操作。

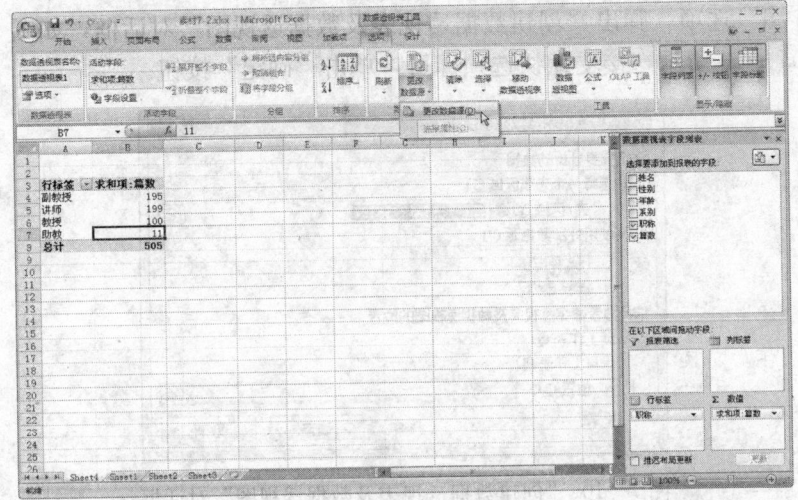

图 7—8 更改数据透视表数据源

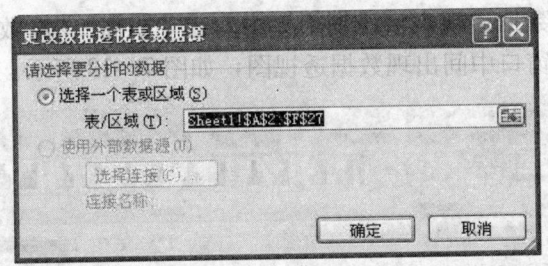

图 7—9 "更改数据透视表数据源"对话框

五、创建数据透视图

以"素材"文件夹中的"素材 7-1.xlsx"电子表格文件为例进行说明,创建按职称查看论文篇数的数据透视图。

(1) 打开"素材"文件夹中的"素材 7-1.xlsx"电子表格文件,选择单元格区域 A2:F27 的任一单元格。

(2) 单击"插入"选项卡上"表"选项组中的"数据透视表"按钮,在弹出的"数据透视表"下拉菜单中选中"数据透视图"选项,弹出"创建数据透视表及数据透视图"对话框,如图7—10所示,接受默认选项即可,单击"确定"按钮。

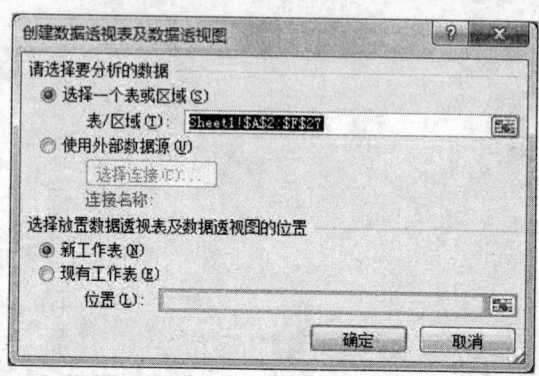

图7—10 "创建数据透视表及数据透视图"对话框

(3)在弹出的"数据透视图工具→设计"窗口(见图7—11)右侧的"数据透视表字段列表"中勾选"职称""篇数"复选按钮,在该窗口中间出现数据透视图,如图7—12所示。

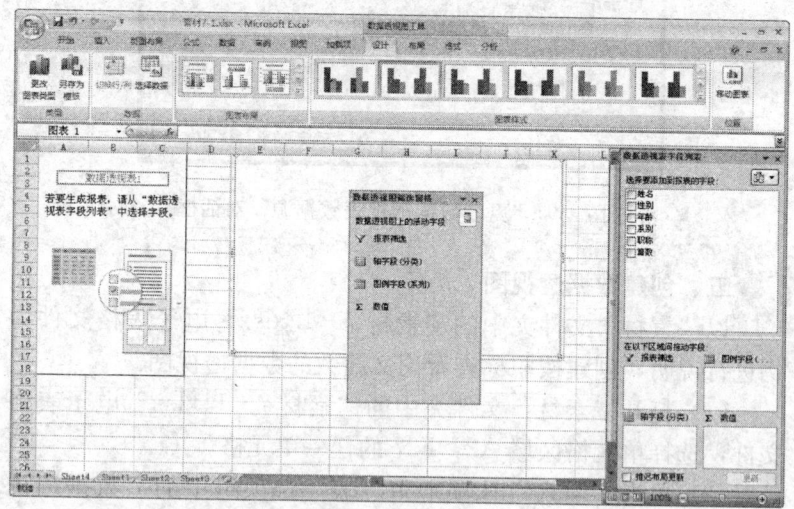

图7—11 "数据透视图工具→设计"窗口

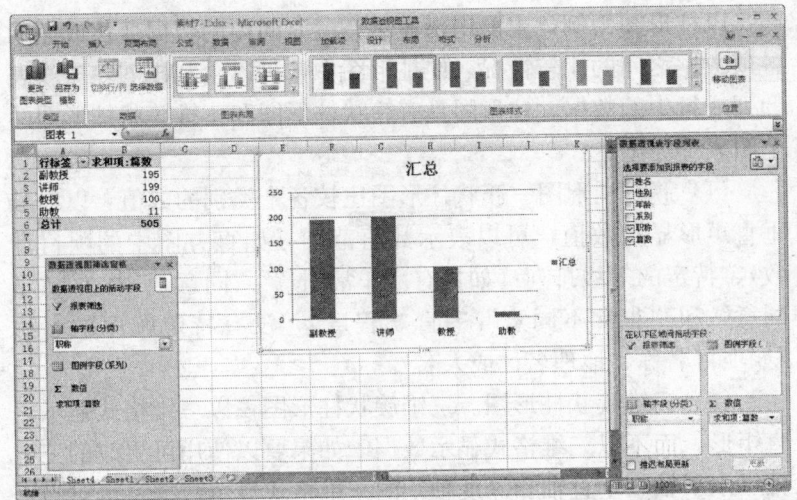

图7—12 数据透视图

模块二 创建和编辑图表

学习目标:
1. 了解图表类型与组成元素。
2. 掌握创建、编辑及格式化图表的方法。
3. 了解图表的优点和分析图表的方法。

以柱形图表的创建和编辑为例来说明如何创建和编辑图表。

一、图表类型与组成元素

1. 图表类型

Microsoft Office Excel 2007 支持各种类型的图表,主要包括柱形图、折线图、饼图、条形图、面积图、XY散点图、股价图、曲面图、圆环图、气泡图、雷达图等。

以柱形图为例，主要用于显示一段时间内的数据变化或显示各项数据之间的比较情况。在柱形图中，可以绘制排列在工作表的列或行中的数据。柱形图具有簇状柱形图和三维簇状柱形图两个图表子类型。

（1）簇状柱形图。簇状柱形图比较各个类别的数值，以二维垂直矩形显示数值，可以表示数值范围（如直方图中的项目计数）、特定的等级排列（如具有"非常同意""同意""中立""不同意"和"非常不同意"等喜欢程度）、没有特定顺序的名称（如项目名称、地理名称或人名）。

（2）三维簇状柱形图。三维簇状柱形图仅以三维格式显示垂直矩形，而不以三维格式显示数据。如果要以使用可更改的三个轴（水平轴、垂直轴和深度轴）的三维格式显示数据，可对沿水平轴和深度轴分布的数据点进行比较。

2. 图表组成元素

图表组成元素主要由图表区、绘图区、数据序列、坐标轴、图表标题、数据标签以及图例等组成，如图7—13所示。

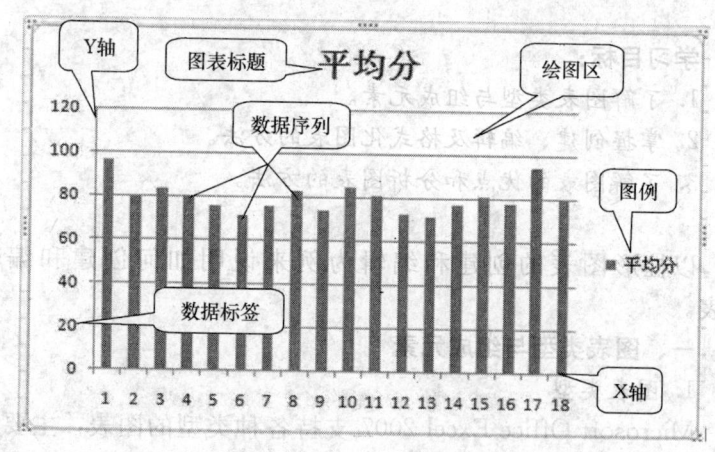

图7—13 图表组成元素

(1) 图表区。图表区即整个图表及其全部元素。

(2) 绘图区。绘图区即在二维图表中,是指通过轴来界定的区域,包括所有数据系列。在三维图表中,同样是通过轴来界定的区域,包括所有数据系列、分类名、刻度线标志和坐标轴标题。

(3) 数据系列。数据系列即在图表中绘制的相关数据点,这些数据源自数据表的行或列。图表中的每个数据系列具有唯一的颜色或图案并且在图表的图例中表示。可以在图表中绘制一个或多个数据系列。饼图只有一个数据系列。

(4) 坐标轴。坐标轴是界定图表绘图区的线条,用做度量的参照框架。Y 轴通常为垂直坐标轴并包含数据。X 轴通常为水平坐标轴并包含分类。

(5) 图表标题。图表标题是说明性的文本,可以自动与坐标轴对齐或在图表顶部居中。

(6) 数据标签。数据标签是为数据标记提供附加信息的标签,数据标签代表源于数据表单元格的单个数据点或值。

(7) 图例。图例是一个方框,用于标示图表中的数据系列或分类指定的图案或颜色。

二、创建图表

以"素材"文件夹中的"素材 7-3.xlsx"电子表格文件为例进行说明,创建平均分的柱形图表。

(1) 打开"素材"文件夹中的"素材 7-3.xlsx"电子表格文件,选择单元格区域 D2:D20。

(2) 单击"插入"选项卡上"图表"选项组中的"柱形图"按钮,在弹出的"柱形图"下拉菜单中选择"二维柱形图"的"簇状柱形图"选项,如图 7—14 所示。

(3) 在弹出的"图表工具→设计"窗口中间即为"平均分"柱形图表,如图 7—15 所示。

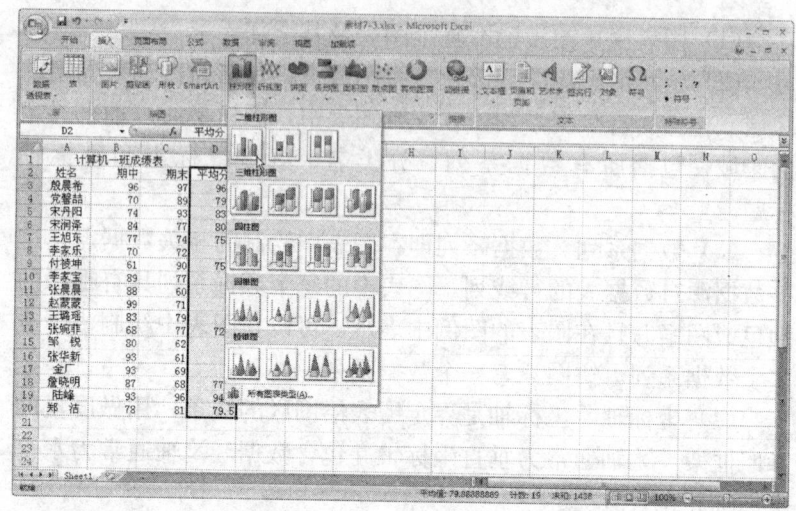

图 7—14 创建柱形图

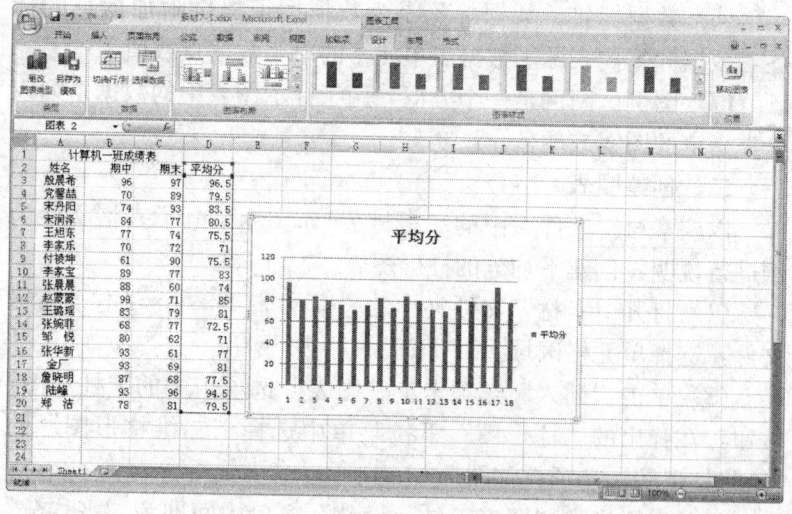

图 7—15 "平均分"柱形图表

> **提示**
>
> 可以先选择图表,再按 Delete 键删除不要的图表。

三、编辑图表

1. 改变现有的图表类型

右击已创建的图表,在快捷菜单中选择"更改图表类型"选项,再在弹出的如图 7—16 所示的"更改图表类型"对话框中选择需要的图表类型。

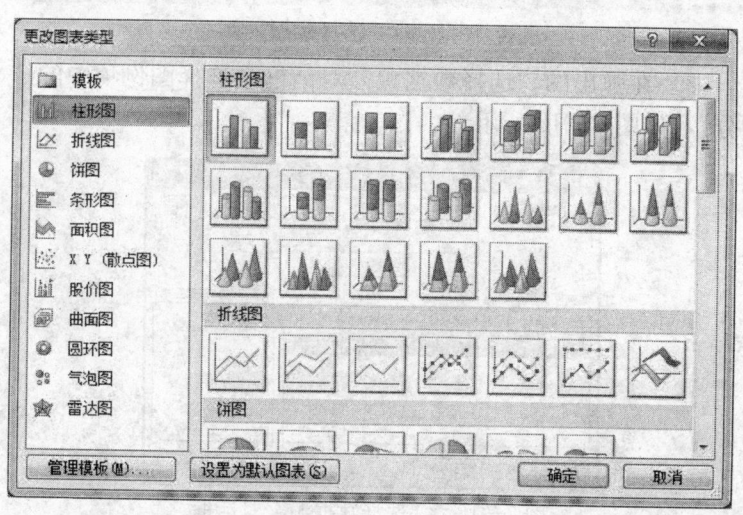

图 7—16 "更改图表类型"对话框

2. 修改数据系列

以"素材"文件夹中的"素材 7-4.xlsx"电子表格文件为例进行说明,修改为"期中"柱形图表。

(1) 打开"素材"文件夹中的"素材 7-4.xlsx"电子表格文件。

(2) 右击"平均分"柱形,在弹出的快捷菜单中选择"选择数据"选项,如图 7—17 所示。

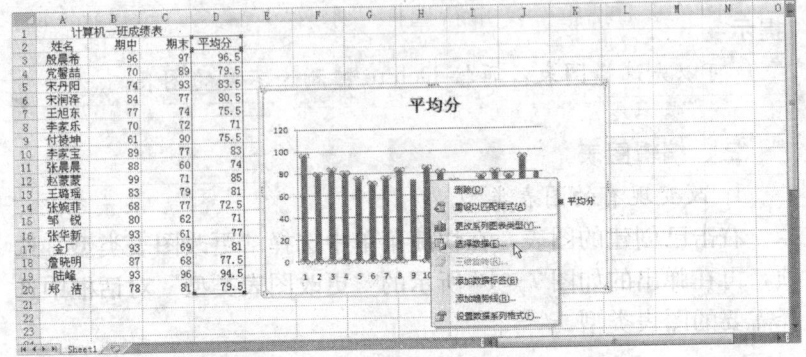

图 7—17 选择数据

（3）在弹出的"选择数据源"对话框中选择图例项中的"平均分"，如图 7—18 所示。

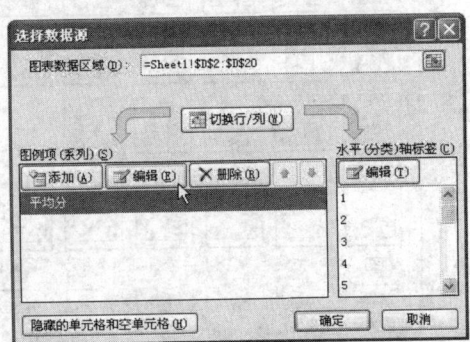

图 7—18 "选择数据源"对话框

（4）单击图例项中的"编辑"按钮，弹出"编辑数据系列"对话框，如图 7—19 所示。

图 7—19 "编辑数据系列"对话框

(5) 在该对话框中，重新选择"系列名称"为"＝Sheet1! B2"（左击选择），并重新拖曳选择"系列值"为单元格区域"＝Sheet1! B3：B20"，如图 7—20 所示。

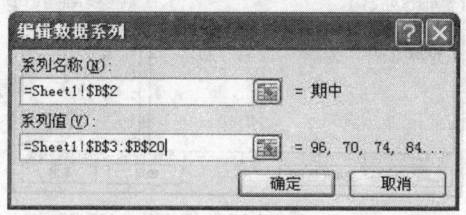

图 7—20　重新选择数据

(6) 单击"确定"按钮返回"选择数据源"对话框，再单击"确定"按钮，即可完成修改数据系列的操作。

3. 删除数据系列

要将工作表和图表中的数据同时删除，只需删除工作表上的数据系列即可，如果只从图表中删除，可在图表中选中要删除的数据序列，按 Delete 键即可删除。

注意

图表与其数据源之间存在一种动态链接关系，当修改工作表数据时，图形会随之变化；反之，当拖曳图形上的节点而改变图形形状时，其坐标数据也随之改变。

四、格式化图表

1. 修改"水平轴标签"

以"素材"文件夹中的"素材 7 - 4.xlsx"电子表格文件为例进行说明，修改平均分的水平轴标签为每个人的姓名。

(1) 打开"素材"文件夹中的"素材 7 - 4.xlsx"电子表格文件。

(2) 单击"设计"选项卡上"数据"选项组中的"选择数据"按钮，弹出"选择数据源"对话框，如图 7—21 所示。

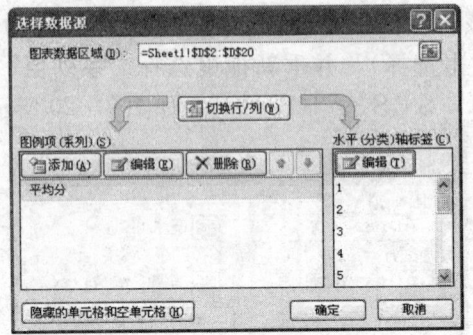

图 7—21 "选择数据源"对话框

(3) 在该对话框中单击"水平轴标签"中的"编辑"按钮,弹出如图 7—22 所示的"轴标签"对话框。

图 7—22 "轴标签"对话框

(4) 拖曳选择单元格区域 A3:A20,单击"确定"按钮,返回"选择数据源"对话框。

(5) 在"选择数据源"对话框中,单击"确定"按钮,编辑后的图表如图 7—23 所示。

> **提示**
>
> 可以拖曳图表边框使图表变宽,横向显示每个人的姓名。

2. 修改"标题"

以"素材"文件夹中的"素材 7-4.xlsx"电子表格文件为例进行说明,修改"标题"。

(1) 打开"素材"文件夹中的"素材 7-4.xlsx"电子表格文件。

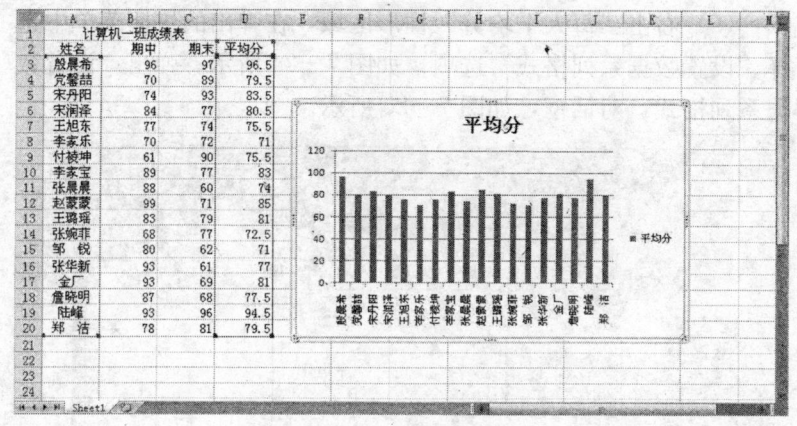

图 7—23 编辑后的图表

(2) 在图 7—23 中,单击图表标题"平均分",修改标题为"计算机一班平均分"。

3. 删除"图例"

以"素材"文件夹中的"素材 7-4.xlsx"电子表格文件为例进行说明,删除"图例"。

(1) 打开"素材"文件夹中的"素材 7-4.xlsx"电子表格文件。

(2) 在图 7—23 中,左击图例"平均分",按 Delete 键,即可删除"图例"。

> **提示**
>
> 还可以在"开始"选项卡"字体"选项组中,对图例文本进行"字体""字号""加粗""字体颜色"等设置。

4. 设置数据系列格式

以"素材"文件夹中的"素材 7-4.xlsx"电子表格文件为例进行说明,修改平均分的数据系列格式填充效果为"心如止水"。

(1) 打开"素材"文件夹中的"素材 7-4.xlsx"电子表格文件。

(2) 右击"每人平均分"柱形区域,在弹出的快捷菜单中选择"设置数据系列格式"选项,如图7—24所示。弹出"设置数据系列格式"对话框,如图7—25所示。

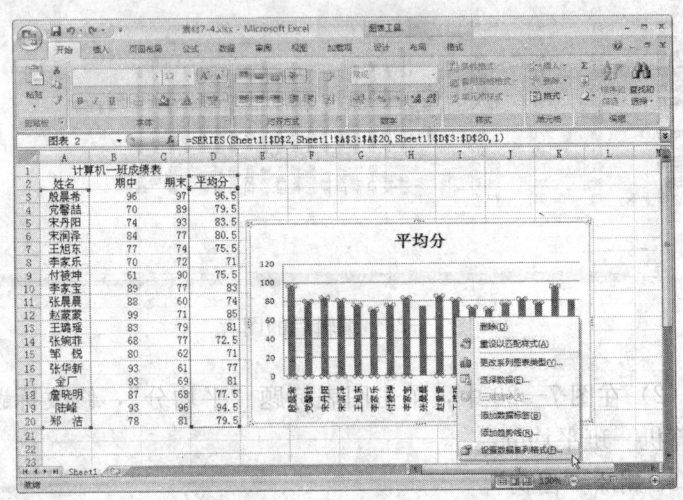

图7—24 设置数据系列格式

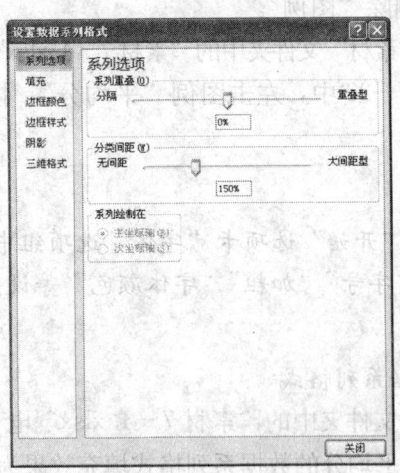

图7—25 "设置数据系列格式"对话框

（3）在该对话框的左边选择"填充"，在右边点选"填充"选区的"渐变填充"单选按钮，在"预设颜色"列表中选择"心如止水"选项，如图7—26所示。

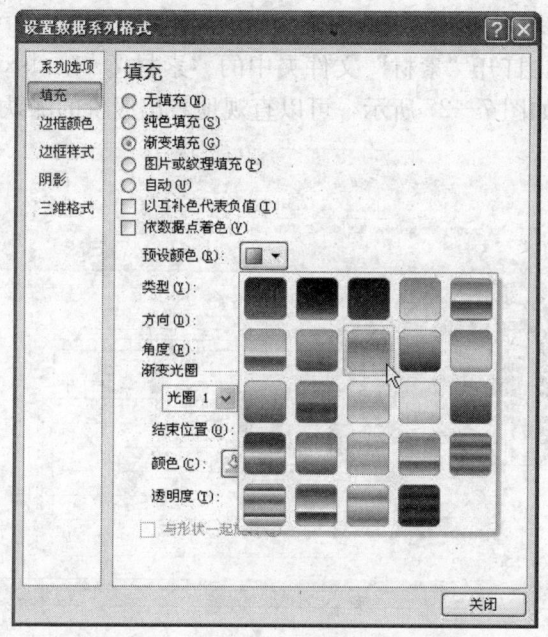

图7—26　设置数据系列格式填充颜色

（4）单击"关闭"按钮，完成设置数据系列格式的操作。

> 提示
>
> 　也可以单击每个柱形，单独设置填充效果。

五、分析图表

1. 图表的优点

（1）简单性。一张图表可以把各种变量之间的关系及其相互作用的结果清晰地表现出来，把复杂的因果关系变成简单的图形。

(2) 客观性。图表可以客观地表示数据,不包含主观因素。

(3) 明确的显示性。例如,在股价图中,通过价格图表可以表明价格的走势。

2. 图表分析

例如,打开"素材"文件夹中的"素材7-5.xlsx"电子表格文件,如图7—27所示,可以直观地看出股价的涨跌和走势。

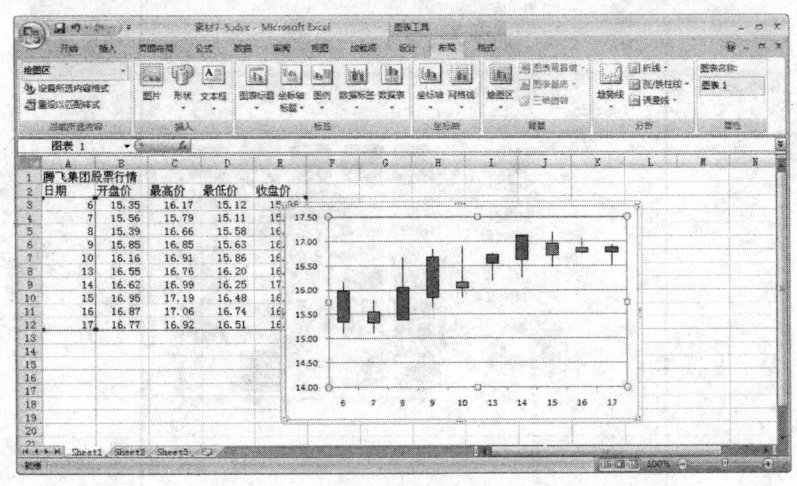

图7—27 股价图

综合实例1 对数据进行透视分析

学习目标:

掌握如何创建、修改分析数据透视表的操作方法。

一、制作思路

结合本单元讲述内容对创建数据透视表、修改数据透视表进行综合练习。

二、制作步骤

1. 创建数据透视表

以"素材"文件夹中的"素材7-6.xlsx"电子表格文件为例进行说明,创建一季度产品数据透视表。

(1)打开"素材"文件夹中的"素材7-6.xlsx"电子表格文件,选择单元格区域A2:E8的任一单元格。

(2)单击"插入"选项卡上"表"选项组中的"数据透视表"按钮,在弹出的"数据透视表"下拉菜单中选择"数据透视表"选项。

(3)在弹出的"创建数据透视表"对话框中,接受默认选项,直接单击"确定"按钮。

(4)在弹出的"数据透视表工具→选项"窗口右侧"数据透视表字段列表"中勾选其中的"产品""一季度"复选按钮,在该窗口左侧即出现数据透视表,如图7—28所示。

图7—28 销售报表数据透视表

2. 修改数据透视表

以"素材"文件夹中的"素材 7-6.xlsx"电子表格文件为例进行说明，在数据透视表中修改为查看二季度和四季度产品的数据透视表。

（1）打开"素材"文件夹中的"素材 7-6.xlsx"电子表格文件。

（2）用与前面相同的操作方法打开"数据透视表工具→选项"窗口，在该窗口右侧的"数据透视表字段列表"中去掉勾选的"一季度"复选按钮。

（3）重新勾选其中的"二季度""四季度"复选按钮，在"数据透视表工具→选项"窗口左侧即出现新的数据透视表。

综合实例 2　创 建 饼 图

学习目标：
掌握创建饼图的操作方法。

一、制作思路
结合本单元讲述内容对创建饼图进行综合练习。

二、制作步骤
以"素材"文件夹中的"素材 7-7.xlsx"电子表格文件为例进行说明，创建男员工工资比例饼图。

（1）打开"素材"文件夹中的"素材 7-7.xlsx"电子表格文件，选中"工资"单元格。

（2）单击"数据"选项卡上"排序和筛选"选项组中的"升序"按钮。

（3）选择单元格区域 G3：G12。单击"插入"选项卡上"图表"选项组中的"饼图"按钮，在弹出的"饼图"下拉菜单中选择"三维饼图→三维饼图"选项,如图 7—29 所示。

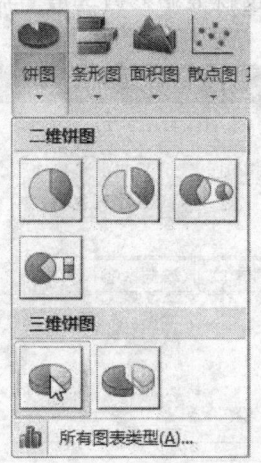

图 7—29 "饼图"下拉菜单

(4)在弹出的"图表工具→设计"窗口中间即为"男员工工资"饼图,如图 7—30 所示。

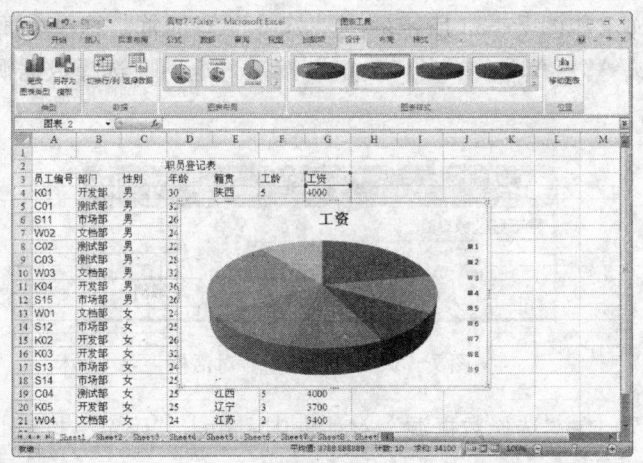

图 7—30 男员工工资饼图

(5) 单击"设计"选项卡上"数据"选项组中的"选择数据"按钮,弹出"选择数据源"对话框,如图7—31所示。

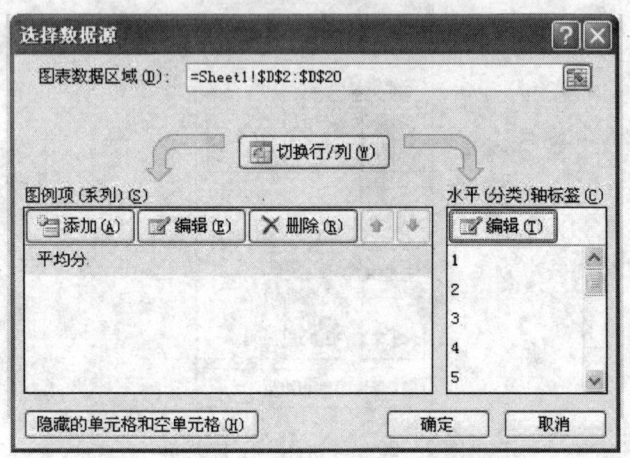

图7—31 "选择数据源"对话框

(6) 单击"水平(分类)轴标签"选区中的"编辑"按钮,弹出如图7—32所示的"轴标签"对话框,拖曳选择单元格区域A3:A12,单击"确定"按钮,返回"选择数据源"对话框。

图7—32 "轴标签"对话框

(7) 在"选择数据源"对话框中,单击"确定"按钮。

(8) 右击饼图,在弹出的快捷菜单中选择"添加数据标签",如图 7—33 所示。

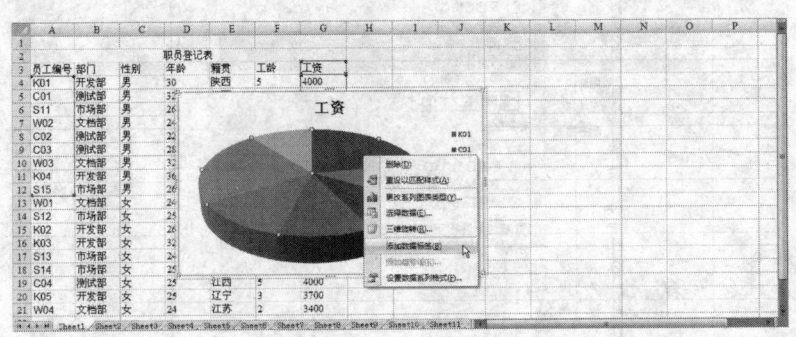

图 7—33 添加数据标签

(9) 右击添加的数据标签,在弹出的快捷菜单中选择"设置数据标签格式",如图 7—34 所示。

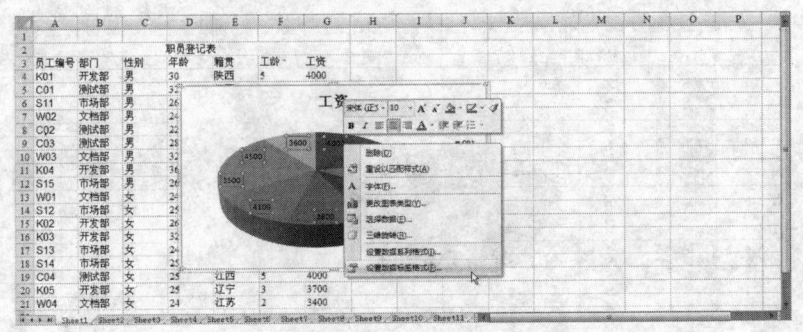

图 7—34 设置数据标签格式

(10) 在弹出的如图 7—35 所示"设置数据标签格式"对话框中勾选"百分比"复选按钮,单击"关闭"按钮,则男员工工资比例饼图创建完成,如图 7—36 所示。

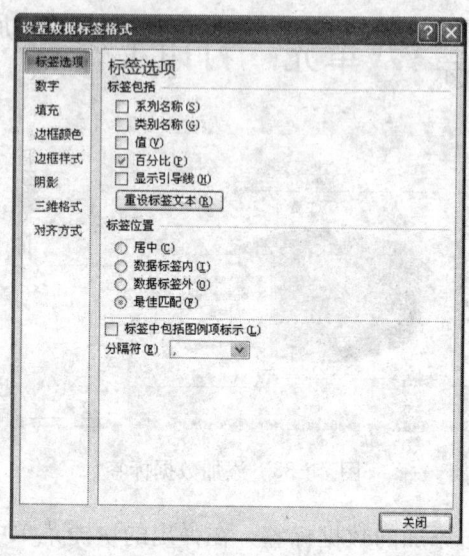

图 7—35 "设置数据标签格式"对话框

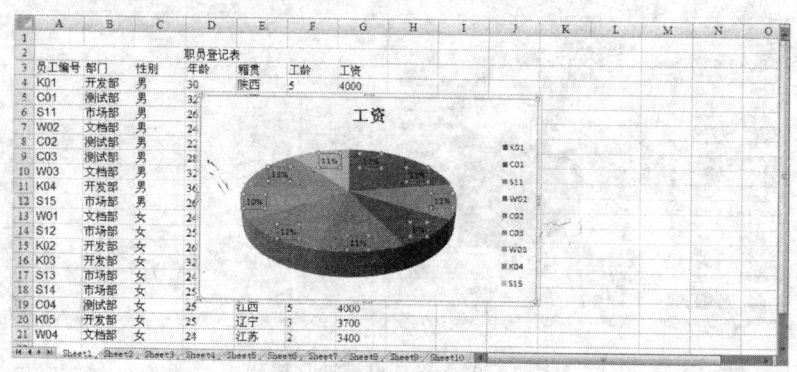

图 7—36 男员工工资比例饼图

第八单元　打印工作表

工作表制作完毕，一般都会将其打印出来，但在打印前还需进行一系列的设置。例如，为工作表进行页面设置，设置要打印的区域，以及对多页工作表进行分页预览，打印前进行打印预览等，这样才能按要求完美地打印工作表。

模块一　页面设置

学习目标：

掌握纸张大小、页边距和打印方向、页眉和页脚以及打印标题行的设置方法。

要打印工作表，只需单击"Office"按钮，在弹出的"Office"列表中选择"打印→快速打印"选项，即可按照 Excel 2007 默认设置开始打印。但是，不同行业的用户需要打印的报表各不相同，每个用户都可能会有自己的特殊要求。Excel 2007 为了满足用户的需求，提供了许多用来设置或调整打印效果的实用功能，即在打印前对工作表进行页面设置。

通过页面设置，就可以确定工作表中的内容在纸张中打印出来的位置。页面设置包括纸张大小、页边距、打印方向、页眉和页脚，以及是否打印标题行等。

一、设置纸张大小

以"素材"文件夹中的"素材 8－1.xlsx"电子表格文件为例进行说明，设置纸张大小，也就是考虑将工作表打印到什么规格的纸上，例如，打印用的纸张规格是 A4 还是 B5 等。

(1) 打开"素材"文件夹中的"素材 8-1.xlsx"电子表格文件。

(2) 单击"页面布局"选项卡上"页面设置"选项组中的"纸张大小"按钮，在弹出的"纸张大小"下拉菜单中列出了一些 Excel 2007 默认设置好的选项，单击需要的选项即可设置纸张大小，如图 8—1 所示。

> **提示**
>
> 若列表中的选项不能满足需要，可单击"纸张大小"下拉菜单底部的"其他纸张大小"选项，弹出"页面设置"对话框，选择"页面"选项卡，在"纸张大小"下拉列表中提供了更多的选项供用户选择使用，如图 8—2 所示。

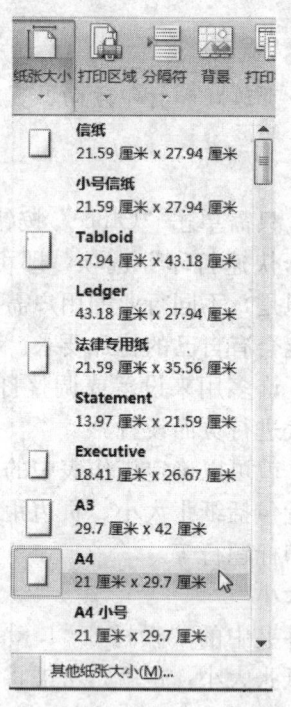

图 8—1 "纸张大小"下拉菜单

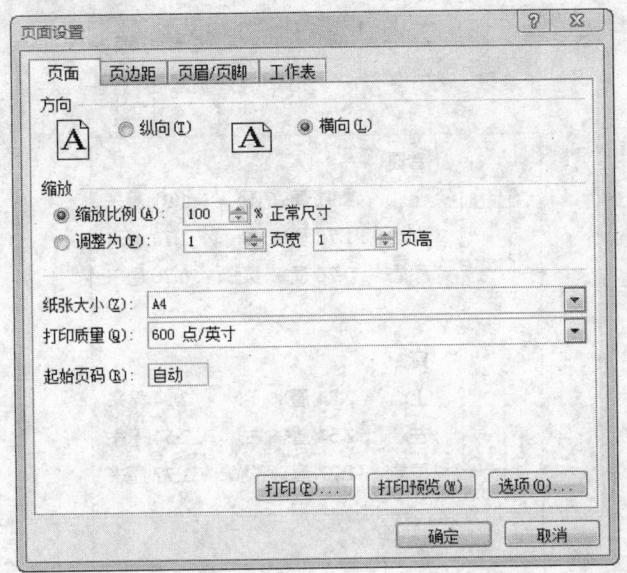

图 8—2 "页面设置"对话框-"页面"选项卡

二、设置页边距和打印方向

1. 设置页边距

页边距是指页面上打印区域之外的空白区域。如果用户对表格在页面中的位置不满意,可对页边距进行相关设置。

以"素材"文件夹中的"素材 8-1.xlsx"电子表格文件为例进行说明。

(1) 打开"素材"文件夹中的"素材 8-1.xlsx"电子表格文件。

(2) 单击"页面布局"选项卡上"页面设置"选项组中的"页边距"按钮,在弹出的"页边距"下拉菜单中可选择"普通""宽""窄"样式。当对于 Excel 2007 中提供的页边距样式中没有满意的选项时,可单击此下拉菜单中底部的"自定义边距"选项,如图 8—3 所示。

· 275 ·

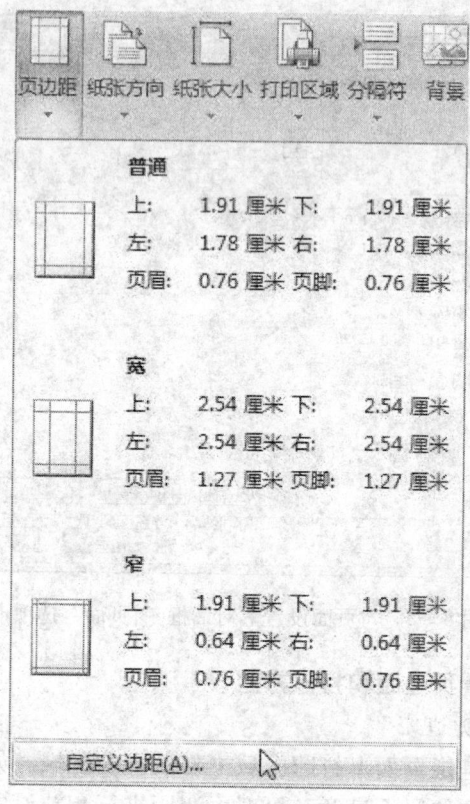

图8—3 "页边距"下拉菜单

(3) 在弹出的"页面设置"对话框中选择"页边距"选项卡,在其中设置上、下页边距值为1.5,左、右页边距值为1.7,如图8—4所示。

(4) 为使打印的表格在打印纸上既水平居中又垂直居中,在此可勾选"居中方式"选项区中的"水平"和"垂直"复选按钮,如图8—4所示。

2. 设置打印方向

默认情况下,工作表的打印方向为"纵向",用户可以根据

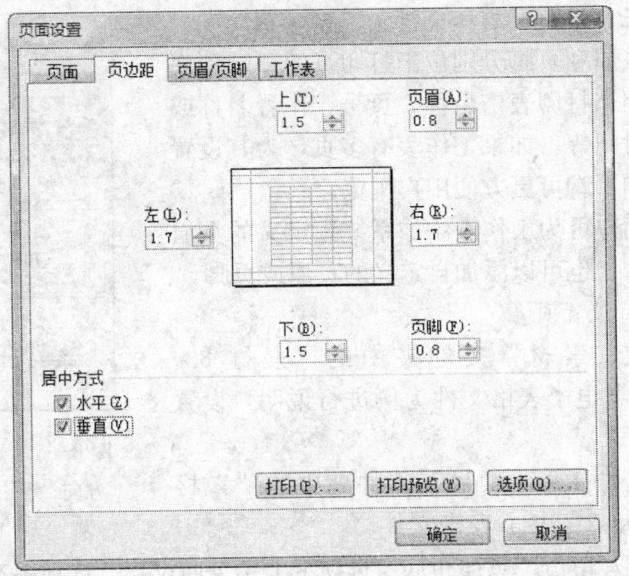

图8—4 "页面设置"对话框-"页边距"选项卡

需要改变打印方向。以"素材"文件夹中的"素材8-1.xlsx"电子表格文件为例进行说明。

(1) 打开"素材"文件夹中的"素材8-1.xlsx"电子表格文件。

(2) 在弹出的"页面设置"对话框中选择"页面"选项卡,如图8—2所示,在"方向"选项区中点选其中的"纵向"单选按钮,然后单击"确定"按钮,即可完成打印方向为"纵向"的设置。

> **提示**
>
> 1. 单击"页面布局"选项卡上"页面设置"选项组中的"纸张方向"按钮,在弹出的"纸张方向"下拉菜单中选择"纵向"选项,如图8—5所示,也可完成打印方向为"纵向"的设置。
>
> 2. 当要打印文件的高度大于宽度时,选择"纵向";当宽度大于高度时,选择"横向"。

三、设置页眉和页脚

页眉和页脚分别位于打印页的顶端和底端，用来打印表格名称、页号、作者名称或日期时间等。如果工作表有多页，为其设置页眉和页脚可更方便用户浏览。

用户可为工作表添加系统预定义的页眉或页脚，也可以添加自定义的页眉或页脚。

1. 设置页眉

以"素材"文件夹中的"素材8-1.xlsx"电子表格文件为例进行说明，设置页眉。

图8—5 "纸张方向"下拉菜单

（1）打开"素材"文件夹中的"素材8-1.xlsx"电子表格文件。

（2）单击"页面布局"选项卡上"页面设置"选项组右下角的"页面设置"对话框启动器按钮，在弹出的"页面设置"对话框中选择"页眉/页脚"选项卡。

（3）在"页眉"下拉列表中可选择系统预定义的页眉，也可自定义页眉。在此处单击"自定义页眉"按钮，如图8—6所示。

（4）可分别在"页眉"对话框的"左""中""右"编辑框中输入页眉文本。

> **提示**
>
> 其中，在"左"编辑框中输入文本将会在工作表的左上角插入页眉；在"中"编辑框中输入文本将会在工作表的正上方插入页眉；在"右"编辑框中输入文本将会在工作表的右上角插入页眉。

（5）此处选择在"中"编辑框中输入文本"商业银行资本充

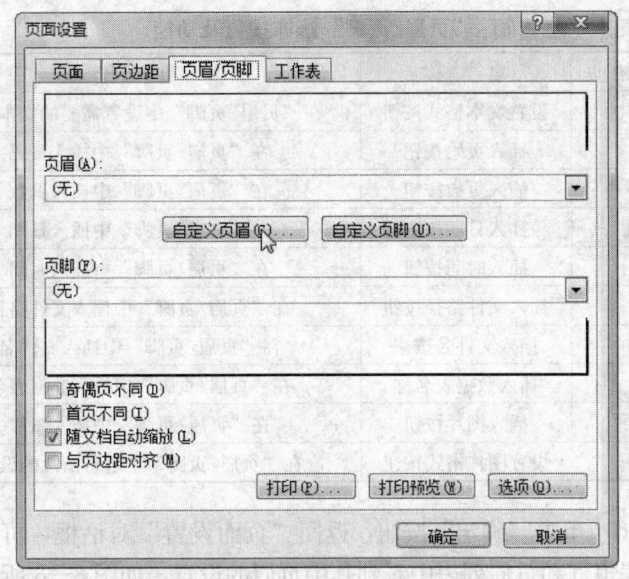

图 8—6 "页面设置"对话框-"页眉/页脚"选项卡

足率情况表",如图 8—7 所示。在此对话框的中部有些按钮,这些按钮能对页眉或页脚进一步进行修饰。这些按钮及功能见表 8—1。

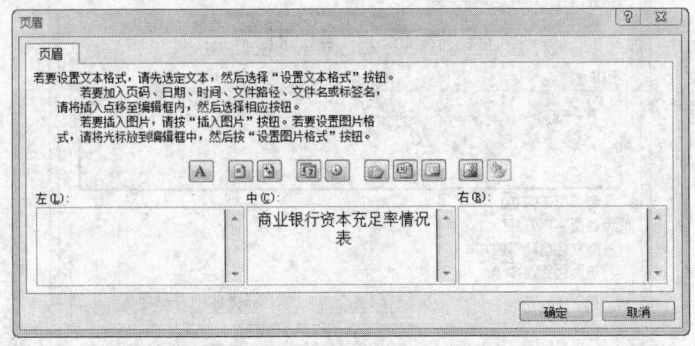

图 8—7 "页眉"对话框-页眉文本

表 8—1　　　　"页眉/页脚"修饰按钮及功能

按钮	名称	功能
A	设置文本格式按钮	在"页眉/页脚"中设置需要的文本格式
	插入页码按钮	在"页眉/页脚"中插入页码
	插入页数按钮	在"页眉/页脚"中插入页数
	插入日期按钮	在"页眉/页脚"中插入日期
	插入时间按钮	在"页眉/页脚"中插入时间
	插入文件路径按钮	在"页眉/页脚"中插入文件路径
	插入文件名按钮	在"页眉/页脚"中插入文件名
	插入数据表名称	在"页眉/页脚"中插入数据表名
	插入图片按钮	在"页眉/页脚"中插入图片
	设置图片格式按钮	在"页眉/页脚"中进行图片的设置

(6) 单击"确定"按钮，返回"页面设置"对话框，可在"页眉"编辑框和页眉列表中看到其中页眉的设置，如图 8—8 所示。

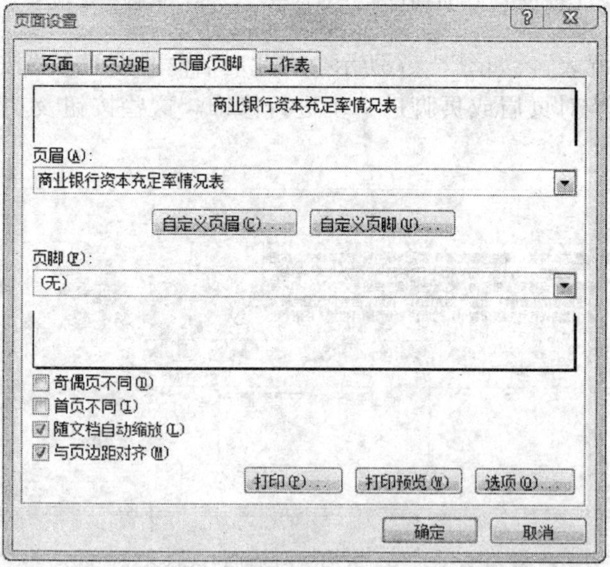

图 8—8　查看自定义页眉

2. 设置页脚

以"素材"文件夹中的"素材 8-1.xlsx"电子表格文件为例进行说明,设置页脚。

(1)打开"素材"文件夹中的"素材 8-1.xlsx"电子表格文件。

(2)结合前面的操作,在弹出的"页面设置"对话框中选择"页眉/页脚"选项卡,"页脚"下拉列表中可选择系统预定义的页脚,同样也可自定义页脚。在此处单击"自定义页脚"按钮,弹出"页脚"对话框。

(3)可分别在"页脚"对话框的"左""中""右"编辑框中输入页脚文本。这三个编辑框的作用与"页眉"对话框中的作用相同。

(4)此处选择在"中"编辑框中输入文字与单击相应按钮为"共 页,第 页",如图 8—9 所示。在此对话框的中部也同样有些按钮,这些按钮的作用与在"页眉"对话框中的作用相同,这些按钮及功能见表 8—1。

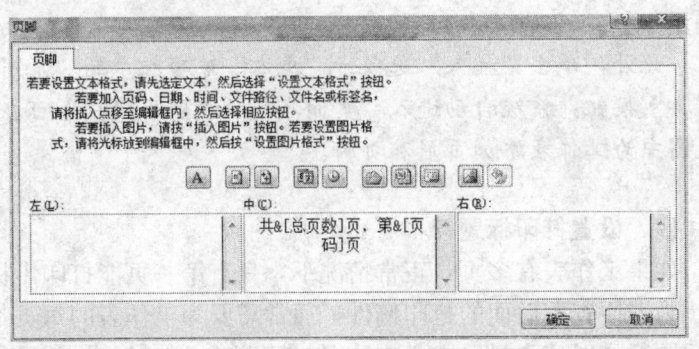

图 8—9 自定义页脚

(5)单击"确定"按钮,返回"页面设置"对话框,可在"页脚"编辑框和"页脚"列表中看到页脚的设置,如图 8—10 所示。在此处对话框中单击"打印预览"按钮,可预览打印后的

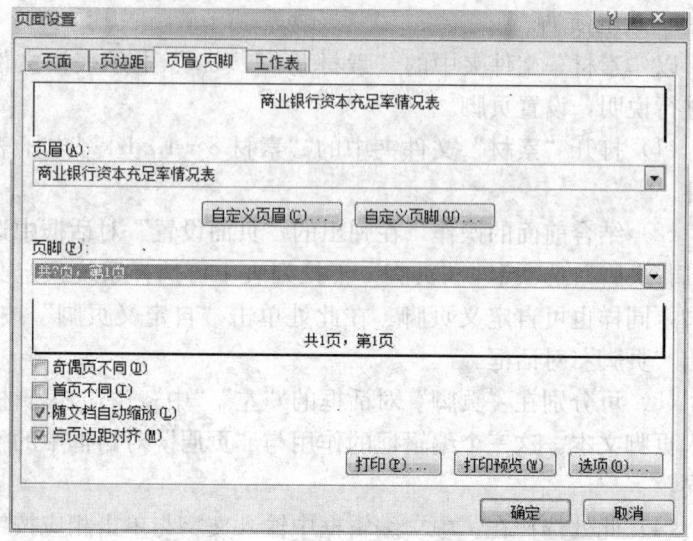

图8—10 "页面设置"-"自定义页脚"效果。

> **提示**
>
> 此外，单击"插入"选项卡"文本"选项组中的"页眉和页脚"按钮，系统自动进入"页面布局"视图，用户也可在该视图中为工作表添加页眉和页脚。

四、设置打印标题行

如果工作表有多页，正常情况下，只有第一页能打印出标题行，为方便查看后面的打印稿件，通常需要为工作表的每页都加上标题行。以"素材"文件夹中的"素材8-1.xlsx"电子表格文件为例进行说明。

(1) 打开"素材"文件夹中的"素材8-1.xlsx"电子表格文件。

(2) 单击"页面布局"选项卡"页面设置"选项组中的"打

印标题"按钮,如图8—11所示,在弹出的"页面设置"对话框中选择"工作表"选项卡(见图8—12),在此单击"顶端标题行"编辑框右侧的压缩对话框按钮。

图8—11 "打印标题"按钮

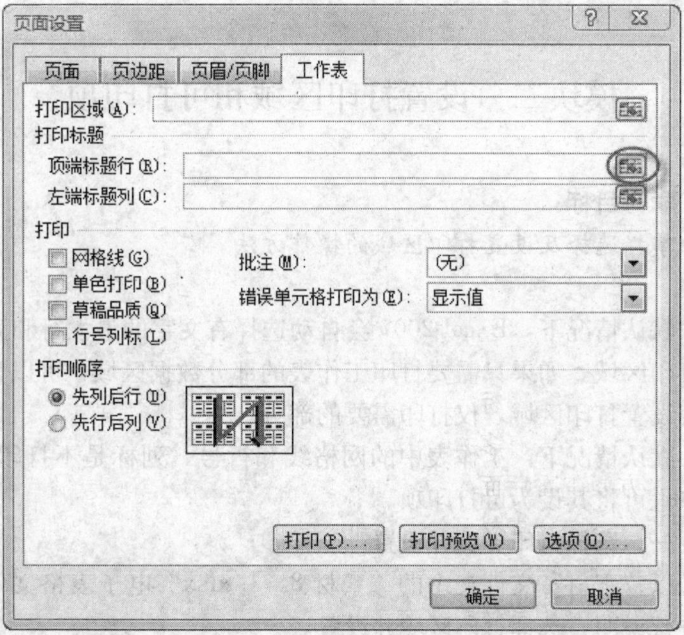

图8—12 "页面设置"对话框-"工作表"选项卡

(3) 在工作表中单击或利用拖曳方式选中要添加的标题行，如图 8—13 所示，然后单击展开对话框按钮，返回"页面设置"对话框，单击"确定"按钮，即可完成设置打印标题行的操作。

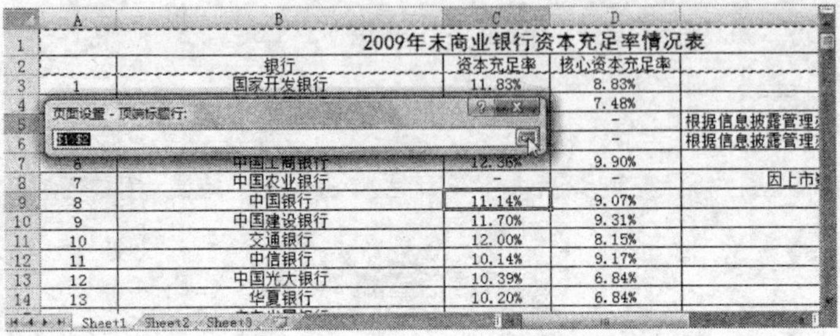

图 8—13　在工作表中选择要作为标题的行

模块二　设置打印区域和可打印项

学习目标：
掌握选择及设置打印区域的操作方法。

默认情况下，Excel 2007 会自动选择有文字的最大行和列作为打印区域。如果只需要打印工作表的部分数据区域，可以为工作表设置打印区域，仅打印需要的部分。

默认情况下，工作表中的网格线和行号、列标是不打印的，用户也可将其设为可打印项。

一、选择打印区域并设置

以"素材"文件夹中的"素材 8 - 1.xlsx"电子表格文件为例进行说明，选择打印区域并设置。

(1) 打开"素材"文件夹中的"素材 8 - 1.xlsx"电子表格文件。

(2) 选定要打印的单元格区域 A1：E203，如图 8—14 所示。

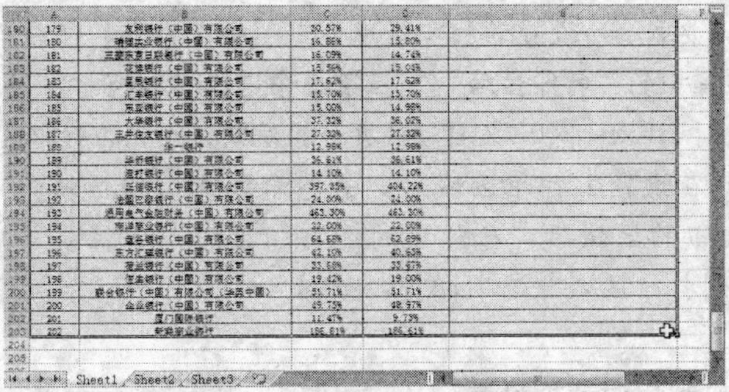

图 8—14　选择要打印的单元格区域

(3) 单击"页面布局"选项卡"页面设置"选项组中的"打印区域"按钮，在弹出的"打印区域"下拉菜单中选择"设置打印区域"选项，如图 8—15 所示。此时所选区域出现虚线框，如图 8—16 所示，未被框选的部分不会被打印。

图 8—15　"打印区域"下拉菜单

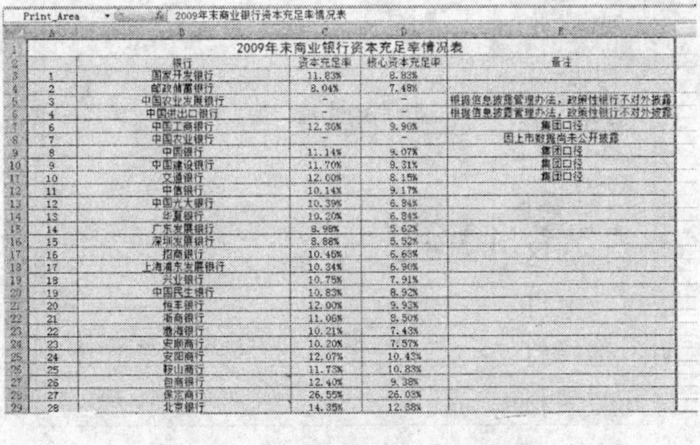

图 8—16　打印区域"虚线框"

提示

1. 要取消所设置的打印区域，可单击工作表的任意单元格，然后在弹出的"打印区域"下拉菜单中选择"取消打印区域"选项，此时，Excel 2007 又自动恢复到系统默认设置的打印区域。

2. 在设置了打印区域后，若想再添加打印区域，可在选定要打印的区域后，在弹出的"打印区域"下拉菜单中选择"添加到打印区域"选项即可，如图 8—17 所示。

二、利用对话框设置

除了可以利用"页面布局"选项卡中的按钮设置打印选项外，还可以在"页面设置"对话框的"工作表"选项卡（见图 8—18）中设置打印区域和打印选项。

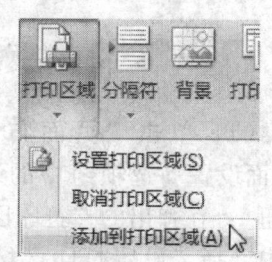

图 8—17 添加到打印区域

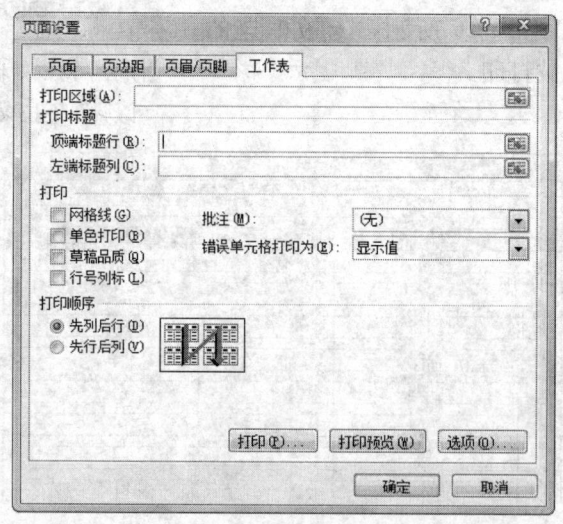

图 8—18 在"工作表"选项卡中设置打印选项

例如，可在"打印区域"编辑框中输入要打印的单元格区域地址；若勾选"网格线"复选按钮，则可打印工作表中的网格线；若勾选"单色打印"复选按钮，表示只对工作表进行黑白打印；若勾选"草稿品质"复选按钮，则打印出文稿的品质为草稿品质；若勾选"行号列标"复选按钮，可打印工作表的行号和列标。

模块三 分页预览与设置分页符

学习目标：
1. 掌握分页预览与调整分页符位置。
2. 掌握插入或删除分页符的方法。

"分页预览"功能可以使用户在编辑时就能知道哪些数据在哪一页，从而帮助用户更加方便地完成工作表打印前的准备工作。

如果需要打印的工作表中的内容不止一页，Excel 2007 会自动插入分页符，将工作表分成多页。这些分页符的位置取决于纸张的大小、页边距设置和设定的打印比例。用户可以通过插入水平分页符来改动页面上数据行的数量；也可以通过插入垂直分页符来改动页面上数据列的数量。在分页预览视图中，还可以用鼠标拖曳分页符来调整其在工作表中的位置。

一、分页预览与调整分页符位置

1. 分页预览

以"素材"文件夹中的"素材 8-1.xlsx"电子表格文件为例进行说明，分页预览。

（1）打开"素材"文件夹中的"素材 8-1.xlsx"电子表格文件。

（2）单击"视图"选项卡上"工作簿视图"选项组中"分页预览"按钮，如图 8—19 所示，或单击"状态栏"上的"分页预览"按钮,可以将工作表从"普通"视图切换到"分页预览"视图,如图 8—20 所示。

工作簿视图-分页预览

状态栏-分页预览

图 8—19 分页预览选项

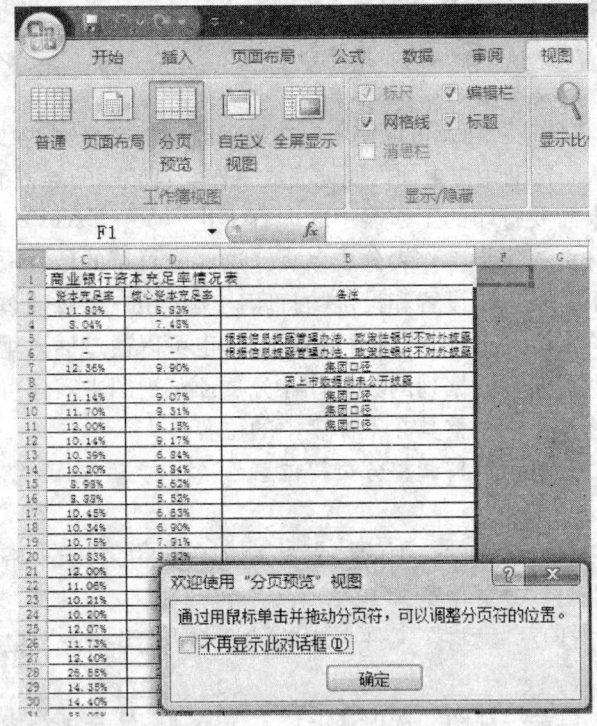

图 8—20 分页预览视图

提示

　　分页预览视图就是现实要打印的区域和分页符位置的工作表视图。要打印的区域显示为白色，自动分页符显示为蓝色虚线，手动分页符显示为蓝色实线。第一次进入分页预览视图时会出现图 8—20 中的提示框，单击"确定"按钮即可。

2. 调整分页符位置

　　用户可以在分页预览视图中调整分页符的位置，从而调整工作表的打印页数以及打印区域。以"素材"文件夹中的"素材 8-1.xlsx"电子表格文件为例进行说明，调整分页符位置。

　　（1）打开"素材"文件夹中的"素材 8-1.xlsx"电子表格文件。

　　（2）将鼠标指针移到需要调整的分页符上，此时鼠标指针变成上下双向箭头，如图 8—21 所示。按住左键并拖曳，至合适位置后释放左键，此时自动虚线分页符就变为手动实线分页符，如图 8—22 所示。

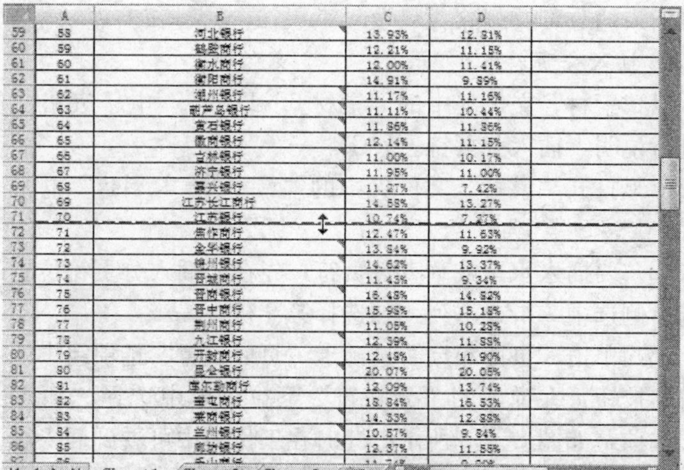

图 8—21　调整分页符位置

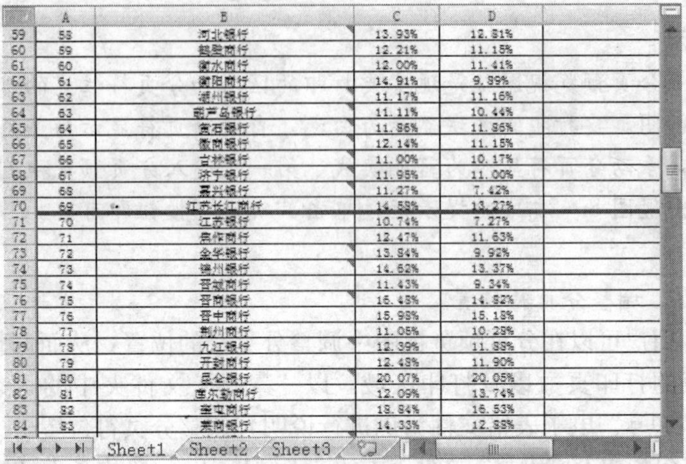

	A	B	C	D
59	58	河北银行	13.93%	12.81%
60	59	鹤壁商行	12.21%	11.15%
61	60	衡水商行	12.00%	11.41%
62	61	衡阳商行	14.91%	9.89%
63	62	湖州银行	11.17%	11.16%
64	63	葫芦岛银行	11.11%	10.44%
65	64	黄石银行	11.86%	11.86%
66	65	徽商银行	12.14%	11.15%
67	66	吉林银行	11.00%	10.17%
68	67	济宁银行	11.95%	11.00%
69	68	嘉兴银行	11.27%	7.42%
70	69	江苏长江商行	14.58%	13.27%
71	70	江苏银行	10.74%	7.27%
72	71	焦作商行	12.47%	11.63%
73	72	金华银行	13.84%	9.92%
74	73	锦州银行	14.62%	13.37%
75	74	晋城商行	11.43%	9.34%
76	75	晋商银行	16.48%	14.82%
77	76	晋中商行	15.98%	15.18%
78	77	荆州商行	11.05%	10.28%
79	78	九江银行	12.39%	11.88%
80	79	开封商行	12.48%	11.90%
81	80	昆仑银行	20.07%	20.05%
82	81	库尔勒商行	12.09%	13.74%
83	82	莱芜商行	18.84%	16.53%
84	83	莱商银行	14.33%	12.88%

图 8—22　手动实线分页符

二、插入或删除分页符

当系统默认提供的分页符无法满足要求时，还可以用手动的方法插入分页符，从而将一张表格打印成两页或多页；此外，还可将插入的分页符删除。

1. 插入分页符

以“素材”文件夹中的“素材 8－1. xlsx”电子表格文件为例进行说明，插入分页符。

（1）打开“素材”文件夹中的“素材 8－1. xlsx”电子表格文件。

（2）要插入水平或垂直分页符，先在要插入分页符位置的下面或右侧选中一行或一列，如选择第 9 行。

（3）单击“页面布局”选项卡“页面设置”选项组中的“分隔符”按钮，在弹出的“分隔符”下拉菜单中选择“插入分页符”选项，如图 8—23 所示。此时在工作表中可看到插入了一水平分页符，如图 8—24 所示。

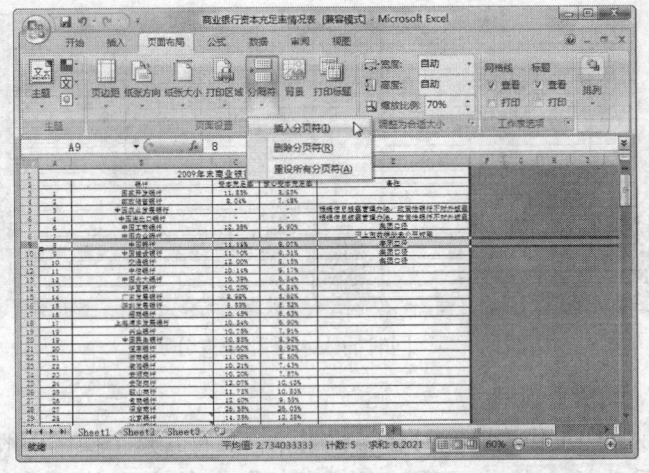

图8—23 插入水平分页符(一)

图8—24 插入水平分页符(二)

> **提示**
> 1. 插入分页符后,可参考前面叙述的方法调整其位置。
> 2. 如果选择一列,则可以在工作表中插入垂直分页符。
> 3. 如果单击工作表的任意单元格,在弹出的"分隔符"下拉菜单中选择"插入分页符"选项,Excel 2007将同时插入水平分页符和垂直分页符,将1页分成4页,如图8—25所示。

图8—25 同时插入水平和垂直分页符

2. 删除分页符

在打印工作表时有时会需要删除分页符,这个操作一般是指删除手动插入的分页符。以"素材"文件夹中的"素材8-1.xlsx"电子表格文件为例进行说明,删除分页符。

(1) 打开"素材"文件夹中的"素材8-1.xlsx"电子表格文件。

(2) 单击垂直分页符右侧的单元格,或者单击水平分页符下方的单元格,然后单击"分隔符"按钮,在弹出的"分隔符"下拉菜单中选择"删除分页符"选项,如图8—26所示,即可删除插入的垂直分页符或者水平分页符。

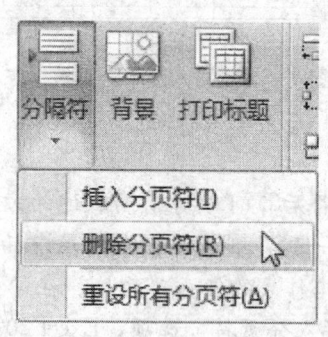

图8—26 "分隔符"下拉菜单

> **提示**
> 1. 单击垂直分页符和水平分页符交叉处右下角的单元格,然后选择"分隔符"下拉菜单中的"删除分页符"选项,可同时删除插入的垂直分页符和水平分页符。
> 2. 要一次性删除所有手动分页符,可单击工作表上的任一单元格,然后在"分隔符"下拉菜单中选择"重设所有分页符"选项即可。

模块四 打印预览与打印

学习目标:
1. 了解打印预览。
2. 掌握打印工作表。

对工作表进行页面设置和打印区域设置后,便可以将其打印出来。不过在打印前,最好还是对工作表进行打印预览。

一、打印预览

通过 Excel 2007 的"打印预览"功能,可在屏幕上观察其实际打印效果,能同时看到全部页面,实现所见即所得,而且在打印预览状态下还可以根据所显示的情况进行相应的参数调整,避免在时间和纸张上的浪费。

以"素材"文件夹中的"素材 8-1.xlsx"电子表格文件为例进行说明,打印预览。

(1) 打开"素材"文件夹中的"素材 8-1.xlsx"电子表格文件。

(2) 单击"Office"按钮,在弹出的"Office"列表中选择"打印/打印预览"选项,如图 8—27 所示。进入打印预览视图,即在窗口中显示了一个打印输出的缩小版,如图 8—28 所示。在打印预览视图中各按钮的功能见表 8—2。

提示

1. 在图8—28中,打印预览窗口底部的状态栏显示了当前的页号和选定工作表的总页数。

2. 将鼠标指针移至预览窗口中,当鼠标指针变为"🔍"形状时单击,可放大显示表格内容;此时鼠标指针变为"▷"形状,再单击鼠标可缩小显示表格内容。

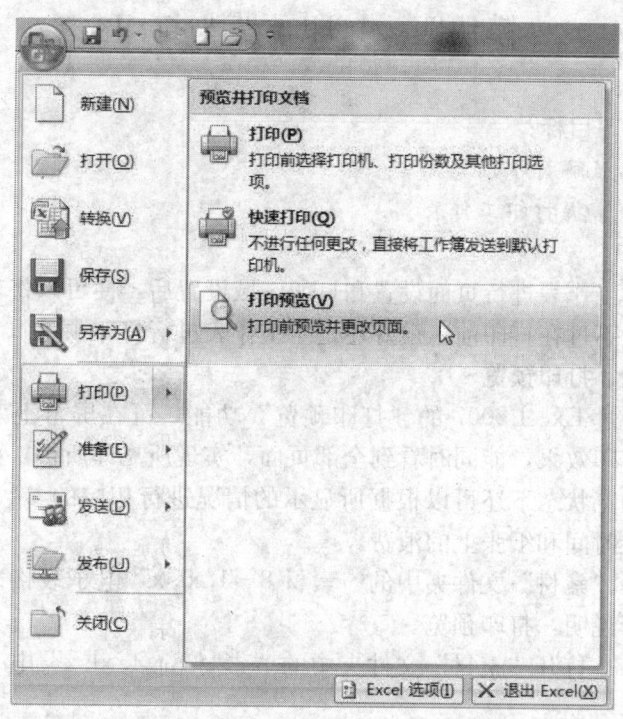

图8—27 "Office"列表-打印预览

(3)从打印预览视图中可以看到,该工作表有三页,在此可以再次调整其打印设置,将其显示在两页中。单击打印预览视图中

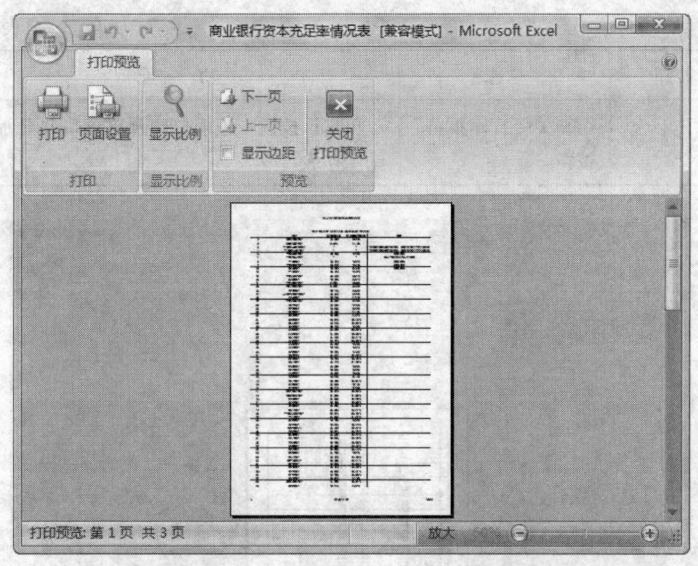

图 8—28 进入打印预览视图

表 8—2　　　　打印预览视图中各按钮功能表

按钮	名称	功　　能
	"打印"按钮	单击该按钮，打开"打印内容"对话框
	"页面设置"按钮	单击该按钮，打开"页面设置"对话框
	"上一页"按钮	单击该按钮，显示前一页。如果前面没有可显示页，按钮呈灰色
	"下一页"按钮	单击该按钮，显示下一页，如图 8—29 所示。如果后面没有可显示页，按钮呈灰色
	"显示边距"复选按钮	选中该复选按钮，可显示或隐藏用于改变边界和列宽的控制柄。工作表的边界用虚线表示，虚线两端各有一个小黑方块状的控制柄，用鼠标拖曳控制柄或边界虚线，可快速地改变页边距的有关设置

续表

按钮	名称	功　　能
	"关闭打印预览"按钮	单击该按钮,关闭打印预览窗口并显示活动工作表

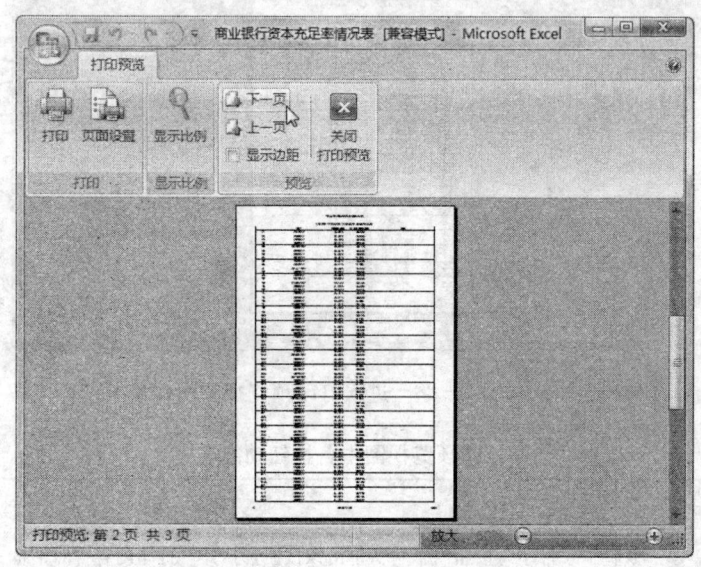

图 8—29　显示下一页内容

的"页面设置"按钮,弹出"页面设置"对话框的"页面"选项卡。

(4) 在缩放选项区中,点选其中的"调整为"单选按钮,然后在其后的两个编辑框中均输入 2,如图 8—30 所示。

(5) 单击"确定"按钮,打印预览结果如图 8—31 所示,此时 Excel 2007 会自动缩小到适合纸张的大小,将内容显示在一页中。从该图的状态栏中可以看到已经将该工作表调整到了两页中。

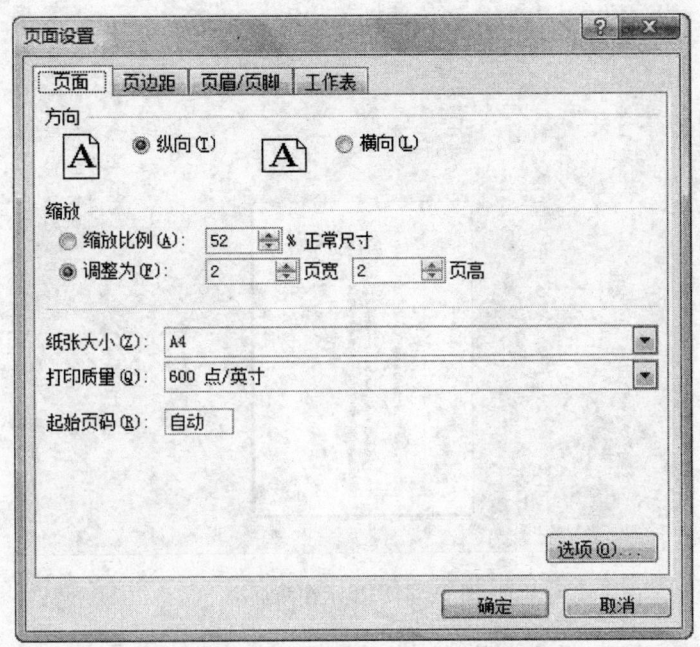

图8—30 "页面"选项卡-调整页面

提示

此外,也可以设置打印时的缩放以在规定的纸张上完全打印所需内容。方法是:打开要打印的工作表,在"页面设置"对话框的"页面"选项卡中点选其中"缩放比例"单选按钮,然后更改比例的数值,最后单击"确定"按钮即可。

二、打印工作表

如果在打印预览窗口看到的效果非常满意,就可以将工作表进行打印。

以"素材"文件夹中的"素材8-1.xlsx"电子表格文件为

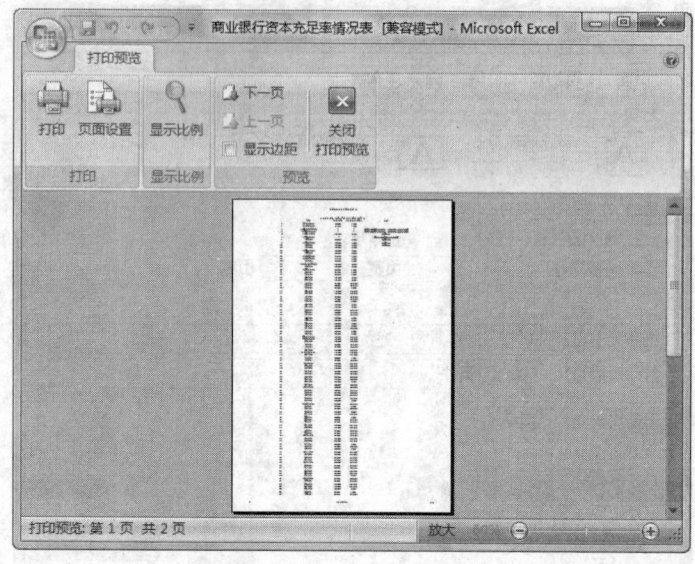

图 8—31　显示在两页中

例进行说明，打印工作表。

（1）打开"素材"文件夹中的"素材 8 - 1.xlsx"电子表格文件。

（2）"打印预览"功能的操作如图 8—28 所示。视图中的"打印"按钮如图 8—32 所示。或退出打印预览视图后，单击"Office"按钮，在弹出的"Office"下拉列表中选择"打印→打印"选项，如图 8—33 所示。弹出"打印内容"对话框，如图 8—34 所示。

图 8—32　"打印"选项

（3）在该对话框中的"名称"下拉列表中选择要使用的打印机，在"打印范围"选项区中选择打印范围，在"打印内容"选项区中选择要打印的内容，在"份数"选项区中设置要打印的份数，如图8—34所示设置的打印份数为1。

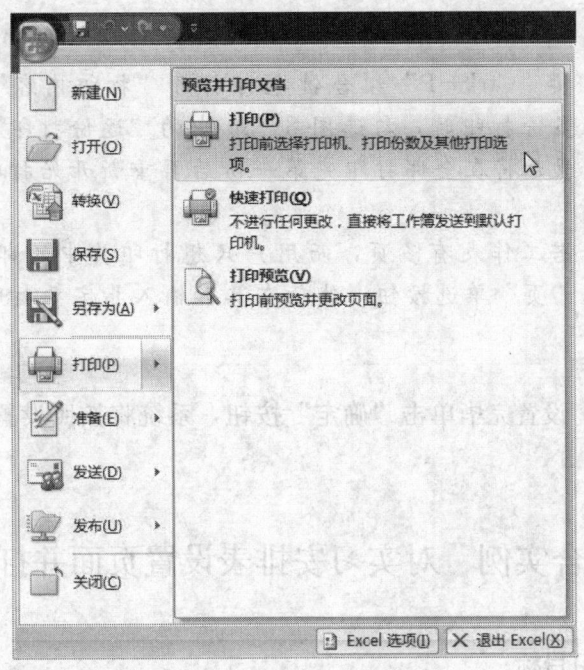

图 8—33 "Office"下拉列表-"打印"选项

图 8—34 设置打印选项

> **提示**
> 1. 按"Ctrl+P"组合键也可打开"打印内容"对话框。在多份打印时,勾选图 8—34 中的"逐份打印"复选按钮,表示将在全部打印完第一份后再重新开始打印第二份等。
> 2. 若工作表有多页,而用户只想打印其中的部分页,可点选"页"单选按钮,然后在其后输入指定要打印的起止页。

(4) 设置完毕单击"确定"按钮,系统将按照设置打印工作表。

综合实例 对实习安排表设置页面并打印

学习目标:
1. 通过实例复习本单元综合内容。
2. 明确操作思路进行页面设置并打印。

一、制作思路

结合本单元讲述内容对打印方面的各个设置进行综合练习。

二、制作步骤

下面通过设置实习登记表的页面和打印相关份数,练习工作表的页面设置和打印方法。

以"素材"文件夹中的"素材 8-2.xlsx"电子表格文件为例进行说明,在此要求设置工作表的页面:A4 纸、横向,上下边距值均为 1.9,左右边距值均为 1.7,然后将其水平、垂直居中显示在两页纸上,再设置工作表的页眉和页脚、打印的标题行,预览无误后将工作表打印 5 份。

(1) 打开"素材"文件夹中的"素材 8-2.xlsx"电子表格文件。

(2) 单击"页面布局"选项卡"页面设置"选项组中右下角的"页面设置"对话框启动器按钮，弹出"页面设置"对话框并选择"页面"选项卡。

(3) 在"方向"选项区中点选"横向"单选按钮，在"纸张大小"下拉列表中选择纸张大小为 A4,在缩放选项区中点选其中的"调整为"单选按钮，在其后的两个编辑框中分别输入"2",如图 8—35 所示。

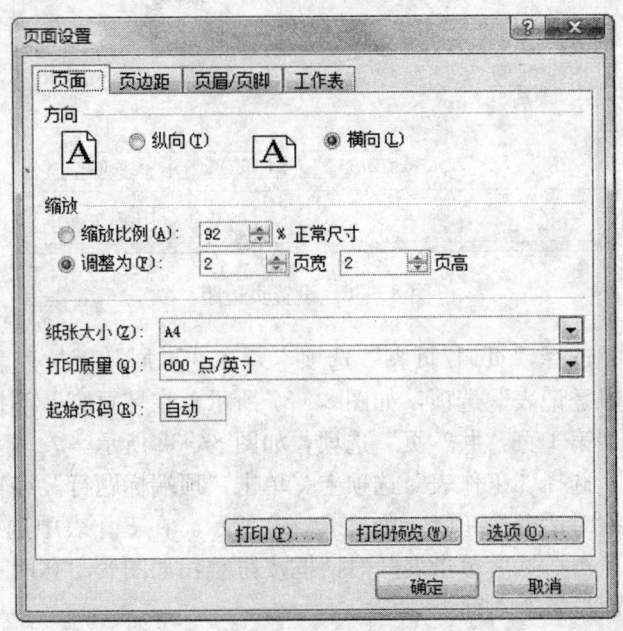

图 8—35 设置纸张大小及打印方向

(4) 选择"页边距"选项卡，设置左、右边距均为 1.7,上、下页边距均为 1.9,并在"居中方式"选项区中勾选其中的

"水平"和"垂直"两个复选按钮,如图8—36所示。

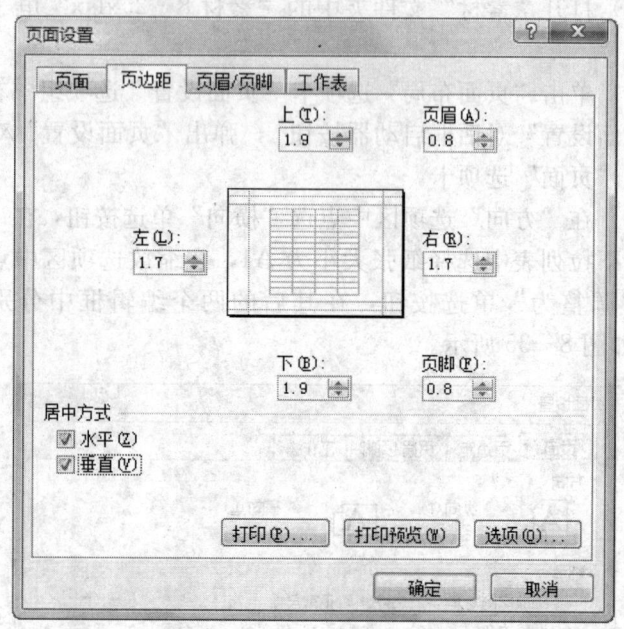

图8—36 设置页边距

(5)选择"页眉/页脚"选项卡,在"页眉"下拉列表中选择"实习登记表"选项,如图8—37所示;在"页脚"下拉列表中选择"第1页,共?页"选项,如图8—38所示。

(6)选择"工作表"选项卡,单击"顶端标题行"编辑框右侧的压缩对话框按钮▥,如图8—39所示。在工作表中选择第1行至第2行,然后单击展开对话框按钮▥,如图8—40所示,返回"页面设置"对话框。

(7)单击"打印预览"按钮,进入"打印预览"视图,如图8—41所示。在该视图中可以看到设置的页眉和页脚。单击"下一页"按钮,可查看下一页效果,设置的顶端标题行可见。

图 8—37 设置页眉

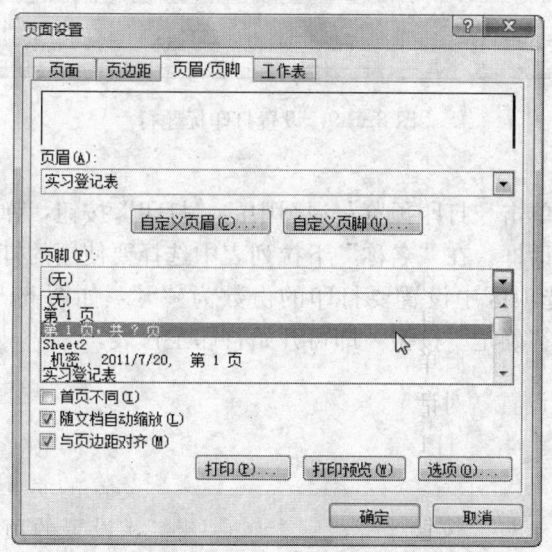

图 8—38 设置页脚

图 8—39 设置打印标题行

(8) 单击"打印预览"视图中的"打印"按钮,弹出"打印内容"对话框,在"名称"下拉列表中选择要使用的打印机,在"副本"选项区中设置要打印的份数为"5",如图 8—42 所示。然后单击"确定"按钮,即可开始打印工作表。

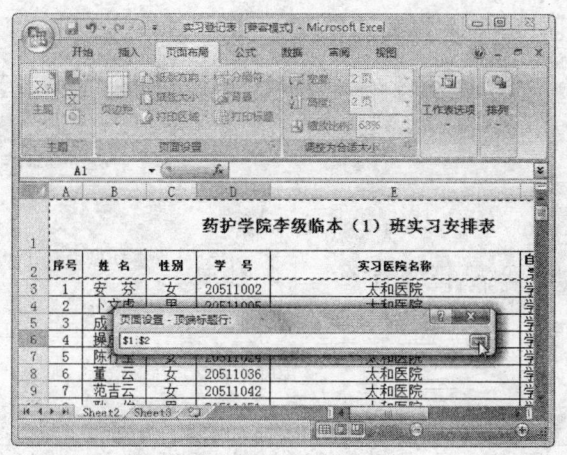

图 8—40 选中第 1 行至第 2 行

图 8—41 打印预览视图

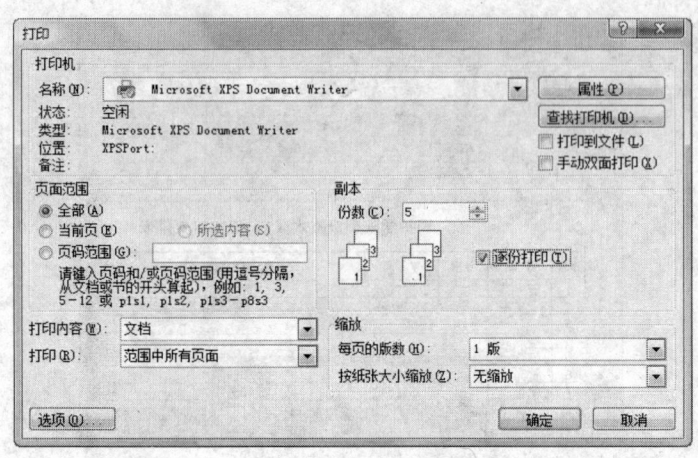

图 8—42 设置打印选项